고기 마스터

고기 마스터

발행일 2019년 7월 1일 초판 1쇄 발행
2022년 5월 2일 초판 3쇄 발행
엮은이 시바타쇼텐
옮긴이 김선숙
발행인 강학경
발행처 시그마북스
마케팅 정제용
에디터 최연정, 최윤정
디자인 김문배, 강경희

등록번호 제10-965호
주소 서울특별시 영등포구 양평로 22길 21 선유도코오롱디지털타워 A402호
전자우편 sigmabooks@spress.co.kr
홈페이지 http://www.sigmabooks.co.kr
전화 (02) 2062-5288~9
팩시밀리 (02) 323-4197
ISBN 979-11-89199-90-6 (13590)

撮影/天方晴子、大山裕平、合田昌弘、
越田悟全、高見尊裕、高橋栄一、東谷幸一
表紙撮影/合田昌弘
デザイン/荒川善正(hoop.)
編集/丸田 祐

이 책은 『월간 전문요리』 2013년 7월호, 2014년 8월호, 2015년 9월호, 2016년 9월호, 2017년 7월호의 특집을 재편집한 것입니다. 당시 내용이므로 현재는 제공되지 않은 것도 있습니다.

MEAT MASTER

· 고기 굽는 기술부터 열원 및 기기 사용법, 비법 레시피까지 ·

고기 마스터

시바타쇼텐 엮음 ★ 김선숙 옮김

· 고기 전문 셰프 31인이 공개하는 고기 요리의 모든 것 ·

시그마북스
Sigma Books

프랑스의 법관이자 유명한 미식가였던 브리야사바랭Jean Anthelme Brillat-Savarin은 1825년에 출판된 자신의 저서 『미식 예찬』에서 이렇게 말했다.

"누구나 요리사가 될 수는 있다. 하지만 고기 굽는 기술은 선천적으로 타고난다."

고기 굽는 요령은 배울 수 있는 일이 아니라 천부적인 것이라는 뜻이다.

그런데 정말 그럴까? 고기를 굽는, 얼핏 보면 단순한 이 작업이 수백 년에 걸쳐 셰프를 매료하는 동시에 고민하게 만든 것은 사실이다. 하지만 오늘날 우리에게는 과학을 바탕으로 한 기술과 과거의 셰프들이 축적해온 지식이 있다. 게다가 주방에는 19세기에는 존재하지 않았던 고성능 조리기구도 갖추어져 있다.

물론 시대가 바뀌었어도 고기를 굽거나 익히는 일이 간단하다고는 할 수 없다. 식재료를 선택하는 일부터 식재료를 보관하고 자르는 방법을 생각해야 하고 열원과 기기를 선택해야 한다. 그리고 가열 온도와 시간도 적당히 조절해야 한다. 또한 이처럼 많은 일을 영업 중인 주방에서 차질 없이 수행해야만 한다.

다만 천부적인 재능을 타고나지 않았다고 해도 경험과 학습으로 고기를 구울 수 있는 시대가 된 것만은 틀림없는 사실이다.

오늘날에는 완성된 요리를 생각하고 그에 맞게 익히는 기술 그리고 상황에 따라 조리 방법을 선택할 수 있는 유연한 발상과 풍부한 아이디어가 요구된다. 즉, 완성도 높은 고기 요리 기술이 필요한 것이다.

이 책은 더 나은 고기 요리를 만들고 싶어 하는 이들을 위해 일본 최고의 셰프 31인이 수많은 시행착오 끝에 알아낸 고기 '굽는 법'과 '조리하는 법', 그리고 그러한 방법으로 만들어낸 55가지 요리를 소개한다. 또 주방에서 필요한 기술의 기본과 응용뿐만 아니라 고객에게 인정받는 고기 요리를 만드는 힌트를 모두 담았다.

만약 브리야사바랭이 오늘날 다시 살아난다면 분명 이렇게 말할 것이다.

"고기 굽는 기술은 누구나 익힐 수 있다. 누구나 요리사가 될 수 있는 것처럼."

제1장　　고기 굽는 기술

제2장   열원 및 기기 사용법

숯불

장작 잉걸불

스팀컨벡션오븐

구리냄비 · 코코트 · 플란차

워터배스

압력솥

찜기

제3장   고기 요리에 관한 Q & A

· CHAPTER 1 ·

고기 굽는 기술

프랑스산 샤롤레 소고기

담당 _ 미쿠니 기요미(오텔 드 미쿠니)

고기 정보

산지 : 프랑스 샤롤레 지방
품종 : 샤롤레종
월령 : 30개월 이내
사육 방법 : 봄부터 여름까지는 방목
하고, 겨울에는 건초와 배합 사료를
준다. 도축 후, 숙성고에서 3주간 드라
이 에이징한다.

샤롤레는 프랑스 재래 품종인 큰 흰 소를 말한다. 부르고뉴 남부 샤롤르 마을을
중심으로 한 샤롤레 지방이 원산지로, 프랑스에서 으뜸가는 고급 소고기로 알려져
있다. 전 세계적으로 널리 사육되고 있으나, 그중에서도 샤롤레 지방 소고기는 육
질이 우수한 것으로 유명하다. 프랑스에서 요리를 배울 때 현지에서 샤롤레 소고
기를 자주 접한 미쿠니 기요미 셰프는 살코기의 치밀한 육질을 고려해서 고기를
굽는다. 현지의 숙성고에서 3주간 드라이 에이징dry aging(일정 온도, 습도, 통풍이 유지
되는 곳에서 고기를 공기 중에 2~4주간 노출시켜 자연적으로 숙성시키는 건식 숙성 방법-옮긴
이)한 후 수입된 샤롤레 소고기 안심을 사용하며, 가열하여 거품이 이는 무스 상태
로 만든 버터로 아로제arroser(굽고 있는 고기에서 흘러나오는 기름과 육즙, 버터를 고기 표
면에 끼얹는 일-옮긴이)해서 속은 촉촉하고 겉은 고소하게 굽는다.

거품이 이는 무스 상태의 버터로
치밀한 육질의 살코기를 부드럽게 익힌다

샤롤레 소고기는 프랑스가 자랑하는 최고급 소고기로 지방이 아주 적다. 게다가 고기 자체의 감칠맛이 강해 요리사라면 누구나 한번쯤 사용해보고 싶은 식재료 중 하나다. 특히 안심은 완전한 살코기다. 입안에서 살살 녹아내리는 일본의 흑모화우(일본산 검은 소)와는 다른 '썹는 맛이 매력'인 고기라고 할 수 있다.

지방이 적다는 것은 육질이 치밀하다는 말이기도 하다. 따라서 어떻게 구워야 줄어들지 않고 촉촉하게 마무리할 수 있을지를 생각해야 한다. 나의 경우에는 상온에서 해동한 안심에 소금과 거칠게 빻은 검은 후추를 뿌린 뒤, 가열한 프라이팬에 버터를 넣어 무스 상태로 만들어서 고기를 굽는다. 어느 정도 구운 빛깔이 나면 뒤집어 다른 면을 굽는데, 이때 강불로 급속하게 익히면 고기가 단단하게 굳어버리기 때문에 차가운 버터를 나눠 넣어 온도를 낮추는 것이 중요하다. 그 후에는 고기에서 흘러나오는 기름과 육즙, 버터를 고기 표면에 끼얹으면서 천천히 익힌다.

정제도가 높은 기름과 달리 버터는 온도가 상승함에 따라 흰색에서 갈색, 거무스름한 색으로 변색되며 냄새와 상태도 달라진다. 이런 특성이 이상적인 온도의 범위를 알 수 있는 가이드가 되는 셈이다. 온도가 너무 낮으면 거품이 일지 않고 냄새도 나지 않는다. 반면 온도가 너무 높으면 거품이 사라지면서 거무스름해지고 타는 냄새가 나기 때문에 바로 알 수 있다. 프라이팬과 불 사이의 거리를 조절해 헤이즐넛 같은 밝은 갈색의 버터 상태를 유지하는 것이 좋다.

거품이 이는 무스 상태의 버터는 공기를 듬뿍 함유하고 있기 때문에 열이 완만하게 전달된다. 이런 버터로 고기를 감싸면, 마치 천연 오븐에 넣은 것과 같은 효과가 나와 촉촉하게 구워진다. 이를 자동화한 것이 현대의 스팀컨벡션오븐이라고 할 수 있다. 기계도 편리하지만 프라이팬이라면 손어림 하나로 적당히 온도 조절을 할 수 있기 때문에 기술만 익히면 오븐보다 완벽한 불 조절을 할 수 있다.

피망 크루디테와 알부페라 소스를 곁들인
샤롤레 소고기 안심 구이

거품이 이는 무스 상태의 버터로 아로제하면서 속은 촉촉하게 굽는 한편 겉은 고소하게 마무리한 샤롤레 소고기 안심 구이다. 여기에 푸아그라와 생크림을 베이스로 한, 맛이 진한 소스를 조합했다. 고기의 부족한 지방분을 소스로 보충해 풍미를 더하는 것이 목적이다. 미쿠니 셰프는 "현대적인 가벼운 소스로는 고기의 풍미를 내기 어렵다. 이러한 살코기에는 고전적인 소스가 잘 어울린다"고 말한다.

알부페라 소스

❶ 냄비에 잘게 썬 에샬롯과 버터를 넣고 살짝 익혀 즙을 낸다. 마데라와인을 넣고 졸인 뒤, 퐁 블랑fond blanc(화이트 스톡)을 넣고 다시 졸인다.

❷ ①에 생크림을 넣고 끓으면 고운체에 내린 푸아그라를 넣어 섞는다. 물에 녹는 옥수수 전분으로 걸쭉하게 만든다.

❸ ②에 소금과 후추를 넣어 간을 맞춘 뒤 빨간 피망 퓌레(채소나 고기를 갈아서 체로 걸러 걸쭉하게 만든 것–옮긴이)를 넣고 핸드믹서로 섞는다.

곁들이는 채소

❶ 세 종류의 피망으로 크루디테(프랑스어로 '날 것'이라는 뜻으로, 신선한 채소를 말한다–옮긴이)를 만든다. 빨강, 노랑, 초록 피망을 준비하여 필러로 껍질을 벗긴다. 각 피망을 얇게 썰어 찬물에 담갔다가 물기를 제거한다. 껍질은 따로 둔다.

❷ 피망 껍질로 프리토(튀김)를 만든다. ①에서 따로 둔 세 가지 색 피망 껍질을 180℃ 식용유에 튀긴다.

마무리

샤롤레 소고기 안심 구이를 접시에 담고 그 위에 세 종류의 피망 크루디테를 올린다. 알부페라 소스를 뿌리고 피망 껍질 프리토를 장식한다.

1 버터와 식용유로 굽는다

주철제 프라이팬에 식용유와 버터를
같은 비율로 넣고 가열한다. 버터가 거
품이 이는 무스 상태가 되면 소금과
후추를 뿌린 소고기(프랑스산 샤롤레 소
고기) 안심(200g)을 자른 면이 아래로
향하게 프라이팬에 놓는다.

2 옆면을 굽는다

한쪽 면이 갈색 빛이 나게 구워졌으면
고기를 프라이팬의 가장자리에 걸쳐
세우고 조금씩 회전시켜 옆면 전체를
굽는다. 불의 세기는 중불~강불을 유
지한다.

3 차가운 버터를 넣는다

반대쪽 자른 면을 아래로 향하게 놓고
차가운 버터를 넣어 온도를 낮춘다(사
진). 버터를 밝은 갈색의 무스 상태로
유지하면서 고기의 내부에 천천히 열
을 가한다.

4 아로제를 반복한다

미세하게 거품이 이는 버터로 고기를
감싸듯이 골고루 끼얹는다. 그동안 버
터가 타지 않게 프라이팬과 불의 거리
를 신경 써서 조절한다.

5 잠깐 휴지시킨다

고기가 부드럽게 구워졌으면(횟불 정도
의 굳기가 기준) 튀김망 트레이에 옮긴
다. 여기까지 굽는 시간은 약 10분이
다. 건조해지는 것을 막기 위해 차가운
버터를 올리고 알루미늄 포일을 씌워
5~10분간 휴지시킨다.

6 완성

갓 구운 고기를 자른 단면을 보면 중
심부는 레어로 진한 핑크색이지만 만
지면 따뜻하다. 이대로 잠깐 놔두면 진
한 핑크가 주변에 번져 미디엄 레어가
된다.

POINT **축열성이 높은 주철제 프라이팬을 사용한다**

결이 치밀한 살코기는 구우면 줄어들거나 고르지 않은 모양이 되기 쉽다.
급격한 온도 변화를 막기 위해 축열성이 높고, 잘 식지 않는 주철제 프라이팬을 사용하는 것이 좋다.

가고시마산 흑우고기

담당 _ 하마자키 류이치(리스토란테 하마자키)

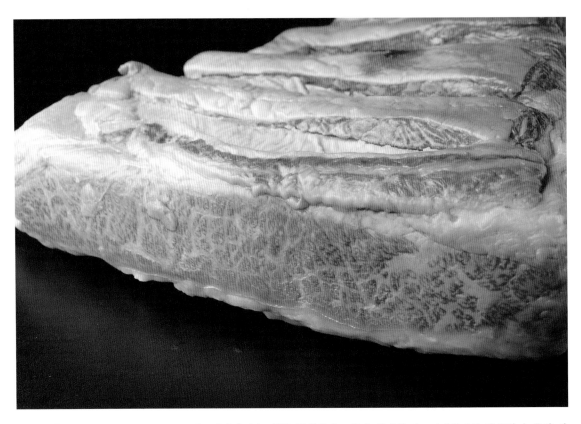

고기 정보

산지 : 가고시마현
품종 : 흑모화우
브랜드명 : 가고시마 흑우고기
월령 : 28~29개월
사육 방법 : 옥수수와 콩, 밀기울 등을
원료로 하는 사료로 사육한다.

가고시마 흑우는 일본 최대의 흑모화우 산지인 가고시마현에서 사육되며, 출하 시의 월령은 28~29개월이다. 적당히 마블링이 들어있어 살코기의 감칠맛도 느낄 수 있는 균형 잡힌 육질이 특징이다. 하마자키 류이치 셰프가 사용하는 것은 A5 등급 소고기다. 마블링이 촘촘히 들어있는 갈빗살과 살코기인 설도, 안심 등 비교적 덩어리가 작아 사용하기 편한 부위를 중심으로 골라, 숯불구이나 스테이크, 조림 등에 사용한다. 여기서 사용한 갈빗살은 제1~6 갈비뼈 부분을 삼각형으로 자른 부위다. 익히면 마블링이 녹아 "부드러운 식감(하마자키 셰프)"을 맛볼 수 있다.

마블링이 들어간 흑모화우의 풍미를
상큼한 샐러드를 곁들여 표현한다

나의 고향인 가고시마현은 흑모화우 생산량이 전국 1위다. 덕분에 나도 어릴 때부터 검은 소고기를 먹고 자랐다. 그 맛에 대한 기억이 있어, 리스토란테 하마자키에서는 일관되게 일본산 흑모화우만 사용하고 있다.

여기서 사용한 가고시마 흑우의 월령은 28~29개월이다. 숙성 과정에서 안심 주위의 두꺼운 지방이 고기 속에 눈꽃처럼 들어가는 그 전 단계에서 출하되기 때문에 마블링이 있어도 느끼하지 않다. 게다가 육질의 결이 곱고 감칠맛도 있다. 와규(일본의 육용종 소)는 원래, 이탈리아의 키아나 소고기처럼 배부르게 먹을 수 있는 스테이크용 고기와는 다르다. 적당한 마블링이 들어간 이 소고기는 소량으로도 존재감을 발휘하기 때문에 코스 요리에 사용하면 보다 효과적이다.

자주 사용하는 조리법은 숯불구이다. 원적외선의 힘으로 덩어리 고기도 단시간에 익힐 수 있는데다 숯불에 구운 고기의 향은 식욕을 돋우기도 한다. 정성껏 구우면 고기 그 자체만으로도 맛있어 나도 모르게 숯불을 선택해버린다(웃음). 굽는 정도는 미디엄이 좋다.

흑모화우는 제대로 익혀야 고기의 감칠맛과 지방의 단맛이 돋보인다. 처음에는 강불에서 굽는다. 뒤집으면서 전체를 고루 익힌 뒤에는 약불에서 천천히 익히다가 다시 강불에 익힌다. 가열된 육즙이 안정되면 강불로 돌아오는 식이다.

여기서는 320g의 갈빗살을 15분간 구운 뒤, 허브와 함께 알루미늄 포일로 싸서 7분간 두었다. 휴지시켜 남은 열로 익힌다기보다는 잘랐을 때 육즙이 흘러나오지 않게 안정시키기 위해서다. 고기가 얇은 경우에는 휴지시키지 않고 갓 구워진 향을 즐기기도 한다. 이렇게 구운 고기는 마블링이 녹아내리듯 입안에서 살살 녹는다. 겉은 바삭하고 고소해 그 대비도 매력적이다. 고기의 감칠맛에 마블링의 풍미가 더해져, 소금과 후추만 뿌려 먹어도 맛있다. 그러니까 양념은 머스터드 등 깔끔한 소스를 조금 곁들이는 정도로 충분하다. 고기의 살코기가 질긴 경우에는 스고 디 카르네sugo di carne(프랑스 요리에서는 '퐁 드 보'라고 하며, 송아지 육수를 말한다-옮긴이)를 소스로 사용하기도 한다.

가고시마산 흑모화우 탈리아타*

마블링이 들어간 고기의 감칠맛과 고온의 숯불로 구운 고소함을 바로 맛볼 수 있도록 소스는 곁들이지 않고 소금과 후추, 허브오일만 첨가했다. 토마토와 숯불에 구운 그린 아스파라거스, 쓴맛이 나는 야생 루콜라 등의 샐러드를 곁들여 깔끔하게 마무리했다.

* 이탈리아식 스테이크.

곁들이는 채소

❶ 그린 아스파라거스 밑동의 딱딱한 껍질을 벗기고 소금을 넣어 데친다.

❷ ①을 숯불에 구워 어슷썰기하고 암염(돌소금)을 뿌린다.

❸ 토마토를 방사형으로 썰고 암염을 뿌린다.

마무리

가고시마산 흑모화우 탈리아타를 얇게 썰고 야생 루콜라, 민들레 잎을 장식한다. 허브오일**을 뿌리고, 검은 후추를 빻아 뿌린다.

** 이탈리안 파슬리와 엑스트라 버진 올리브오일을 믹서에 갈아 종이에 거른 것.

1 고기를 자른다

소고기(가고시마산 흑우고기)의 갈비뼈를 따라 갈빗살을 자른 뒤, 힘줄을 제거한다. 주위에 붙어있는 지방은 얇게 남겨두고 잘라낸다. 5×15㎝ 크기의 직육면체(320g) 모양으로 정리한다.

2 상온에 둔다

고기를 20분간 상온에 두었다가 표면에 암염과 검은 후춧가루를 뿌린다. 손으로 눌러 표면에 잘 스며들게 한 뒤 맛이 배게 30분간 그대로 둔다.

3 숯불에 굽는다

불을 지핀 숯을 화로 안쪽에는 많이, 앞쪽에는 적게 배치한다. 지방이 붙은 면을 먼저 화로 안쪽의 강불로 굽는다. 도중에 기름이 숯에 떨어져 불꽃이 피어오르면 그을음이 붙으므로 불을 끄거나 불꽃에서 고기를 멀리 떨어뜨린다.

4 뒤집는다

숯불에 닿은 면에 구운 빛깔이 나면 뒤집어 같은 방식으로 지방이 붙은 반대면을 굽는다. 면적이 큰 나머지 두 면도 순차적으로 센 숯불에 놓고 굽는다.

5

네 면에 구운 빛깔이 나면 고기를 화로 앞쪽(약불 쪽)에 옮겨 잠깐 휴지시킨다. 손으로 만져 고기의 굳은 정도를 확인하고 강불과 약불 사이를 몇 번 번갈아가면서 강약을 조절한다.

6 고기를 불에서 뗀다

표면에 윤기가 흐르고 탄력이 있는 상태가 되면 굽기를 마친다. 굽는 시간은 약 15분 정도다. 다 구워지기 전에 고기 위에 불에 쬔 로즈마리와 세이지(샐비어 잎)를 올린다.

POINT **허브로 상쾌한 향을 입힌다**

흑모화우의 지방과 궁합이 좋은 허브는 고기와 함께 숯불에 구워 풍부한 향이 감돌게 한다.
여기서는 휴지시킬 때도 고기와 함께 허브를 알루미늄 포일로 쌌지만,
고기가 작은 경우에는 이 단계에서 알루미늄 포일로 싸지 않아도 된다.

7 허브와 함께 휴지시킨다

6의 고기를 로즈마리, 세이지와 함께
알루미늄 포일로 싼다. 따뜻한 곳에 두
면 육즙이 스며드는 동시에 허브의 향
이 밴다. 여기서는 7분간 두었다.

8 완성

표면에 짙은 구운 빛깔이 나면 속은
미디엄 상태가 된다. 마블링이 알맞게
녹아 육즙이 가득한 이 고기를 1cm 두
께로 잘라 내놓는다.

스페인산 이베리코 흑돼지고기

담당 _ 이소가이 다카시(크레센트)

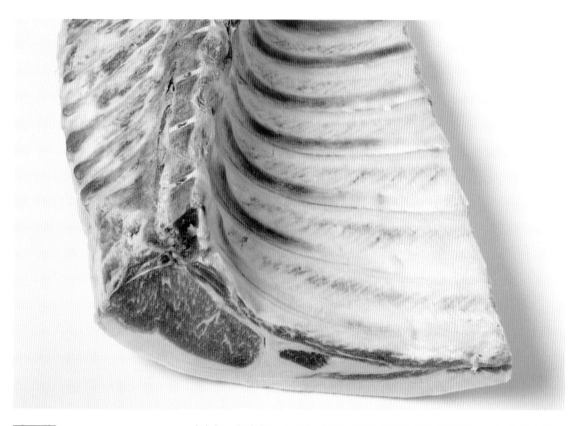

고기 정보

산지 : 스페인
품종 : 람피뇨종 또는 람피뇨종과 듀
록종 등의 교배종
브랜드명 : 이베리코 흑돼지고기
월령 : 21~26개월
사육 방법 : 초봄에 태어난 새끼 돼지
의 몸무게가 25kg이 되면 밖에서 사료
를 주면서 사육한다. 2년째 가을에 도
토리나무가 있는 숲에 풀어놓고 도토
리와 나무뿌리를 먹이로 4~5개월 방
목한 뒤 몸무게가 160~180kg일 때 도
축한다.

이베리코 흑돼지는 스페인 이베리아반도 남서부에서 사육되는 토종 흑돼지 품종
을 말한다. 이베리아종 100%의 순수한 혈통 또는 듀록종 등의 교배종 중 스페인
정부가 인증한 것을 이베리코 흑돼지라고 부른다. 이베리코 흑돼지고기는 지방층
이 많이 형성되어 있고, 지방의 풍미가 좋아서 맛으로 정평이 나 있다. 전통적으로
는 생햄의 원료로 사용되어 왔지만 최근에는 구워 먹는 고기로 많이 쓰인다. 사육
방법과 육질, 체중 등에 따라 등급을 매기는데, 방목 중에 도토리와 목초만을 먹
고 자란 최고급 등급이 베요타이다. 이소가이 다카시 셰프는 육질이 부드럽고 맛
의 균형이 좋다는 이유로 교배종을 주로 사용한다.

살코기와 비계의 익는 속도를 맞추기 위해 비계를 먼저 프라이팬으로 굽는다

스페인산 이베리코 흑돼지고기의 가장 큰 매력은 뭐니 뭐니 해도 은은한 달콤함이 느껴지는 비계다. 하지만 고기에 따라서는 비계가 아주 두꺼운 상태로 들어오기도 한다. 이런 비계는 그냥 구우면 느끼한데다, 성질이 다른 살코기와 비계를 동시에 최상의 상태로 굽기는 여간 어려운 일이 아니다.

그래서 나는 미리 비계를 1㎝ 두께로 깎아낸다. 그리고 본격적으로 익히기 전에 깎아낸 면만 프라이팬에 익혀 2㎜ 두께가 되게 만든다. 살코기와 비계가 익는 속도를 맞추기 위해서다. 이렇게 하면 언제든 최상의 상태로 구워낼 수가 있다.

여기서도 이렇게 비계를 줄인 등심을 숯불에 구웠다. 숯불의 특징은 화력이 세서 단시간에 효율적으로 중심부까지 균일하게 구울 수 있다는 점이다. 하지만 돼지고기는 강한 열에 단숨에 노출시키면 퍼석해지기 쉽기 때문에 한 면을 숯불에 굽는 동안 다른 면은 휴지시키도록 불 조절을 해야 한다. 고기를 4㎝ 두께로 두툼하게 자른 것도 그 때문이다.

숯불은 가스와 달리 연소할 때 수분이 발생하지 않기 때문에 고기의 표면이 바삭하고 고소하게 구워지는 것도 특징이다. 게다가 기름이 숯에 떨어져 올라오는 연기가 더해져 식욕을 돋우는 훈제 향이 밴다. 이것은 다른 조리법으로는 얻을 수 없는 장점이다. 또한 돼지고기는 맛이나 안전성 면에서 속까지 잘 익히는 것이 중요하다. 여기서도 역시 옆면에도 숯불을 대면서 15~16분간 천천히 구웠다.

이 등심 구이에 숯불로 바삭하게 구운 비계를 곁들인다. 이베리코 흑돼지 살코기와 비계를 동시에 맛볼 수 있게 하기 위해서다. 참고로 등심은 적당한 두께로 면적을 크게 잘라, 숯불을 사용하지 않고 프라이팬에 굽기도 한다. 이렇게 하면 볼품은 좀 떨어지지만 보다 부드러운 고기를 즐길 수 있다. 목적에 따라 적절하게 이용하면 좋을 듯하다.

이베리코 흑돼지 숯불구이

육즙이 가득한 등심과 바삭하고 고소하게 구운 비계를 한 접시에 담아 이베리코 흑돼지고기의 매력을 표현했다. 이 심플한 구이에 씨겨자와 이베리코 흑돼지고기 육즙을 사용한 소스를 곁들여 강력한 돼지고기의 감칠맛에 상쾌한 매운맛과 풍미를 더했다. 익힌 채소와 둥글게 자른 아티초크 토마토 조림으로 채소의 단맛과 씹는 맛의 변화를 더했다.

소스

❶ 프라이팬에 버터를 두르고, 씨겨자를 넣어 볶는다.

❷ ①에 잘게 썬 에샬롯과 이베리코 흑돼지기 육즙*을 넣어 졸인다.

* 이베리코 흑돼지 뼈를 프라이팬에 구운 색이 날 때까지 굽고, 치킨부용으로 데글라세déglacer(고기를 구운 뒤에 바닥에 눌어붙은 것을 와인이나 식초, 물을 넣어 끓여서 녹이는 일-옮긴이)하고 다시 캐러멜화한다. 이 데글라세와 캐러멜화를 3회 반복한 뒤, 치킨부용을 넣어 15분간 끓여서 걸러 졸인다.

곁들이는 채소

❶ 냄비에 버터를 두르고 불에 올린 뒤 미니 당근을 넣고 소금을 뿌린다. 뚜껑을 덮고 익히다가 잘게 썬 에샬롯을 넣고 다시 뚜껑을 덮는다. 당근이 부드러워지면, 소금을 넣고 데친 무지개콩, 삶아서 콩깍지와 얇은 막을 벗긴 풋콩을 넣고 소금으로 간을 맞춘다.

❷ 토마토, 빨강 파프리카, 잘게 썬 양파를 올리브오일에 볶은 뒤 고운체에 거른다. 빨강, 노랑 파프리카 잘게 썬 것을 넣고 소금과 흰 후추로 간을 맞춘다.

❸ 아티초크의 대를 꺾어 꽃받침을 떼어내고 이삭 끝과 섬모를 제거한 뒤 둥글게 썬다. ②에 넣어 부드러워질 때까지 익힌다.

마무리

❶ 접시에 미니 당근, 무지개콩, 풋콩, 아티초크(중앙에 빨강 파프리카와 노랑 파프리카를 올린다)를 담고 아마란서스(색비름)를 장식한다. 옆에 소스를 붓고 잘게 썬 차이브를 흩뿌린다.

❷ 이베리코 흑돼지 숯불구이를 반으로 잘라 ①의 소스 위에 담는다. 비계를 곁들인다.

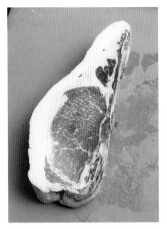

1 고기를 자른다

돼지고기(스페인산 이베리코 흑돼지고기) 등심을 4cm 두께로 잘라 상온에 둔다. 중심 부분과 가장자리의 비계가 많은 부분으로 나누고 각각 2등분한다. 비계 부분은 1cm 두께로 깎는다.

2 소금과 후추를 뿌린다

살코기 부분과 비계에 소금과 후추를 뿌린다. 가열 중에 기름과 함께 흘러내리기 때문에 손으로 눌러 스며들게 한다. 시간이 지나면 수분이 나오므로 즉시 굽는다.

3 비계 부분을 프라이팬에 굽는다

비계를 아래로 향하게 프라이팬에 놓고 비계의 두께가 2mm가 될 때까지 약불로 굽는다. 이렇게 하면 살코기 부분과 비계가 익는 시간이 맞춰지고 숯불에 구울 때 연기도 나지 않는다.

4 꼬치에 꽂는다

고기가 익는 동안 모양이 퍼지지 않게 주위를 연실로 묶은 뒤 비계와 함께 쇠꼬치에 꽂는다. 고기 두께가 4cm 이상이면 육즙이 많게 구워진다.

5 숯불에 굽는다

가로세로가 교차되게 쌓아 불을 지핀 비장탄을 화로의 중앙에 배치한다. 크레센트에서는 고기를 위아래 6단계로 구울 수 있는 화로를 사용한다. 고기를 놓는 높이와 장소를 바꿔 최적의 불세기가 되게 조절하며 굽는 것이다.

6

접시에 담을 때 표면이 될 면을 아래로 향하게 한 뒤 숯에서 12cm 떨어진 높이에 쇠꼬치를 걸어두고 굽는다. 고기 표면에 탄력이 생기고 일부에 구운 빛깔이 날 때까지 5분간 구운 뒤 뒤집는다.

POINT 화력이 강하고 오래 유지되는 좋은 숯을 사용한다

숯은 기슈 지방의 비장탄(직경 3~5cm)을 사용한다. 숯의 재료인 졸가시나무는 단단하고 밀도가 높은 목재다.
이 졸가시나무를 1000℃ 이상의 가마에서 구워낸 비장탄은 특히 화력이 강하고 오래간다.
불을 지필 때는 공기가 통해서 잘 연소하도록 철망 위에 숯을 가로세로로 교차해 쌓아놓고 모든 숯이 빨갛게 달아오르면 철망째 화로에 세팅한다.

7 바람으로 화력을 조절한다

화력이 약할 때는 공기구멍에 부채질을 해서 강불을 만든다. 기름이 떨어져 연기가 너무 많이 나면 부채로 연기를 날려 고기에 강한 훈제 향과 그을음이 붙는 것을 막는다.

8 옆면을 굽는다

뒤집은 면을 5분간 굽는다. 그동안 맨먼저 구운 면은 휴지시키는 상태가 된다. 옆면에도 2분씩 숯불을 쬐어 제대로 익었으면서도 육즙이 가득한 상태로 만든다.

9

고기가 너무 빨리 익을 때는 높이를 바꿔 숯불과의 거리를 떨어뜨린다. 비계가 바삭하고 고소하게 구워지면 꼬치에서 빼고, 살코기 전체가 구워지면 연실을 제거한 뒤 탄력을 확인한다.

10

조금씩 면을 바꾸며 탄력이 생길 때까지 굽는다. 이때 굽는 시간은 15분 정도가 적당하다. 숯불에 대고 있는 동안은 기름이 떨어져서 피어오르는 연기로 고기에 훈제 향이 밴다.

11 완성

먼 불로 중심부까지 천천히 균일하게 익힌 고기는 표면은 바삭하고 속은 육즙이 가득하다. 비계는 표면을 아주 고소하게 구워서 씹으면 기름이 흘러나오게 마무리한다.

구마모토현산 아마쿠사 포크

담당 _ 요코자키 사토시(오구르망)

고기 정보

산지 : 구마모토현 아마쿠사 지방
품종 : 하이포종, 산겐톤, 케임버러종

아마쿠사 포크는 육류 대기업, 스타젠이 취급하는 브랜드 돼지다. 구마모토현 아마쿠사 지방에서 생산되며, 월 생산 두수는 1,400여 마리다. 랜드레이스종, 대요크셔종, 듀록종 등 세 품종의 돼지를 교배한 산겐톤에 하이포종과 케임버러 camborough종을 교배한다. 요코자키 사토시 셰프는 케임버러종에서 유래된 부드러운 육질과 비계의 가벼운 풍미가 마음에 들어, 맛이 깊고 지방이 적당히 섞여 부드러운 목심살을 주로 사용한다. 그는 "케임버러 순수종도 있지만, 그런 귀한 돼지고기는 입하가 불안정하고, 가격도 비싼 경우가 많다. 여러 교배종 중에서 자기 취향에 맞는 것을 선택하는 것도 요령이라고 생각한다"고 말한다.

상화식 그릴로 천천히 익혀
풍부한 육즙을 즐긴다

돼지고기를 구울 때 유의할 것은 지방을 적당히 남기면서 고기의 육즙을 최대한 즐길 수 있게 마무리하는 것이다. 이를 위해서는 고기에 최대한 부담을 주지 않는 온도에서 구워야 한다. 그런 면에서 오구르망에서는 상화식(위에서 불이 나오는 방식) 그릴을 유용하게 사용한다.

상화식 그릴은 열원에 가까운 면에는 강한 열을 주면서도 다른 면은 식히면서 본체 내부의 대류열로 서서히 데울 수 있는 매력적인 열원이다. 음식점을 시작할 때 이전 음식점에서 설치해놓은 그릴을 살라만더(개방형 오븐) 대신 사용할 수 있다면 좋겠다는 생각으로 인수했는데, 지금은 고기를 익히는 데 필수적인 기구가 되었다.

여기서는 400g의 아마쿠사 포크 목심살을 중심 온도가 60~62℃가 될 때까지 약 45분간 구웠다. 우선 고기를 열원 가까운 곳에 놓고 여분의 지방을 줄였다가 열원에서 떨어뜨려 본체 내부의 열로 온화하게 익히고 마지막에 숯불에 구워 고소하게 마무리했다. 익히는 동안 고기에서 녹아내린 기름과 함께 소금도 흘러버리기 때문에 소금은 몇 차례에 걸쳐 뿌려 맛을 조절한다. 고기 내부에 소금기가 스며들게 한다.

그릴에서 익힐 때 주의해야 할 점은 고기에 불이 닿는 면이 타기 쉽고 오그라들 수 있다는 것이다. 오븐과 달리 문이 달려 있지 않아 고기의 미세한 상태 변화도 즉시 알 수 있기 때문에 고기를 확인하면서 굽는다. 또한 돼지고기는 제대로 익히기 위해 직감에 의존하지 않고 온도계로 온도를 재서 확인한다.

참고로 최근에는 같은 방법으로 돼지의 넓적다리살을 굽는 일도 많아졌다. 넓적다리살은 목심살이나 등심처럼 지방이 섞여 있지 않으므로 너무 많이 익히면 고기가 퍼석해지기 쉽다. 그러나 적당히 구웠을 때는 육즙이 특별하다. 꼭 한번 시도해보고 응용하기 바란다.

돼지 목심살 그리예*

'멀리 있는 강불'을 의식하고 여분의 지방을 떨어뜨리면서 천천히 익힌 아마쿠사 돼지 목심살이다. 고루 뿌린
소금이 스며들어 육즙의 감칠맛을 맛볼 수 있다. 치킨부용을 베이스로 돼지고기를 구운 기름과 씨겨자를 넣
은 신맛 나는 소스를 악센트로 흘려놓고 마늘과 에샬롯오일로 버무린 성질이 찬 계절 채소를 곁들였다.

* 석쇠 등을 이용하여 숯불, 가스, 적외선 등의 직화로 고기나 생선을 굽는 일.

소스

❶ 냄비에 치킨부용, 씨겨자, 마늘 1조각을 넣
는다.

❷ 돼지 목심살 그리예를 그릴에서 굽는 사이
에 떨어진 기름을 ①에 넣고 끓인다. 마늘
을 건져낸다.

곁들이는 채소

❶ 양배추를 적당한 크기로 썰어, 85~90℃
로 가열한 2% 농도의 소금물에 데친다. 익
으면 건져놓고, 남은 소금물에 적당히 자른
꼬투리째 먹는 강낭콩, 당근, 호박, 우엉, 브
로콜리를 넣는다. 각각 중심부까지 데쳐지
면 건져서 물기를 제거한다.

❷ ①을 트레이에 펼쳐 통풍이 잘되는 곳에 놓
고 남은 열이 식으면 냉장고에 넣어둔다.

❸ 제공하기 직전에 소금을 뿌리고, 마늘과 에
샬롯오일**을 끼얹는다.

마무리

❶ 접시에 곁들이는 채소를 담고 소스를 옆에
흘려놓는다.

❷ 돼지 목심살 그리예를 큰 토막으로 잘라 접
시에 담고 가볍게 굵은 소금을 뿌린다.

** 다진 마늘과 에샬롯을 올리브오일로 버무린 것.

1 고기를 자른다

돼지고기(구마모토현산 아마쿠사 포크)의 목심살을 400g 잘라낸다. 두툼한 볼륨감을 살리기 위해서 대각선으로 비스듬히 자른다. 지방의 양은 고객의 취향에 따라 조절한다. 여기서는 비계를 넉넉하게 잘랐다.

2 소금을 뿌린다

고기에 소금을 골고루 얇게 뿌린다. 가열하는 동안 고기에서 녹아내린 기름과 함께 소금도 흘러버리기 때문에 구우면서 맛을 보고 소금을 추가한다. 고기 속까지 스며들게 한다.

3 상화식 그릴에 굽는다

트레이에 석쇠를 올린 뒤 고기를 놓고 상화식 그릴에 넣는다. 불은 3개 모두 강불로 맞춘다. 우선 고기의 표면에 확실히 열을 가한 뒤 온도를 올린다.

4

3분 정도면 윗면이 노르스름해진다. 지글지글 굽는 소리가 나면 뒤집는다. 불이 닿는 면을 의식해 고기의 위치와 방향을 바꾸어 골고루 구운 빛깔이 나도록 익힌다.

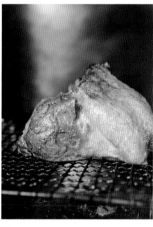

5

차츰 지글지글 굽는 소리가 날 때까지의 간격이 짧아지고 트레이에 떨어진 기름이 고인다. 다 구울 때까지 4~5회로 나누어 소금을 얇게 뿌려, 고기 속에 스며들게 한다.

6 그릴 하단에 옮긴다

굽기 시작한 지 9분 후쯤 고기의 표면 전체에 구운 빛깔이 나면, 고기를 그릴 맨 하단으로 옮겨 열원에서 멀리 떨어지게 한 뒤 강불로 천천히 익힌다.

POINT 상화식 그릴과 살라만더를 잘 구분해 사용한다

상화식 열원이라는 점에서 상화식 그릴과 살라만더는 같지만, 일반적으로 살라만더는 화력이 강하고 위아래 폭이 좁다.
살라만더는 살짝 표면에 구운 색을 내거나 따뜻하게 데우는 마무리 가열 단계에서 사용하는 것이 일반적이다.
한편, 그릴은 제품에 따라 위아래 폭이나 본체 내부 넓이가 다르고 화력도 다양해서 폭넓은 용도로 사용된다.

7 화력을 낮춘다

굽기 시작한 지 25분 정도 지나면 중심온도를 확인한다. 잘 익지 않는 두꺼운 부분이 50℃ 전후가 되면 3개의 불 중 앞의 1개를 꺼서 화력을 떨어뜨린다.

8

화력이 강할 때는 트레이째 앞으로 당겨 불에서 멀어지게 하거나 자주 뒤집어 고루 익게 한다. 잘 익는 얇은 고기는 최대한 열원에서 멀리 떨어뜨린다.

9 중심온도를 확인한다

굽기를 끝내려면 반드시 중심부를 온도계로 측정해서 판단을 내린다. 굽기 시작한 지 45분 뒤 두꺼운 부분의 온도가 60~62℃일 때 굽기를 마친다. 그릴에서 꺼낸 뒤 소금이 부족하면 얇게 뿌린다.

10 떨어진 기름은 소스로 활용한다

고기를 뒤집을 때마다 트레이에는 염분이 섞인 감칠맛 나는 기름이 떨어진다. 어느 정도 고이면 치킨부용, 씨겨자, 마늘을 넣은 소스용 냄비에 옮긴다.

11 숯불에 굽는다

마무리로 잘 지핀 숯불에 표면을 굽는다. 고소한 향과 바삭한 식감을 더해 표면을 뜨겁게 마무리하는 것이 목적이다. 여기서도 소금기를 확인하고 부족하면 소금을 뿌린다.

왼쪽 요코자키 셰프가 사용하는 린나이의 상화식 그릴.

오른쪽 그릴과 마찬가지로 상화식으로 가열하는 살라만더. 살라만더는 마무리하는 데 이용하는 일이 많다.

오스트레일리아산 메리노종(교배종)

담당 _ 아라이 노보루(오마주)

고기 정보

산지 : 오스트레일리아 웨스턴오스트
레일리아주
품종 : 메리노종(50%), 폴도싯종, 서퍽
종, 텍셀종 등
월령 : 10개월
사육 방법 : 호르몬제나 항생제를 사
용하지 않고 방목 목장에서 사육한다.

어린 양고기의 주요 생산지인 오스트레일리아와 뉴질랜드에서는 생후 1년 미만의
어린 양고기를 수출하고 있다. 오스트레일리아에서는 생후 6~10개월의 폴도싯poll
dorset종이나 메리노종, 뉴질랜드에서는 생후 4~6개월의 롬니종이 주류를 이룬다.
두 나라에서 사용하는 양의 먹이는 다르다. 오스트레일리아산은 목초와 건초 외
에 곡물을 사료로 주기도 하는데, 뉴질랜드는 건초와 방목지 풀만을 먹여 키운 그
래스페드(풀을 먹여 사육한 가축으로, 일반적으로 비계가 적고 살코기가 많다)가 많다. 아라
이 노보루 셰프가 여기서 사용한 것은 메리노종에 폴도싯종 등을 교배한 오스트
레일리아산 어린 양고기다. 생후 10개월 정도 지나, "맛이 적당히 부드러운 점"이
마음에 들었다고 한다.

밑 손질을 하지 않고 뼈가 붙어있는 덩어리째 구운 뒤
균일한 로제 빛깔로 완성된 가운데 부분을 잘라낸다

어린 양고기는 향이 좋고 육질이 부드러워 프랑스 요리 다움을 연출하기 쉬운 식재료다. 여기서 사용한 오스트레일리아산 외에 일본산과 수입 금지가 풀린 프랑스산 등 선택의 폭이 넓어진 것도 기쁜 일이다. 내가 즐겨 사용하는 것은 젖을 뗀 뒤 풀을 먹어, 양고기다운 풍미가 나오기 시작한 어린 양고기다. 호게트(생후 1~2년 된 양)에 가까운 것을 구입하고 있다.

조리할 때는 섬세한 고기를 보호하기 위해 뼈째 익혀야 한다는 것이 기본적인 생각이다. 뼈가 벽 역할을 해줘 고기가 서서히 익을 뿐 아니라 수축도 막을 수 있다. 그러나 뼈에 붙은 살과 고기 끝의 얇은 부분은 익는 속도가 달라 굽기 어려운 점도 있다. 뼈 쪽은 레어인데, 고기 가장자리의 얇은 부분은 너무 구워져버린 경험을 여러분도 했을 것이다. 그래서 나는 고기에 일체 밑 손질을 하지 않고 구운 뒤 마지막에 로제 빛깔로 익은 부분만 자르는 방식을 취하고 있다. 일반적으로 고기를 뼈째 굽는 경우, 뼈의 일부와 지방을 잘라내는 등의 손질을 해야 한다. 그런데 군이 그것들을 남겨둔 채 굽는 이

유는 고기 가운데 부분을 은박지에 싸서 굽는 것처럼 간접적으로 가열하기 위해서다.

먼저 뼈가 붙은 등살 덩어리를 손질하지 않고 프라이팬에 굽는다. 소금도 뿌리지 않고 기름도 두르지 않는다. 그런 다음 스팀컨벡션오븐에 넣는데, 주의해야 할 것은 등 쪽과 어깨 쪽은 미묘하게 익는 속도가 다르다는 점이다. 고기가 얇은 등 쪽은 익는 속도가 빠른 반면 두께가 있는 어깨 쪽은 익는 데 시간이 걸린다. 따라서 먼저 등 쪽에 스팀컨벡션오븐에 있는 중심온도계를 꽂아 51℃로 설정한다. 그런 다음 어깨 쪽에 꽂아 마찬가지로 51℃가 된 것을 확인한다.

51℃란 완성된 구이의 온도가 아니라 오븐에서 가열할 때 기준으로 삼는 온도다. 그 후 휴지시키거나 마무리 열을 가해도 '너무 익지 않을 정도의 수치'라고 생각하면 된다. 실제로 스팀컨벡션오븐에서 구운 고기를 휴지시킨 뒤 중심부를 잘라보면 균일한 로제 빛깔로 완성된 것을 알 수 있다.

어린 양고기 등살 구이

육즙이 가득한 어린 양고기 등심에 지방이 두껍고 씹는 맛도 있는 갈빗살 부위를 소테sauté(소량의 기름이나 버터로 재료를 단시간에 굽거나 볶는 것-옮긴이)해 곁들여 어린 양고기의 매력을 다른 각도에서 표현했다. 폴렌타 (옥수수가루로 끓인 죽)와 마스카르포네 치즈를 곁들인 에스푸마espuma(아산화질소를 사용하여 모든 식재료를 무 스처럼 거품 내는 획기적인 조리법-옮긴이)를 듬뿍 깔아 밀키한 풍미를 가미했다.

소스

❶ 올리브오일을 두른 냄비에 토막 낸 마늘, 에샬롯을 볶는다. 향이 나기 시작하면 칼로 두드린 어린 양고기 뼈를 넣어 구운 빛깔이 나게 굽는다.

❷ ①에 물, 퐁 드 볼라유fond de volaille(닭고기 육수)를 붓고 타임, 월계수 잎을 넣어 1시간 동안 끓인다.

❸ ②를 걸러 육즙을 다시 끓인다.

❹ ③이 원래의 1/10 정도로 졸여지면 불을 끄 고 거른다.

곁들이는 채소

❶ 프라이팬에 올리브오일을 두르고 가열한 다. 미니 푸아로(서양 파)와 뇨키(이탈리아풍 수 제비)를 볶아 표면에 구운 빛깔을 낸다. 어린 양고기 등살 구이를 넣고 표면에 구운 갈색 을 낸 뒤 소금과 흰 후춧가루를 뿌린다.

❷ 냄비에 물과 폴렌타를 넣고 약불로 10분간 끓인다. 생크림, 마스카르포네 치즈, 소금을 넣고 섞은 뒤 믹서로 다시 뒤섞는다. 걸러서 에스푸마 용기에 넣는다.

마무리

❶ 플뢰르 드 셀fleur de sel(프랑스에서 생산되 는 천일염)과 흰 후춧가루를 뿌린 어린 양고 기 등살 구이의 윗면에 솔로 따뜻한 소스 를 바르고 타임을 뿌린다. 접시의 오른쪽에 담는다.

❷ 접시 왼쪽에 미니 푸아로, 뇨키, 갈빗살을 담고 러비지*를 올린다.

❸ 중앙에 폴렌타 에스푸마를 짜고 러비지오일 을 떨어뜨린다. 검은 후춧가루를 흩뿌린다.

* 미나리과의 여러해살이풀. 지중해 연안이 원산지인 허브로 셀러리보다 향이 강하고 맵다.

1 손질을 하지 않고 굽는다

어린 양고기(오스트레일리아산)의 등살 (뼈가 붙은 것으로 800g)에서 비계가 있는 부분을 아래로 향하게 프라이팬에 놓고 강불에서 굽는다. 고기 손질은 일체 하지 않고, 소금도 뿌리지 않는다. 녹아 나온 기름을 끼얹으면서 익힌다.

2 화력을 줄인다

비계 전체가 노릇노릇해졌는지 확인한다. 가열 시간은 4분이 기준이다. 그동안 강불, 중불, 약불 순으로 점차 화력을 줄여서 표면이 타는 것을 막는다.

3 굽는 면을 바꾼다

등뼈 쪽이 아래로 향하게 고기를 세워 같은 방식으로 굽는다. 또한 갈비뼈 안쪽은 뼈가 휘어서 굽기 어려우므로 여기서는 굽지 않고 오븐에서 익힌다.

4 스팀컨벡션오븐에 익힌다

튀김망 트레이에 구운 빛깔이 나지 않은 갈비뼈 안쪽을 위로 향하게 올리고 본체 내부온도를 110℃, 중심온도를 51℃로 설정한 스팀컨벡션오븐에 넣는다. 중심온도계를 익기 쉬운 등 쪽 고기에 꽂는다.

5 중심온도계의 위치를 바꾼다

등 쪽의 중심온도가 51℃가 되면 고기의 두께가 있어 잘 익지 않는 어깨 쪽의 중심온도를 측정한다. 51℃보다 낮으면 다시 가열한다. 전체 중심온도가 51℃에 이르도록 한다.

6

어깨 쪽의 중심온도가 51℃가 되면 고기를 꺼낸다. 전면에 고소한 구운 빛깔이 나는지 확인한다. 표면에 살짝 육즙이 번지지만 흐르지 않고 수축도 적다.

POINT **등 쪽과 어깨 쪽 모두 온도를 확인한다**

스팀컨벡션오븐에서 가열할 때는 비교적 익기 쉬운 등 쪽에 먼저 중심온도계를 꽂는다.
등 쪽이 51℃가 되면 잘 익지 않는 어깨 쪽에도 중심온도계를 꽂아 확인한다.
온도가 낮으면 다시 가열해 전체가 기준 온도에 도달하도록 신경 쓴다.

7 휴지시킨다

고기를 튀김망 트레이에 올리고, 플라크(평평한 철판 위에 냄비나 프라이팬을 올리고 가열하는 조리 도구-옮긴이) 위의 선반에서 10~15분간 휴지시킨다. 이 과정에서 표면의 열이 전해져, 51℃였던 중심온도가 서서히 5~6℃ 올라간다.

8 고기를 자른다

갈비뼈와 고기의 경계선에 칼을 넣고 고기를 뼈에서 분리하듯이 자른다. 여기서 원기둥꼴로 등심 가운데 부분을 잘라낸다. 갈비에 붙은 지방이 많은 부분은 곁들이는 용으로 따로 둔다.

9

칼을 넣었을 때 육즙이 살짝 번지는 정도가 이상적인 구이 상태다. 구운 색이 나는 표면과 여분의 지방, 힘줄은 잘라낸다. 세로 절반으로 잘라 네모난 모양을 만든다.

10 곁들이는 채소를 준비한다

올리브오일을 두르고 미니 푸아로, 뇨키를 굽는다. 이때 8에서 잘라놓은 갈비에 붙은 지방이 많은 부분도 함께 노릇노릇하게 굽는다.

11 고기에 맛을 낸다

모든 과정을 통틀어서 고기를 양념하는 것은 이때뿐이다. 고기의 윗면에 플뢰르 드 셀과 굵게 빻은 흰 후춧가루를 뿌리고 따뜻하게 데운 쥐 다뇨^{jus} $_{d'agneau}$ 소스를 솔로 위부터 바른다.

홋카이도산 사우스다운종

담당 _ 오카모토 히데키(르메르시만 오카모토)

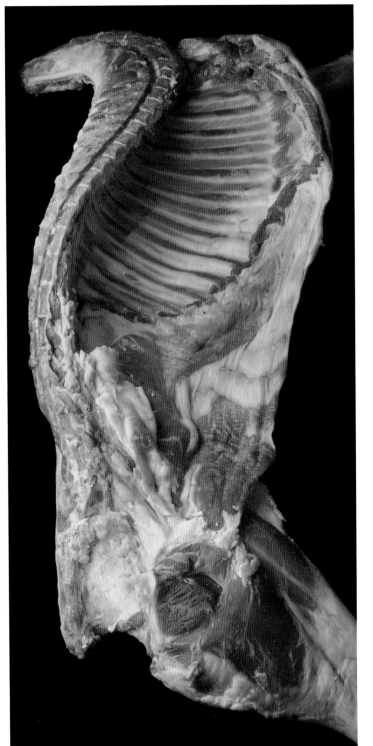

최근 양질의 일본산 양고기가 나오고 있다. 홋카이도는 일본 최대의 양고기 생산지다. 오카모토 히데키 셰프는 홋카이도 아쇼로에 있는 이시다멘 양 목장에서 사우스다운종이 3/4 이상 되도록 교배된 생후 14개월 된 양고기(호게트)를 한 마리 구입했다. 일반적인 어린 양보다 사육 기간이 길기 때문에 근섬유의 결이 곱고 씹는 식감이 좋은 것으로 알려진 사우스다운 성격이 짙은 것이 특징이다. 목장의 숙성고에서 최소 1주일 숙성시킨 것을 랩으로 싸서 음식점의 냉장고에서 다시 1~3주일 숙성시켜 사용한다.

고기 정보

산지 : 홋카이도 도카치 지방
품종 : 사우스다운종
월령 : 14개월(호게트)
사육 방법 : 20만㎡의 이시다멘 양 목장에서 방목하고, 사우스다운종이 75% 이상 되도록 교배한다.

작게 자른 등심에 지방을 감아
직접 열에 닿지 않게 보호하면서 촉촉하게 굽는다

내가 사용하는 홋카이도산 사우스다운종 양고기는 생후 1년이 지난 호게트라 해도 양고기 특유의 냄새가 없고 육질도 매우 섬세하다. 따라서 표면을 많이 익히는 것보다 섬세한 육질을 살려 굽는 방법이 적합하다고 생각한다. 뼈가 붙은 큰 덩어리째 굽는 방식도 있지만, 여기서는 작은 부분으로 나눠 굽는 방법을 소개한다.

르메르시만 오카모토의 점심 메뉴는 고기 요리를 두 종류 중에서 선택할 수 있도록 하고 있다. 고기의 종류가 하나면 예약 시간을 계산해 덩어리 고기를 저온에서 구워도 되지만, 두 종류일 때는 이렇게 굽기가 어렵다. 따라서 주문이 들어온 뒤 1인분의 작은 고기를 얼마나 맛있게 짧은 시간 내에 구워낼 것인가에 초점을 맞춰야 한다.

작은 부분의 어린 양고기를 아무 생각 없이 구우면 프라이팬에 닿는 면이 급격하게 익는다. 그렇기 때문에 속까지 익을 정도가 되면 고기에서 수분이 빠져나가 퍼석해진다. 그래서 나는 고기에 지방을 감아 굽는 방법을 취하고 있다. 먼저 등심을 지방에 감아 버터와 마늘과 함께 프라이팬에 넣고 230℃ 오븐에서 3분간 가열한다. 지방 속에서 쪄서 익히는 방식이다. 이때 돼지비계를 이용하는 방법도 있으나, 돼지 냄새가 날 수도 있기 때문에 반드시 양고기 자체의 지방을 사용한다.

그런 다음 오븐에서 꺼내 3분간 휴지시킨다. 이 가열과 휴지의 과정을 3~4회 반복하는데, 도중에 손가락으로 고기를 만져보아, 아직 부드럽고 충분히 익지 않은 부분이 있으면 그곳을 프라이팬의 바닥 또는 가장자리에 대고 잘 익힌다. 나는 어린 양고기는 비교적 확실히 구워야 양고기의 매력을 표현할 수 있다고 생각하기 때문에 중심온도가 65℃ 정도 될 때까지 익힌다.

이렇게 굽는 방법은 양고기 한 마리를 통째로 구입해서 직접 고기를 잘라 사용할 때만 가능하다. 지방 외에도 갈비는 찜에, 뼈와 힘줄은 육수를 내는 데 이용한다. 귀한 홋카이도산 어린 양고기를 하나도 버리지 않고 사용하는 것이다.

이시다멘 양 목장의 사우스다운종 양고기 콤퍼지션

홋카이도산 어린 양고기를 부위별로 육질에 맞게 조리한 일품요리다. 등심 구이에는 레드와인 식초의 신맛
을 살린 에샬롯 소스를 곁들였다. 갈빗살은 부드러운 식감의 찜과 바삭하게 구운 베이컨에 이용하고, 목과
정강이처럼 단단한 부위는 소시지로 만들었다. 앙디브(상추의 일종) 같은 채소를 곁들이면 좋다.

에샬롯 소스

❶ 냄비에 버터를 두르고 잘게 썬 에샬롯과 소
금을 넣어 살짝 익힌다. 올리브오일에 절인
마늘을 다져 넣고 냄새가 날 때까지 볶는다.

❷ ①에 레드와인 식초를 넣고 데글라세한 뒤
가볍게 끓인다. 코냑을 넣고 알코올 성분을
날린다. 베르무트(여러 향료 식물을 넣어 만든
와인의 한 종류—옮긴이)를 넣어 마찬가지로 알
코올 성분을 날린 뒤 다시 끓인다.

❸ ②에 쥐 다뇨를 넣고 1/3 분량이 될 때까지
졸인다. 잘게 썬 파슬리와 작은 오이 피클인
코니숑을 넣고 소금, 후추로 간을 맞춘다.

소시지

❶ 어린 양의 목살이나 정강이살을 큼직하게
잘라 믹서로 거칠게 간다.

❷ ①에 에스플레트 고추, 소금, 후추를 넣고
잘 섞어 소시지를 만든다.

❸ ②를 78℃ 스팀컨벡션오븐에서 18분간 익힌다.

갈빗살 찜

❶ 어린 양고기 갈빗살 전면에 소금, 후추를
뿌린다. 올리브오일을 넣고 달군 프라이팬
에 고기의 표면을 강불로 리솔레rissoler(재
료 표면이 갈색이 되도록 강불로 굽는 것)한다.

❷ 다른 프라이팬에 올리브오일을 넣고 가로
절반으로 자른 마늘을 껍질째 볶는다.

❸ 냄비에 올리브오일, 얇게 썬 양파, 당근, 셀
러리, 큼직하게 자른 토마토를 넣고 익힌다.

❹ ③에 기름을 뺀 ①과 ②를 넣고, 잠길 듯 말
듯하게 화이트와인을 부은 뒤 알코올 성분
을 날린다.

❺ ④에 퐁 드 볼라유, 큼직하게 자른 양파, 당
근, 셀러리, 부케 가르니(파슬리 줄기, 월계수
잎, 타임 등의 향신료를 끈으로 묶은 것)를 넣는
다. 뚜껑을 덮고 200℃ 오븐에서 3시간 졸
인다.

❻ ⑤의 냄비에서 갈빗살을 꺼내고 육즙을 여
과기에 거른다.

❼ ⑥의 육즙을 냄비에 넣고 거품을 걷어내면
서 끓인다. 거른 다음 소금으로 간을 해서
소스로 쓴다.

베이컨

❶ 어린 양고기 갈빗살에 소금(고기 무게의 30%
분량)과 그래뉴당(소금의 20% 분량)을 뿌린 뒤
냉장고에 1주일간 둔다.

❷ ①을 13시간 동안 흐르는 물에 담가 소금기
를 뺀다. 물기를 제거하고, 탈수시트에 싸서
냉장고에 2일간 둔다.

❸ 냄비 바닥에 벚나무 가지를 넣고 ②를 올린
뒤 뚜껑을 덮는다. 강불에서 훈제하면서 1시
간 가열한다.

마무리

❶ 접시에 에샬롯 소스를 붓는다. 2등분한 등
심 구이를 담고 플로르 드 셀을 뿌린다.

❷ 적당히 자른 갈빗살 찜, 프라이팬에 구워
적당히 자른 소시지, 얇게 썰어 버너에서
구운 베이컨을 담고 밑간을 해 볶은 채소(앙
디브, 감자, 뿌리 셀러리 등)를 곁들인다.

1 고기를 자른다

도축 후 목장에서 1주일간, 다시 음식점에서 1~3주일간 숙성시켜 감칠맛을 높인 어린 양고기(홋카이도산 사우스다운종)의 등심을 잘라낸다. 7~8cm 폭으로 잘라 1인분을 뼈에서 분리한다.

2 손질한다

등심 주위에 붙어있는 지방을 제거한다. 여분의 힘줄도 제거하고 손질한다. 지방은 나중에 고기에 감아 사용하기 위해 따로 둔다.

3

손질한 다음 약 50g(1인분)이 되게 만든 어린 양고기의 등심이다. 전체에 소금과 후추를 뿌려 간을 맞춘다.

4 고기에 지방을 감는다

프라이팬에 고기가 직접 닿아 급격히 익지 않도록 2에서 잘라낸 지방을 5mm 두께로 썰어 고기에 감는다. 가열 도중에 지방이 빠지지 않게 연실로 단단히 묶는다.

5 프라이팬에 데운다

프라이팬에 버터와 마늘(껍질째)을 넣고 강불에 익힌다. 버터가 녹기 시작하면 4의 지방 부분이 프라이팬에 닿게 넣는다.

6 오븐에 굽는다

버터가 녹기 전에 프라이팬째 230℃ 오븐에 넣어 굽는다. 처음에는 프라이팬의 중앙에 고기를 놓고 굽는다.

POINT **고기에 비계를 감아 굽는다**

비계를 감아 고기가 직접 프라이팬에 닿지 않게 굽는다.
비계를 감지 않은 옆면은 프라이팬에 닿지 않게 해서 촉촉하게 굽는다.

7 고기를 휴지시킨다

고기를 3분간 구운 뒤, 오븐에서 프라이팬을 꺼내 가스레인지 위의 따뜻한 곳에서 3분간 휴지시켜 표면과 중심온도를 고르게 한다.

8

고기의 옆면을 손가락으로 가볍게 눌러 푹 들어갈 정도로 부드러운 부분(잘 익지 않은 부분)이 없는지 확인한다. 이 정도면 30~40%가 익은 상태다.

9 방향을 바꿔 다시 오븐에 굽는다

만져보아 부드러운 부분이 있으면 익기 쉽게 프라이팬의 가장자리에 놓은 뒤 다시 오븐에 넣어 3분간 굽는다.

10 완성

고기의 방향을 바꾸면서 7~9의 과정을 3~4회 반복한다. 손가락으로 눌러 고기 옆면의 굳기가 균일해지면 완성이다. 이때 중심온도 기준은 65℃다. 적당히 익은 미디엄 상태로 마무리한다.

홋카이도산 오크빌

담당 _ 고지마 케이(베이지 알란 듀카스 도쿄)

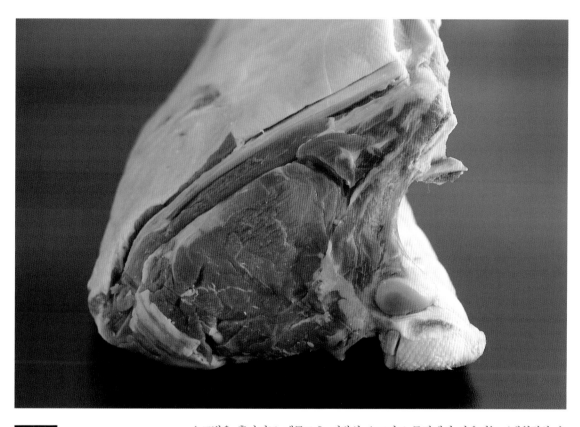

고기 정보

산지 : 홋카이도
품종 : 홀스타인종과 교배종
브랜드명 : 오크빌
월령 : 4개월
사육 방법 : 외양간에서 항생제 무첨가 분유만으로 사육한다.

오크빌은 홋카이도 메무로초 지방의 오크리프 목장에서 사육되는 4개월령의 송아지를 말한다. 이 농장에서는 도카치 지역의 농가에서 태어난 송아지를 구해 항생제를 첨가하지 않은 분유만 먹여 키운다. 따라서 같은 일본산이라도 "목초나 곡물을 먹은 송아지와는 고기의 풍미와 색깔이 다르다"고 고지마 케이 셰프는 말한다. 고지마 셰프는 유럽산에 가까운 지방의 풍미와 우유를 연상시키는 냄새, 촉촉한 육질을 지닌 송아지를 찾던 중, 이 송아지의 존재를 알게 된 후부터는 계속 이 송아지고기만 쓰고 있다. 홀스타인, 교배종 등 품종은 때때로 다르지만, 등에서 허리에 걸쳐 반신을 일주일에 한두 번 신선한 상태에서 구입한다.

유럽산 화이트빌에 필적하는 일본산 고기를
코코트를 사용해 전통적인 가열법으로 굽는다

나는 유럽에서 오랫동안 일한 경험이 있어, 송아지고기 기준이 프랑스산에 맞춰 있다. 이상적인 송아지는 육질의 결이 촘촘하고, 송아지고기 특유의 크리미한 풍미와 단맛이 있으며, 지방의 감칠맛도 느낄 수 있다. 하지만 일본에서 요리를 하는 이상 좋은 일본산 송아지고기를 찾고 싶었다.

홋카이도산 오크빌을 먹는 순간 '일본에도 이런 송아지고기가 있었구나' 하고 깜짝 놀랐다. 결이 촘촘하고 촉촉하며 부드러운 육질, 화이트빌 특유의 밀키한 풍미가 느껴졌다. 그리고 특히 마음에 든 것은 지방의 맛이었다. 이 송아지고기의 지방은 향이 좋고, 구우면 부드러운 단맛과 감칠맛이 두드러진다.

그런 육질인 만큼 온화하게 익히기 위해서는 덩어리로 굽는 것이 이상적이다. 그리고 조리기구는 플라크와 주철제 코코트(내열성 냄비)가 적합하다는 것이 나의 생각이다. 예를 들어 프라이팬에서 구운 색을 낸 고기를 200℃ 이상의 오븐에 구울 경우 본체 내부에서 고기 전체가 고온의 열에 노출된다. 반면 주철제 코코트를 플라크에 놓고 익히면 코코트에 전달된 열이 고기를 부드럽게 감싼다. 그 결과 고기가 수축하지 않고 촉촉하게 완성된다. 이 기법은 난로에 고기를 굽기도 하고, 채소를 넣은 냄비를 약불로 천천히 가열하는 프랑스 가정요리와 비슷하다. 이것을 레스토랑에서 이용해본 것이 이번 로스트다.

주의해야 할 것은 가열 온도다. 처음에는 표면에 구운 색을 내기 위하여 화력이 센 플라크의 중앙에 올린다. 그 후에는 무스 상태의 버터를 끼얹으며 화력이 약한 가장자리에서 굽는다. 이런 식으로 냄비의 위치를 바꾸어가며 온도를 조절한다. 그리고 고기를 자를 때 떼어낸 뼈와 자투리 고기, 힘줄도 함께 코코트에서 구워 그 감칠맛을 고기에 배게 하는 것도 중요하다. 또한 냄비 바닥에 달라붙어 있는 슈크suc(고기를 볶거나 구운 뒤에 바닥에 눌어붙어 있는 것)로 소스를 만들어 고기에 끼얹는다. 하나의 코코트 안에서 송아지고기의 맛을 집약하는 식이다.

시금치와 당근을 곁들인 송아지고기 로스트

송아지고기 특유의 크리미한 풍미와 지방의 감칠맛을 살린 로스트다. 주철제 코코트에서 뼈가 붙은 등심을 천천히 익히고, 냄비 바닥에 붙은 슈크를 소스로 만들어 고기에 끼얹는다. 코코트에서 익힌 당근과 시금치를 곁들이고 크림 소스를 뿌려 내놓는다.

곁들이는 채소

❶ 줄기를 일부 자른 양파와 껍질을 벗겨 적당히 자른 당근, 껍질이 있는 에샬롯에 소금을 뿌리고 전체적으로 올리브오일을 두른다. 코코트에 넣고 불이 약한 플라크 가장자리에서 익힌다. 채소가 타지 않도록 때때로 코코트 안을 저어준다.

❷ ①의 채소에 어느 정도 열이 올라오면 뚜껑을 덮고 가열한다. 도중에 눌어붙지 않도록 뚜껑을 열고 섞어준다.

❸ ②의 채소가 부드러워지면 안에 있는 기름을 버리고 쥐 드 보jus de veau 소스를 넣고 코코트를 흔들어 채소 전체에 섞이게 한다.

❹ 프라이팬에 올리브오일을 두르고 시금치를 넣는다. 마늘을 꽂은 포크로 섞으면서 시금치가 숨이 죽을 때까지 볶는다.

크림 소스

냄비에 생크림과 크렘 에페스(발효 크림)를 같은 비율로 넣어 끓인 뒤, 레몬 과즙을 추가해 섞는다.

마무리

송아지고기 로스트를 잘라 접시에 담는다. 곁들이는 채소를 담고, 고기에는 쥐 드 보 소스를, 채소에는 쥐 드 보 소스와 크림 소스를 뿌린다.

1 등심을 잘라낸다

송아지고기(홋카이도산 오크빌)의 등심
을 갈비뼈를 따라 자른다. 등뼈, 힘줄,
혈관을 제거하고 400g 정도가 되게 만
든다. 고루 익도록 연실로 묶어 모양을
다듬고 양면에 소금을 뿌린다.

2 코코트에 굽는다

주철제 코코트에 올리브오일을 두르
고 플라크에 올린 뒤 고기를 넣는다.
1에서 제거한 등뼈와 자투리 고기, 힘
줄과 마늘을 껍질째 넣고 볶는다.

3

중불에서 강불의 화력으로 고기의 양
면과 옆면을 굽는다. 전체에 구운 색
이 나면 고기를 비롯한 코코트 안의
재료를 일단 모두 꺼내고 남은 기름을
버린다.

4 무스 상태의 버터로 가열한다

3의 코코트에 버터를 넣어 가열한다.
버터가 무스 상태가 되면 꺼낸 고기와
다른 재료를 넣는다. 고기에 버터를 끼
얹으면서 천천히 굽는다.

5 휴지시킨다

충분히 구운 빛깔과 버터의 풍미가 나
면(굽기 시작한 지 20분 경과) 재료를 튀
김망 트레이에 꺼내고 따뜻한 곳에서
10분간 둔다. 5분 뒤 고기를 뒤집는다.

6 소스를 만든다

코코트 안의 기름을 버리고 등심 이외
의 재료를 다시 넣는다. 플라크 가장자
리에서 익히면서 치킨부용을 여러 번
넣어 데글라세한다. 졸인 다음 거른다.

POINT **큼지막한 덩어리째 천천히 굽는다**

고지마 셰프는 "송아지고기가 맛있는 이유는 지방에 있다"고 말한다.
큼직한 덩어리로 잘라 천천히 구우면 고기뿐만 아니라 지방의 감칠맛과 단맛도 끌어낼 수 있다.
여기서는 400g의 고기를 사용했지만, 프랑스에서는 2인분 600g 덩어리를 구워 손님 자리에서 썰어주었다고 한다.

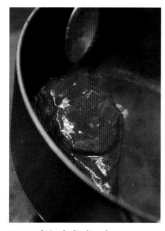

7 고기를 다시 넣는다

거른 액체를 코코트에 넣고 플라크에서 가열한 뒤 쥐 드 보를 넣어 소스를 만든다. 연실을 제거한 등심을 다시 넣고 소스를 끼얹는다.

8 완성

구워진 고기의 뼈를 빼내고(사진) 1.5cm 두께로 썰어 접시에 담는다. 고기 표면은 소스를 끼얹어 윤기가 나고, 단면은 은은한 핑크색으로 완성되었다.

송아지 흉선육 '리드보'를 사용한다

송아지(생후 1년까지) 특유의 내장으로, 성장하면서 점차 작아지는 흉선육(리드보ris de veau)은 심장 주변에 있는 덩어리 형태의 '누아Noix'와 목 주변에 있는 통 모양의 '고르주gorge' 두 부위를 얻을 수 있다. 누아와 고르주는 물에 데쳐 얇은 막을 벗긴 뒤 뫼니에르(생선에 밀가루와 버터를 발라 구운 프랑스식 요리-옮긴이)나 프리카세(고기를 잘게 썰어 버터에 살짝 구운 뒤, 채소와 같이 끓여 화이트소스와 함께 먹는 요리-옮긴이)를 만들어 먹는 것이 대표적인 방법이다. 특유의 밀키한 향과 부드러운 식감 때문에 고급 식재료로 사랑받아왔다. 어린 양고기 역시 흉선육이 있으며 '리다뇨'라고 부른다.

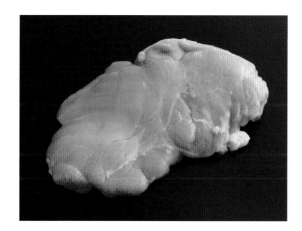

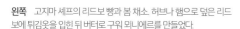

왼쪽 고지마 셰프의 리드보 빵과 봄 채소 허브나 햄으로 덮은 리드보에 튀김옷을 입힌 뒤 버터로 구워 뫼니에르를 만들었다.

오른쪽 기시다 셰프는 기름에 튀긴 뜨거운 리드보에 루콜라 풍미의 세몰리나를 섞어 샐러드를 만들었다.

프랑스산 송아지고기

담당 _ 기시다 슈조(칸테산스)

고기 정보

산지 : 프랑스 로제르주
품종 : 오브라크종(암소)과 샤롤레종(숫소)의 교배종
월령 : 4개월 반
사육 방법 : 산악지대에서 향초를 먹고 자란 암소 우유를 먹여 키운다.

2014년, 12년 만에 수입 금지가 해제된 프랑스산 송아지고기는 치밀하고 부드러운 육질과 밀키한 풍미를 맛볼 수 있는 고급 식재료다. 기시다 슈조 셰프가 사용하는 송아지고기는 맛이 좋기로 정평이 나 있는 오브라크종과 샤롤레종을 교배한 품종이다. 랑그도크루시용 지방의 산악지대에서 향초를 먹고 자란 암소 우유만 먹여 월령 4개월 반까지 키운 것이다. 일주일에 한 번, 등심과 넓적다리살이 이어진 3kg의 덩어리 고기를 구입하고 있으며, "육질의 치밀함과 섬세한 풍미를 느낄 수 있다"는 이유로 넓적다리살을 즐겨 사용한다고 한다.

육질이 부드러우면서도 치밀한 송아지고기는
표면을 단단하게 굽지 않고 내부까지 촉촉하게 익힌다

프랑스에서 요리 수업을 받을 때 송아지고기를 보고는 부드럽고 촉촉한 육질과 밀키한 맛에 놀랐다. 현재는 랑그도크루시용산 암소 우유로 4개월 반 정도 키운 송아지를 사용하고 있는데, 그중에서도 카지(넓적다리살)가 마음에 든다. 일반적으로 코트(뼈가 붙은 등심)가 인기 있지만, 나는 육질이 치밀한 넓적다리살 쪽이 송아지고기를 그대로 표현할 수 있어 좋다.

송아지고기는 지방이 거의 없는 반면에 수분을 많이 함유하고 있어 촉촉하고 부드러운 것이 특징이다. 그래서 고기의 수분을 유지할 수 있는 굽는 법을 가장 중요시한다. 고온에서 표면을 단단하게 구우면 고기 전체의 수분이 빠져 퍼석해진다. 식감을 잃을 수 있어 리솔레도 하지 않는 것이 좋다. 여기서처럼 숯불에 굽는 경우는 표면에 진한 구운 빛깔이 나지 않도록 고기를 자주 뒤집으면서 굽는 것이 중요하다. 불이 닿지 않는 면을 휴지시키면서 부드럽게 고기 속까지 익히는 방식이다. 또한 굽는 동안은 표면에 무염 버터를 발라 건조

해지는 것을 막고 수분의 유출을 최소화한다.

하지만 이런 식으로 구우면 놓치는 것이 한 가지 있다. 바로 고소한 향이다. 그래서 촉촉한 식감과 동시에 식욕을 돋우는 고소한 향을 표현할 수 있는 방법이 없을까 고민하다가 지핀 숯불에 이탄(땅에 묻힌 지 얼마 안 되어 탄화가 덜 된 석탄-옮긴이)을 넣어, 스카치위스키를 생각나게 하는 스모키한 향을 고기에 입히는 방법을 생각해냈다. 송아지고기는 원래 풍미가 중립적인 식재료다. 그런 만큼 다양한 향을 입힐 수 있다.

송아지고기를 보관할 때는 지방이나 힘줄로 보호되지 않은 상태에서 냉장하면 부패하기 쉽다는 점에 주의해야 한다. 표면에 힘줄이 남도록 잘라 나누고 사용 직전에 마지막으로 손질을 하는 것이 좋다. 2~3일 사용하지 않을 경우에는 덩어리 그대로 냉장고 안에 매달아두는 등의 방법을 연구해서 가급적 고기에 부담이 가지 않게 보관하는 것이 좋다.

스카치위스키 소스를 곁들이고 이탄의 풍미를 입힌
랑그도크루시용산 송아지 그리예

송아지고기 특유의 냄새가 없는 넓적다리살을 비장탄과 스코틀랜드산 이탄으로 굽는다. 이탄 향이 나는
아일라섬 스카치위스키와 송아지 콩소메를 조합한 소스로, 우유를 마시고 자란 송아지고기 특유의 밀키한
단맛을 돋보이게 했다.

아일라섬산 스카치위스키 소스

송아지 콩소메*를 걸쭉해질 때까지 졸인다. 스
카치위스키**를 소량 첨가하여 섞고 소금으로
간을 한다. 스카치위스키 향이 사라지기 때문
에 알코올 성분은 날리지 않는다.

* 우유를 먹고 자란 송아지(프랑스산)의 뼈, 힘줄, 자투
리 고기를 향미 채소, 향신료와 함께 물을 넣고 3시간
정도 끓여 부용을 만든다. 여기에 우유를 먹고 자란
저민 송아지고기와 달걀흰자를 넣고 걸러 맑게 한 것.
** 영국 아일라섬산 보우모어(1968년 제품)를 사용한다.

샐러드

❶ 셀러리, 앙디브, 회향을 적당한 크기로 썬다.

❷ ①, 차이브 꽃, 로스트해서 자른 야생 호두
를 엑스트라 버진 올리브오일과 샴페인 식
초에 버무리고 소금으로 간을 맞춘다.

마무리

❶ 랑그도크루시용산 송아지 그리예를 가로로
3등분하고 소금을 뿌린다.

❷ 접시에 ①을 담고 샐러드를 장식한다. 아일
라섬산 스카치위스키 소스를 흘려놓는다.

POINT **고기의 품질을 음미한다**

맛이 좋기로 정평이 나 있는 프랑스산 송아지이지만,
진공 포장의 압박에 의한 손상 등 수입 과정에서 열화도 생길 수 있다.
기시다 셰프는 "프랑스산은 품질이 최고라고 안이하게 생각하지 말고,
제대로 음미하는 자세도 필요하다"고 말한다.

1 지핀 숯불에 이탄을 흩뿌린다

지핀 숯불을 화로 앞에 배치하고 이탄(스코틀랜드산)을 위에서 흩뿌려 연기를 일으킨다. 석쇠를 놓고 충분히 가열한다.

2 넓적다리살을 굽는다

3인분(340g)으로 자른 송아지고기(프랑스산)의 넓적다리살 전면에 엑스트라 버진 올리브오일을 묻혀 달군 석쇠에 올린다. 고기에서 수분이 유출되지 않도록 소금은 다구운 뒤에 뿌린다.

3 구운 색이 나지 않게 굽는다

지방이 적은 송아지고기는 수분이 날아가면 금방 퍼석해진다. 이를 막기 위해 표면에 진한 구운 빛깔이 나지 않도록 자주 뒤집어 부드럽게 익힌다.

4

한 면을 굽는 동안 나머지 다섯 면을 휴지시키는 식으로 여섯 면을 순차적으로 굽는다. 이 작업을 반복하며 천천히 익힌다.

5 표면에 무염 버터를 바른다

고기의 표면이 마르면 녹인 무염 버터를 발라 고기를 보호한다. 유염 버터는 수분 유출을 촉진하고 맛의 균형도 깨지므로 사용하지 않는다.

6 휴지시킨다

굽기 시작한 지 10분 뒤 고기의 표면이 부풀어 오르면(사진) 숯불에서 30cm 정도 떨어진 화로 상단에 옮긴다. 5분간 휴지시켜 속까지 익힌다.

7 완성

고기를 화로의 하단에 옮겨 표면을 따뜻하게 마무리한다. 구워진 고기는 근섬유를 따라 수평으로 3등분한다. 표면에 소금을 뿌려 접시에 담는다.

닭고기

프랑스산 브레스 닭고기

담당 _ 다카라 야스유키(긴자 레캉)

고기 정보

산지 : 프랑스 브레스 지방
품종 : 골루아즈드브레스블랑슈종
월령 : 4개월 이상
사육 방법 : 헛간 사육(옥수수, 밀, 유제품 등으로 사육)과 방목 사육. 마무리 사육으로 닭장에 넣는다.

프랑스 중동부에 있는 브레스 지방은 최고의 닭을 생산하는 곳으로 유명하다. 이곳에서 수확한 옥수수 등의 곡물과 유제품을 먹여 키운 것이 브레스 닭이다. 브레스 닭고기는 희고, 전체적으로 기름이 올라 매우 부드럽다. 사육 기간은 일반적으로 어린 닭(뿔레)이 16주, 사육 닭(뿔라흐드)은 20주, 거세한 식용 수탉(샤퐁)은 무려 32주나 된다. 어린 닭의 경우 생후 35일째부터 방목으로 키우며, 마지막 1주일 정도는 닭장에 넣어 키운다(사진은 2015년 6월 촬영. 같은 해 11월부터 조류 인플루엔자의 영향으로 일본에는 수입이 금지되었다).

알루미늄 포일을 이용하여
닭 전체에 고르게 열을 가해 맛있고 촉촉하게 굽는다

프랑스산 브레스 어린 닭의 강력한 맛과 촉촉한 육질에는 다른 닭으로는 대신할 수 없는 매력이 있다. 레스토랑의 주요리에 어울리는 식재료라고 생각하고, 수입이 재개되기를 기다리는 요리사도 많다.

브레스 닭의 맛을 살리기 위해 촉촉하게 굽고 싶지만, 통닭은 올록볼록한 부분이 있어 골고루 익히기 어렵다. 게다가 육질이 다른 넓적다리살과 가슴살은 익히는 방법도 다르다. 그래서 가열하기 전에 가급적 평평한 면을 만들기 위해 실로 묶어 상자 모양으로 성형한다. 이렇게 하면 면을 바꾸면서 전체적으로 균일하게 익힐 수 있다.

또한 통닭은 두께가 있어 속까지 익는 데 시간이 걸린다. 그러니까 장시간 가열하다 보면 표면은 서서히 말라간다. 여기서는 보통 버리는 목과 내장 주변의 노란 지방 덩어리를 냄비에 가열해 추출한 기름을 활용한다. 처음에 이 기름으로 아로제하면서 구우면 기름 향이 배는 동시에 보습 효과를 얻을 수 있다. 스팀컨벡션오븐에 넣기 직전에도 이 기름을 솔로 전면에 발라 풍미를 더하고 촉촉하게 마무리한다.

본격적으로는 본체 내부온도 180℃, 스팀 100%로 설정한 스팀컨벡션오븐에서 익힌다. 증기를 뿜으면서 가열하기 때문에 표면의 건조를 막고, 전체적인 수축도 막을 수 있다. 그리고 가열과 휴지를 반복하면서 넓적다리살과 가슴살 등 각 부위의 중심온도를 확인한다. 기준은 63℃ 정도지만 충분히 온도가 올라가지 않을 때는 익기 쉬운 가슴살을 알루미늄 포일에 싸서 보호한 뒤 다시 3분간 가열한다.

중심온도가 어느 부위나 65℃ 정도가 되면 전체에 알루미늄 포일을 씌워 보온한다. 마무리로 올리브오일과 버터를 가열한 프라이팬에서 아로제하면서 껍질을 바삭하고 고소하게 구워 촉촉한 고기와의 대비를 강조한다.

뿌리 셀러리 퓌레와 머스터드 소스를 곁들인
프랑스산 브레스 뿔레 로스트

한 마리 통째로 구운 상태를 손님 자리에서 보인 뒤, 주방에서 넓적다리살과 가슴살을 잘라 접시에 담는다.
닭의 뱃속에 넣어둔 바게트를 꺼낸 뒤 구워서 곁들여 닭 한 마리에서 나온 감칠맛을 남김없이 표현했다. 화
이트 셀러리 잎, 로즈마리오일을 말토섹으로 굳힌 파우더를 첨가해 청량감을 더한다.

뿌리 셀러리 퓌레

❶ 껍질을 벗겨 큼직하게 썬 뿌리 셀러리를 냄
비에 넣는다. 우유를 잠길 듯 말 듯하게 붓
고 소금을 첨가하여 부드러워질 때까지 끓
인다.

❷ ①을 소량의 육즙과 함께 믹서에 갈아 퓌레
를 만든 뒤 거른다.

❸ ②를 다시 냄비에 넣고 가열한 뒤 생크림과
소금을 넣어 간을 맞춘다.

머스터드 소스

❶ 프라이팬에 닭 자투리와 목 부분을 볶다
가 얇게 썬 마늘과 에샬롯을 넣어 함께 볶
는다.

❷ ①에 화이트와인 식초, 화이트와인을 넣어
졸인다.

❸ ②에 치킨부용, 퐁 드 보fond de veau(송아지
육수), 토마토 페이스트를 넣어 30분간 가열
한 뒤 여과기에 거른다.

❹ ③을 냄비에 넣고 가열한 뒤 소금과 후추로
간을 맞춘다. 씨겨자와 로즈마리오일을 첨
가하여 마무리한다.

마무리

❶ 프라이팬에 올리브오일을 두르고 절반으로
자른 바게트(닭의 뱃속에서 꺼낸 것)와 마늘,
로즈마리를 구운 색이 날 때까지 볶는다.
키친타월에 바게트를 놓고 기름을 뺀 뒤 검
은 후춧가루를 뿌리고 콘티 치즈를 깎아 뿌
린다. 잘게 썬 파슬리를 올린다.

❷ 접시에 뿌리 셀러리 퓌레를 간다. 그 위에
①의 바게트를 얹고, 프랑스산 브레스 뿔레
로스트의 넓적다리살과 가슴살을 썰어서
올린다. 머스터드 소스를 끼얹고, 데쳐서 얇
은 막을 벗긴 풋콩, 화이트 셀러리 잎을 올
린다. 로즈마리 파우더를 뿌린다.

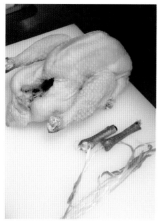

1 밑 손질을 한다

목과 발을 잘라낸 닭고기(프랑스산 브레스 닭)를 준비하고 날개의 끝 부분을 잘라낸다. 넓적다리와 다리 끝의 경계에 칼을 넣어 다리에 있는 힘줄도 당겨 뽑아내면서 다리 끝을 잘라낸다.

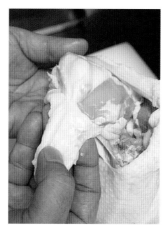

2

쇄골 주변의 고기를 쳐내듯이 떼어낸다. 전체 표면을 버너로 태워 솜털을 제거한다. 목과 내장 주변의 노란 지방을 손으로 떼어낸다.

3 기름을 추출한다

2에서 뗀 노란 지방과 소량의 물을 냄비에 넣고 약불로 가열한다. 잠시 후면 나오는 투명한 기름을 거른 뒤 다른 용기에 넣어 냉장고에 보관한다.

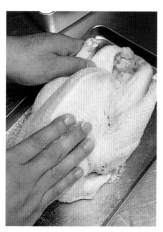

4 소금을 문지른다

닭 무게의 1.2% 분량의 소금을 문지른다. 배 안쪽에도 잘 스며들게 한다. 구울 때 탄 냄새가 배기 때문에 후추는 뿌리지 않는다.

5 뱃속에 바게트를 넣는다

4의 닭 뱃속에 풍미를 돋워줄 마늘과 로즈마리를 채운다. 곁들이기 용으로 얇게 썬 바게트도 채운다.

6 브리데한다

연실로 닭을 브리데brider(조리 중에 형태가 망가지지 않도록 가금류의 날개와 다리를 실로 꿰매 몸통에 고정시키는 것)한다. 날개와 넓적다리의 나오고 들어간 부분을 최대한 평평하게 하기 위해 넓적다리를 당겨 묶는다. 그대로 구울 예정이므로 상자 모양이 되도록 성형한다.

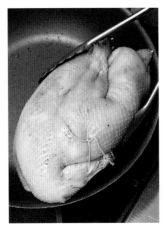

7 프라이팬에 굽는다

3에서 보관해둔 기름의 피막을 떠서 프라이팬에 중불로 가열한 뒤 닭의 표면을 굽는다. 전체가 살짝 노르스름해지고 기름의 향이 나면 완료된 것이다.

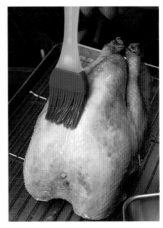

8

닭을 프라이팬에서 꺼내 튀김망 트레이에 올리고 3의 기름을 솔로 표면 전체에 바른다. 닭고기 기름 향을 껍질에 배게 하여 풍미를 좋게 하기 위해서다.

9 스팀컨벡션오븐에 굽는다

튀김망 트레이에 올린 닭을 본체 내부 온도 180℃, 습도 100%로 설정한 스팀 컨벡션오븐에 넣고 10분간 굽는다. 증기로 감싸면서 가열하기 때문에 촉촉하게 완성된다.

10 가열과 휴지를 반복한다

잘 익지 않는 넓적다리 쪽만 알루미늄 포일로 덮어 따뜻한 곳에서 10분간 휴지시킨다. 닭의 양 옆면도 가열(스팀컨벡션오븐)과 휴지를 각 1회, 3분씩 실시한다.

11 중심온도를 확인한다

쇠꼬치를 꽂아서 온도를 확인한다. 잘 익는 부분과 잘 익지 않는 부분의 온도를 확인하여 동일한 온도(63℃)가 되면 스팀컨벡션오븐을 끈다.

12

잘 익지 않는 부분이 있을 경우, 알루미늄 포일로 싸서 스팀컨벡션오븐에서 다시 3분간 가열한다.

POINT **닭 뱃속을 가득 채워 감칠맛을 흡수한다**

다카라 셰프는 닭의 뱃속에 바게트 등의 재료를 채워 넣는 방법을
"프랑스에서 요리를 배울 때 음식점에서 셰프가 자신이 먹으려고 만드는 것을 보고 배웠다"고 한다.
가열 중에 흘러버리기 쉬운 닭 육즙을 바게트에 흡수시킨 뒤 손님에게 내놓기 전에 바삭하게 구워 완성한다.

13 휴지시킨다

알루미늄 포일로 전체를 가볍게 싸서 건조해지는 것을 막은 뒤, 플라크 옆 등 상온보다 따뜻한 곳에서 5분간 휴지시킨다.

14 프라이팬에서 마무리한다

올리브오일과 버터를 넣고 중불에서 달군 프라이팬에 닭의 표면을 굽는다. 아로제하면서 전체에 고소한 향을 입힌다. 구운 빛깔을 내고 껍질을 바삭하게 마무리한다.

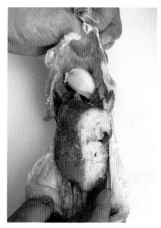

15 바게트를 꺼낸다

연실을 제거하고 배에서 바게트, 마늘, 로즈마리를 꺼낸다. 마무리 조리를 한다(52쪽 참조).

16 완성

구워진 닭의 등에 수직으로 칼을 넣어 열십자로 자른다. 넓적다리 관절 부분 등 잘 익지 않는 곳도 균일하게 잘 익었는지 확인한다. 완성된 중심온도의 기준은 65℃다.

후쿠시마현산 다테도리

담당 _ 기시모토 나오토(람베리 나오토 기시모토)

고기 정보

산지 : 후쿠시마현 후쿠시마시 주변
품종 : 하바드레드브로종(87.5% 로드아
일랜드레드종)
일령 : 40일 이상(다테도리 20), 60일 이
상(다테도리 30, 다테도리 33)
사육 방법 : 땅바닥이나 봉당에서 사
육하고 옥수수, 마일로(곡물용 수수의
일종), 유채기름 찌꺼기, 콩기름 찌꺼
기, 동물성 지방을 사료로 사용한다.

다테도리는 후쿠시마현 후쿠시마시와 주변의 계약 농장에서 사육되고 있는 닭의
한 브랜드다. 기본 품종은 로드아일랜드레드종이며, 곡물이 50% 이상 들어있는
항생제를 사용하지 않은 먹이로 사육한다. 땅바닥이나 봉당에서 사육하며 1평당
50마리 이하, 40일 이상의 사육 기간 등 기준을 충족한 깃털이 붉은 닭이 출하된
다. 통닭구이용 영계보다 씹는 맛이 있고 샤모(원종은 야생 들닭이며 말레이시아·태국
등지에서 개량한 것을 다시 개량한 품종-옮긴이) 닭보다는 육질이 부드럽다. 이런 조화로
운 맛이 다테도리의 특징이라고 기시모토 나오토 셰프는 말한다. 또한 다양한 크
기가 안정적으로 공급되고 런치 메뉴로 제공하기 부담 없는 가격대인 점도 이 닭
을 사용하는 이유다.

숯불구이지만 섬세하게 마무리하여
껍질은 바삭하고 고기는 균일하고 촉촉하게 익힌다

여기서 나는 후쿠시마현산 다테도리를 숯불에 구웠다. 가볍고 담백한 고기와 껍질과 지방층이 얇은 다테도리의 맛을 숯불구이 특유의 고소함으로 돋보이게 하는 것이 목적이다. 닭 숯불구이라고 하면 호쾌한 이미지가 있지만 그 이미지를 뒤집는 듯한 요리를 하고 싶어 숯불에 굽는 시간은 아주 단시간에 마치고 레스토랑 요리답게 섬세하게 마무리했다.

숯불구이의 특징은 열 전달 방법이 효율적인 동시에 빠르다. 가열하는 시간이 짧기 때문에 재료의 수분이 손실되지 않고 균일하게 익는다. 또한 육즙이 풍부하게 마무리할 수 있다는 큰 장점이 있다. 그리고 무엇보다 굽는 재미도 크다. 불이 센 곳과 약한 곳을 생각하면서 수시로 고기의 위치를 조절하며 굽는, 아날로그적이고 원시적인 과정이 셰프에게 다른 가열 방법으로는 느낄 수 없는 즐거움을 선사한다.

닭고기는 통째로 굽는 일도 있다. 하지만 가슴살과 넓적다리살은 익는 속도가 다르기 때문에 섬세하게 익히고 싶을 때는 미리 분리해 별도로 가열해야 실패하지 않는다. 여기서는 가슴살과 넓적다리살을 분리하고, 사전에 껍질만 바람에 말려 수분을 제거했다. 그리고 다시 누름돌로 눌러 여분의 지방을 빼면서 숯불에 구웠다. 구이대에 올려놓는 시간은 껍질 쪽과 몸통 쪽 모두 1분 정도에 불과하다. 그다음은 플라크 위에서 휴지시키며 천천히 열을 침투시킨다. 이렇게 하면 바삭한 껍질과 육즙이 흐르는 고기가 은은하게 훈제향을 입어, 숯불구이처럼 마무리된다.

또 한 가지 포인트를 말하자면, 숯불에 굽기 전에 고기의 중심부와 바깥쪽의 온도를 일정하게 유지해야 한다는 것이다. 이른바 '상온에 두는 과정'이지만, 나는 59℃의 오일배스에 고기를 넣어 전체적으로 따뜻하게 한다. 그러면 보다 균일하고 안정되게 마무리할 수 있다.

순무 쿨리를 곁들이고 만간지고추 소스를 바른
다테도리 숯불구이

따로 구운 닭 가슴살과 넓적다리살 숯불구이를 순무 쿨리(퓌레) 위에 올렸다. 만간지고추의 풍미가 나는 쥐
드 비앙드jus de viande(고기 국물)를 걸쭉하게 졸여 소스를 만들고 바삭하게 구운 껍질에 듬뿍 바른다. 엷은
색상의 쿨리와 함께 보기 좋게 담아 섬세한 인상을 줄 수 있게 마무리했다.

만간지고추 소스

❶ 만간지고추를 170℃ 올리브오일에 튀긴 뒤
얼음물에 넣어 식힌다.

❷ 쥐 드 비앙드에 네모나게 썬 ①을 넣고 끓
여 풍미를 살린다.

❸ ②를 걸러 만간지고추를 제거한다. 다시 냄
비에 옮겨 걸쭉해질 때까지 졸인다.

순무 쿨리

❶ 순무의 껍질을 벗겨 소금물에 데친다. 적당
한 크기로 썰어서 믹서에 돌린 뒤 퓌레를
만든다.

❷ ①에 부용 드 볼라유를 넣고 소금과 후추로
간을 맞춘다.

마무리

❶ 다테도리 숯불구이 가슴살과 넓적다리살
을 자르고 만간지고추 소스를 바른 뒤 잘게
썬 청유자 콩피*를 올린다.

❷ 그릇에 순무 쿨리를 흘려놓고 ①의 가슴살
과 넓적다리살을 담는다. 데쳐서 엑스트라
버진 올리브오일을 묻힌 야생 아스파라거
스를 얹고, 얇게 썬 청유자 껍질과 무와 딜
의 꽃을 장식한다. 엑스트라 버진 올리브오
일을 떨어뜨린다.

* 청유자 열매를 졸여 시럽을 만든 것.

1 닭 껍질을 건조시킨다

닭고기(후쿠시마현산 다테도리)의 가슴살과 넓적다리살을 잘라낸다. 냉장고에 1시간 정도 두고 건조시킨다. 껍질만 건조하고 싶을 때는 살 부분을 랩으로 잘 싼다.

2 오일배스에 넣어 데운다

랩을 벗기고 넓적다리살이 익기 쉽게 뼈를 따라 칼집을 넣는다. 59℃의 오일배스에 15분간 넣어 전체의 온도를 올린 뒤 키친타월로 기름기를 뺀다.

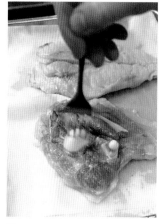

3

2의 닭 가슴살에서 연한 살을 잘라낸다(여기서는 가슴살과 넓적다리살만 사용한다). 가슴살과 넓적다리살에 소금과 후추를 뿌리고 반으로 쪼갠 마늘을 고기와 껍질에 문질러 향을 낸다.

4 숯불을 지핀다

숯을 정돈한다. 화로 바닥에는 지속력이 오래가는 숯을 놓고 그 위에 화력이 강한 숯을 배치한 뒤 불을 지핀다.

5 가슴살을 굽는다

화로에 석쇠를 올리고 먼저 3의 닭 가슴살을 껍질이 아래로 향하게 놓는다.

6

가슴살에 망을 씌워 누르며(그릇을 사용) 1분간 굽는다. 고기를 뒤집은 뒤 살 쪽을 숯불에서 떨어진 약불에서 1분간 굽는다. 얇은 고기 부분이 건조하지 않도록 부지런히 고기를 움직인다.

POINT **숯불에서는 아주 단시간만 익힌다**

숯불구이의 '호쾌함'이 아니라 '섬세함'을 표현하기 위해 익히는 시간은 양면 합쳐서 2분이 넘지 않게 한다.
사전에 껍질 부분을 건조시키고 오일배스로 중심온도를 올려두어야 가능한 가열 방법이다.

7 넙적다리살을 굽는다

넙적다리살을 가슴살과 같은 요령으로 껍질부터 굽는다. 다만 뼈 주위가 잘 익도록 가슴살보다 좀 더 오래 굽는다(한 면당 1분 30초가 적당하다). 무거운 것으로 누르면 여분의 지방을 뺄 수 있다.

8 플라크에 데운다

약불의 플라크에 튀김망을 얹고 그 위에 가슴살과 넙적다리살을 놓고 5분간 휴지시킨다. 이때 고기를 알루미늄 포일 등으로 싸면 껍질의 바삭한 느낌이 없어지므로 싸지 않는 것이 좋다.

9 숯불에 살짝 굽는다

휴지시키는 동안 고기는 80~90% 정도 익는다. 마무리로 강하게 지핀 숯불에 양면을 살짝 구워 내려간 표면온도를 올린다.

10 완성

구워진 가슴살과 넙적다리살을 2cm 폭으로 자른다. 고기가 건조하지 않고 전체적으로 균일하게 익었으며 육즙이 있는 상태로 완성되었다. 넙적다리살은 뼈 주위에 약간 붉은 빛이 남아있는 상태가 좋다.

11 껍질에 소스를 바른다

기름에 튀긴 만간지고추를 쥐 드 비앙드에 넣고 졸여 소스를 만든다(58쪽 참조). 이 소스를 솔을 사용하여 가슴살과 넙적다리살 껍질에 바른다.

프랑스 브레스산 어린 비둘기고기

담당 _ 이즈카 류타(레스토랑 류즈)

고기 정보

산지 : 프랑스 브레스 지방

일령 : 28~32일

사육 방법 : 하나의 우리에 넣는 어미
는 20쌍이다. 어미가 새끼에게 입으로
먹이(곡물)를 준다. 추가로 소량의 누
에콩을 주기도 한다.

프랑스산 닭과 오리의 수입이 금지되자, 레스토랑에서 비둘기고기의 수요가 늘고
있다. 비둘기고기의 경우 닭과 달리 인공 부화시킨 새끼를 어미가 키우는 방법으
로 사육하고 있으며, 사육 두수가 제한되어서 고급 식재료로 유통되고 있다. 프랑
스 서부의 방데와 라캉이 주요 생산지로, 크기 등에 따라 비둘기(피종), 어린 비둘기
(삐쬬노)로 나뉘는데, 일본에 수입되는 것은 주로 후자다. 식용 비둘기 사육 일수는
30일 정도며, 무게가 500g 정도일 때 출하된다. 또한 비둘기를 잡는 방법에 따라
질식시킨 에투페, 피를 뽑는 세녜로 나뉜다. 질식시킨 비둘기는 체내에 피가 돌아
철분을 많이 함유한 풍미가 강조된다.

주철제 프라이팬을 사용해 부드럽게 익히고
오븐을 이용해 촉촉하게 마무리한다

프랑스 브레스산 에투페 어린 비둘기고기는 피를 연상시키는 진한 맛과 촉촉한 붉은 살코기가 매력이다. 그러나 비둘기 한 마리가 500g 정도로 작기 때문에 로스트할 때 급격하게 익히면 퍼석해진다. 그런 경험을 한 사람도 많을 것이다.

어린 비둘기고기를 로제(중심부에 붉은 빛이 나는 미디엄 상태로 구운 것) 상태로 굽는 데는 주철제 프라이팬이 좋다. 프라이팬 자체가 따뜻해지는 데 시간이 걸리기 때문에 재료에 완만하게 열이 전달되며, 일단 따뜻해지면 잘 식지 않기 때문에 안정되게 가열할 수 있다. 직경이 20cm나 되고 무게가 약 1.5kg이어서 무겁고 다루기 어려운 면도 있지만, 그 무게나 두께로 인해 보온성이 높고 열이 부드럽게 가해진다.

가열할 때는 먼저 어린 비둘기고기를 실로 묶어 모양을 다듬은 뒤 주철제 프라이팬에 굽는다. 표면이 따뜻해지면 주철제 프라이팬째 오븐에 넣고 가열과 휴지를 반복하면서 80~90% 정도 익힌다. 그런 다음 껍질을 플란차에 구우면 껍질은 바삭하고 고기는 촉촉하게 마무리할 수 있다.

주철제 프라이팬으로 먼저 굽는 이유는 부드럽게 익히기 위해서다. 고기의 온도를 가급적 일정한 속도로 서서히 올리면 고기에 부담이 덜 간다. 그대로 온도를 안정시킨 상태에서 고기를 뒤집어 아로제하면서 익힌다.

전면에 균일하게 열을 가하는 것이 목적이므로 여기서는 고소하게 구운 빛깔을 낼 필요가 없다. 이후에 오븐에 넣는 것은 이 열을 유지하면서 전체적으로 보다 효율적으로 천천히 열을 가하기 위해서다.

그리고 1차 오븐에서 가열한 뒤 고기를 프라이팬에서 파이접시에 옮겨 담는데, 이것은 그 이후에는 높은 열을 축적할 필요가 없기 때문이다. 가볍고 다루기 쉬운 파이접시를 사용하면 다음 작업을 원활하게 해나갈 수 있다.

감자 뇨키와 내장 브릭을 곁들인 브레스산 어린 비둘기고기 로티

껍질은 고소하고 고기는 촉촉하게 마무리한 어린 비둘기 가슴살과 넓적다리살을 한 접시에 담았다. 여기에 어린 비둘기 내장 콩피(고기를 지방에 절여 만든 것-옮긴이)를 채워 바삭하게 구운 내장 브릭(얇은 밀가루 반죽에 재료를 싸서 튀긴 것-옮긴이), 부드럽고 차진 감자 뇨키, 씹는 식감이 좋은 꼬투리째 먹는 강낭콩을 곁들이고, 어린 비둘기 육즙을 베이스로 한 가벼운 소스로 정리했다.

소스

쥐 드 피종 jus de pigeon을 따뜻하게 데워 어린 비둘기 육즙*을 섞는다.

* 어린 비둘기고기 자투리를 구운 기름을 따로 두었다가 사용한다.

내장 브릭

❶ 어린 비둘기 심장과 모래주머니, 간에 소금을 뿌리고, 마늘과 타임에 버무려 하룻밤 절여둔다.

❷ ①의 표면을 닦아 80℃ 식용유에서 30분간 가열해 콩피를 만든다.

❸ ②의 남은 열을 식힌 뒤 5mm 크기로 잘게 썰고, 다진 돼지 갈빗살, 버섯 뒥셀, 잘게 썬 파슬리를 섞는다.

❹ 브릭에 ③을 올려 삼각형이 되게 싼다.

❺ 달군 플란차에 식용유를 두르고 ④를 놓는다. 뒤집어주면서 전면을 노릇노릇하게 굽는다.

꼬투리째 먹는 강낭콩

꼬투리째 먹는 강낭콩을 소금물에 데친다. 적당히 잘라 플란차에 놓고 버터와 함께 굽는다.

마무리

❶ 접시에 브레스산 어린 비둘기고기 로티 가슴살과 넓적다리살을 담고 소스를 뿌린다.

❷ 내장 브릭, 감자 뇨키, 꼬투리째 먹는 강낭콩을 곁들이고, 비네그레트 소스로 버무린 야생 루콜라를 장식한다.

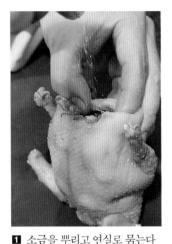

1 소금을 뿌리고 연실로 묶는다

어린 비둘기고기(프랑스 브레스산)의 내
장을 빼낸다(내장은 곁들임용으로 사용).
피를 닦고, 뱃속에 소금, 후추, 마늘과
타임을 넣고 연실로 묶는다. 표면에 식
용유를 바르고 소금을 뿌린다.

2 주철제 프라이팬에 굽는다

주철제 프라이팬에 식용유를 넉넉하게
두르고 중불로 익힌다. 어린 비둘기의
목 주위를 누르면서 구워, 목의 껍질이
젖혀지지 않도록 한다. 프라이팬 전체
가 달궈지면 화력을 약하게 조절한다.

3

중간에 아로제하면서 가슴의 윗부분
과 아랫부분, 좌우 양면, 등을 포함한
다섯 면을 차례대로 굽는다. 이때 프라
이팬 옆면의 커브 등을 이용하여 전면
을 균일하게 익힌다.

4 뱃속에 뜨거운 기름을 붓는다

넓적다리살과 날개 등 잘 익지 않는
부분은 중점적으로 아로제한다. 전체
가 어느 정도 익었으면 뱃속에 뜨거운
기름을 부어 내부에도 열을 가한다. 프
라이팬에서는 4분간 익힌다.

5 프라이팬째 오븐에 넣는다

전체적으로 구운 색이 나면 프라이팬
째 185℃ 오븐에 넣고 3~4분간 가열한
다. 목표로 설정한 로제 색의 50~60%
가 될 때까지 익힌다.

6 따뜻한 곳에서 휴지시킨다

오븐에서 꺼내 따뜻한 곳에서 4~5분간
휴지시킨다. 이때 파이접시에 알루미늄
포일 받침대를 놓고 그 위에 올린다. 육
즙을 가슴 쪽에 모으기 위해 가슴을
아래로 향하게 한다.

POINT **주철제 프라이팬을 사용한다**

녹인 철을 틀에 부어 만드는 주철제 프라이팬은 두툼해서 축열성이 높다.
그 때문에 열 전달은 완만하고, 일단 온도가 올라가면 잘 식지 않는다.
재료에 급격한 온도 변화를 주지 않아 안정된 상태에서 익힐 수 있다.

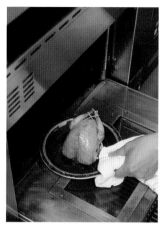

7 다시 오븐에 넣는다

가슴을 위로 향하게 놓고 파이접시째 185℃ 오븐에 넣고 2~3분간 가열한다. 그 후, 가슴을 아래로 향하게 놓고 따뜻한 곳에서 3~4분간 휴지시켜 80% 정도 익힌다. 그러나 넓적다리살은 아직 덜 익은 상태.

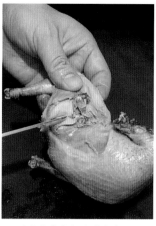

8 넓적다리살을 분리한다

연실을 제거하여 넓적다리살을 자르고 껍질 부분을 플란차에 굽는다. 이렇게 하면 넓적다리살의 80%가 익는다. 흰 부분은 주걱으로 누르며 굽는다. 다리뼈 끝을 손질하고 넓적다리 관절뼈를 발라낸다.

9 몸통은 다시 오븐에 넣는다

몸통만 오븐에 넣고 다시 굽는다. 가슴을 위로 향하게 한 상태에서 파이접시째 185℃ 오븐에 넣고 2~3분간 가열한다. 이 단계에서 90% 정도 익을 수 있도록 조절한다.

10 잘라 나눈다

흉골의 돌기에 따라 칼을 넣어 가슴살을 떼어낸다. 촉촉한 살은 선명한 로제색으로 부드럽게 익었기 때문에 육즙이 나오지 않고 안정되어 있다.

11 소금과 후추를 뿌린다

가슴살과 넓적다리살 살코기 부분에 소금과 후추를 뿌리고, 넓적다리살은 껍질에도 소금을 뿌린다. 후추는 타기 쉽기 때문에 이후에 버터로 굽는 껍질에는 뿌리지 않는다.

12 껍질을 구워 완성한다

달군 플란차에 식용유를 두르고 넓적다리살과 가슴살의 껍질을 아래로 향하게 놓는다. 버터를 넣고 주걱으로 가볍게 눌러 껍질 전면을 바삭하고 고소하게 굽는다. 껍질에 후추를 뿌린다.

이즈카 셰프가 사용하는 직경 20㎝ 크기의 프랑스 스타우브 프라이팬

프랑스 투렌산 어린 비둘기고기

담당 _ 나카하라 후미타카(레느 데 프레)

고기 정보

산지 : 프랑스 투렌 지방
일령 : 평균 28일
사육 방법 : 비둘기 우리 안에서 어미가 입으로 옥수수 등의 곡물을 먹여 키운다.

비둘기 산지로 유명한 프랑스 루아르 지방의 라캉 마을에서 사육한 에투페 어린 비둘기고기다. 내장을 포함해 500g 정도이며, 육질이 부드럽다. 나카하라 후미타카 셰프는 투렌산 어린 비둘기고기는 "사육했지만 지비에(사냥감)를 연상시킬 만큼 피의 농도가 진하다"고 말한다. 그는 투렌산 어린 비둘기고기를 구입하면 그 즉시 손질한다. 버너에 깃뿌리를 구워 잘라낸 뒤, 뼈가 붙은 가슴살(바토)과 넓적다리살로 나누고 심장, 간, 모래주머니, 폐를 빼내는 것이다. 이들 내장과 피는 부패하기 쉽기 때문에 그 자리에서 페이스트로 만들어 냉동 보관하기 위해서다.

가슴살은 저온 조리로 촉촉하게 익히고
넓적다리살은 굵은 근섬유를 살린 콩피로 마무리한다

가금류 중에서 통째로 조리할 일이 많은 것이 비둘기다. 부위마다 맛이 다른 가슴살, 넓적다리살, 내장을 조합하여 다양하게 조리할 수 있는데다 한 마리를 2인분으로 내놓는 데 딱 좋은 크기인 것도 그 이유다.

여기서는 프랑스 투렌산 에투페 어린 비둘기고기를 사용했다. 질식시킨 비둘기 특유의 진한 풍미와 촉촉한 육질을 최대한 살리기 위해 가슴살은 뼈가 붙어있는 그대로 프라이팬에 저온으로 장시간 가열(202쪽 참조)하여 천천히 익힌다.

가열할 때는 10분 간격으로 뒤집어주는데, 고기가 직접 팬에 닿지 않도록 껍질과 뼈 너머로 차분하게 열을 전달하는 것이 중요하다. 시간을 단축하기 위해 프라이팬 안의 온도가 높은 곳에 고기를 올려놓는 것은 피하는 것이 좋다. 깔끔한 로제 색으로 마무리되지 않기 때문이다. 익히는 시간은 휴지 시간을 포함하여 2시간 정도 걸린다. 완성에 가까울수록 익는 속도가 빨라지므로 후반에는 면을 뒤집는 빈도를 늘리며 익은 상태를 주의 깊게 관찰해야 한다.

어린 비둘기고기를 프라이팬에 굽는 경우, 넓적다리가 붙은 상태에서는 모양 때문에 균일하게 익히기가 어렵다. 그래서 넓적다리살은 가열 전에 분리하여 진한 감칠맛과 굵은 근섬유의 느낌을 즐길 수 있는 콩피로 마무리했다. 콩피를 마무리할 때는 살라만더와 오븐에서 굽는 일이 많지만, 여기서는 넉넉하게 기름을 넣고 튀기듯 구웠다. 껍질의 바삭한 식감을 살리고 부드러운 가슴살과의 대비를 만들기 위해서다.

함께 곁들인 소스는 어린 비둘기의 심장과 폐로 만든 것이다. 나는 위생을 생각해서 비둘기가 입고되는 즉시 내장을 꺼내 페이스트를 만든 뒤 냉동 보관한다. 조리할 때는 페이스트를 언 상태로 냄비에 넣고 가열한다. 세균이 증가하는 온도대의 시간을 최대한 짧게 하여 안전성을 높이기 위해서다.

비트 퓌레와 시금치 퓌레를 곁들인
저온 로스트한 투렌산 어린 비둘기고기

저온에서 촉촉하게 구운 프랑스산 어린 비둘기 가슴살에 바삭하게 튀기듯 구운 넓적다리살과 모래주머니 콩피를 곁들여 식감의 대비를 즐길 수 있게 한 일품요리다. 심장과 폐는 소스로 만들어 어린 비둘기 한 마리를 통째로 맛볼 수 있게 한 접시에 담았다. 여기에 비트 퓌레와 시금치 퓌레를 곁들인다.

소스

❶ 냄비에 쥐 드 피종, 생크림, 소금, 후추를 넣고 끓인다.

❷ ①에 셰리 식초와 브랜디를 넣고 알코올 성분을 날린다.

❸ 어린 비둘기의 내장 퓌레*를 얼린 상태로 넣어 걸쭉해질 때까지 끓인 뒤 거른다.

❹ ③에 트뤼프오일을 넣어 향을 낸다.

* 어린 비둘기의 심장과 폐를 푸드 프로세서로 갈아서 퓌레로 만들어 냉동한 것.

비트 퓌레

❶ 비트를 알루미늄 포일로 싸서 180℃ 스팀컨벡션오븐에서 부드러워질 때까지 굽는다.

❷ ①과 셰리 식초, 소금을 믹서로 섞는다.

시금치 퓌레

소금물에 데친 시금치, 생크림, 물, 소금, 육두구를 믹서로 섞는다.

마무리

❶ 저온 로스트한 투렌산 어린 비둘기고기 가슴살에 소금과 후추를 뿌리고 접시에 담는다. 옆에 소스를 흘려놓는다.

❷ ①에 넓적다리살과 모래주머니 콩피를 곁들인다. 모래주머니에는 이쑤시개를 꽂는다.

❸ ②의 주위에 비트 퓌레와 시금치 퓌레를 곁들이고, 소금물에 데친 시금치, 비트 식초절임으로 장식한다.

❹ 금련화 잎, 아마란서스, 시금치 새싹을 올리고 비트 껍질 파우더를 뿌린다.

1 고기에 구운 색을 낸다

주철제 프라이팬을 플라크에 올리고 강불로 충분히 가열한다. 상온에 둔 어린 비둘기고기(프랑스 투렌산)의 가슴살 목 부분을 프라이팬에 눌러 지방을 녹인다. 비둘기고기 전체에 구운 색을 낸다.

2 기울인 팬에 익힌다

약불로 바꾸고, 플라크와 그 옆에 있는 가스레인지 사이의 높이 차를 이용하여 프라이팬의 일부만 플라크에 닿도록 놓는다(202쪽 참조). 프라이팬 안에서도 불의 세기가 약한 곳에 비둘기 가슴살을 아래로 향하게 놓는다.

3 5~8분 간격으로 뒤집는다

5~8분 간격으로 뒤집으면서 전체를 익힌다. 프라이팬의 온도는 70℃ 정도가 좋다. 고기가 노출되어 있는 부분은 프라이팬에 닿지 않게 해서 간접적으로 익힌다.

4 소금과 후추를 뿌린다

1시간 20분 정도 구우면 전체가 구운 색이 나며 표면에 살짝 피가 배어 나온다. 뱃속에 손가락을 넣어 고기가 따뜻해졌는지 확인한 뒤 80%까지 익힌다. 뱃속에 소금과 후추를 뿌린다.

5 남은 열로 익힌다

프라이팬째 플라크 위의 선반 등 따뜻한 곳(50℃ 정도)으로 옮겨 30분간 두고 남은 열로 익힌다.

6 상온에서 휴지시킨다

비둘기고기를 프라이팬에서 꺼내 튀김망 트레이에 올리고 상온에서 10분간 휴지시킨다. 알루미늄 포일을 덮으면 고기가 물크러지기 때문에 사용하지 않는다. 이것으로 95%가 익었다.

POINT **70℃의 저온에서 천천히 가열한다**

뼈와 껍질이 있어도 어린 비둘기의 가슴살은 매우 섬세하다.
나카하라 셰프는 "가열 온도는 프라이팬에 손을 대서 3초간 참을 수 있는 정도가 기준이다.
가슴살에서 톡톡 소리가 나면 불이 너무 세다는 증거다.
그렇게 되기 전에 프라이팬의 위치를 바꿔 온도를 조절해야 한다"고 말한다.

7 표면을 굽는다

프라이팬을 고온의 플라크에 올려 연기가 피어오를 때까지 가열한다. 어린 비둘기고기 껍질을 프라이팬에 아주 짧은 시간 눌러 고소한 향을 낸다. 전면을 구웠으면 불을 끈다.

8 완성

가슴살을 잘라낸다. 겉은 고소하고, 안은 로제 색으로 구워 완성한다. 나카하라 셰프는 "가슴살의 육질을 표현하는 데 저온 가열은 최적의 조리법이다"라고 말한다.

9 콩피를 만든다

물 1L에 소금 45g을 녹이고 타임과 얇게 썬 마늘을 넣는다. 여기에 어린 비둘기의 넓적다리살과 손질한 모래주머니를 40분간 담가 두어, 소금기가 스며들게 한다.

10

9의 넓적다리살과 모래주머니를 꺼내 물기를 제거하고 타임, 마늘, 올리브오일과 함께 전용 진공팩에 넣는다. 85℃ 스팀컨벡션오븐에서 3시간 가열하여 콩피를 만든다.

11 튀기듯 굽는다

내놓기 직전에 수지 가공 프라이팬에 넉넉하게 올리브오일을 두르고 10의 진공팩에서 꺼낸 넓적다리살과 모래주머니를 가열한다. 튀기듯 구워 파삭파삭한 식감을 내서 가슴살과의 대비를 강조한다.

· CHAPTER 2 ·

열원 및 기기
사용법

숯불구이는 숯이 타면서 방출하는 적외선 에너지를 재료가 흡수한 '복사열로 가열하는 것'이 특징이다. 전자파의 일종인 적외선은 숯의 표면온도가 500℃ 이상일 때 많이 발생하는데, 이 적외선에 의한 복사열은 공기 등에 의해 차단되는 일 없이 똑바로 멀리까지 전달된다. 게다가 숯불은 열에너지의 양이 커서 좀 떨어진 곳에서도 강불로 가열할 수 있다. 단시간에 중심부까지 균일하게 구울 수 있어 재료의 수분을 잃지 않고 육즙 가득한 상태로 마무리할 수 있는 점도 숯불의 장점이다.

숯불 ①

담당 _ 하시모토 나오키(이탈리아 요리 피오렌차)

앵거스 소고기 비스테카*

"살코기의 감칠맛과 풍부한 육즙을 맛보려면 레어보다도 어느 정도 익힌 미디엄이 좋다"고 말하는 하시모토 나오키 셰프의 생각이 표현된 숯불구이 설로인 스테이크다. 여기에 생 루콜라와 트레비스만 곁들였다. 올리브오일도 소스도 곁들이지 않아서 순수한 고기의 맛을 느낄 수 있다.

* 스테이크를 뜻하는 이탈리아어.

마무리

앵거스 소고기 비스테카를 1.5㎝ 폭으로 썰어, 루콜라와 트레비스를 담은 접시에 올린다.

고온의 숯불로 고기의 표면을 단번에 건조시켜 겉은 고소하고 안은 촉촉한 비스테카를 만든다

하시모토 셰프는 비스테카의 매력을 "고기 표면이 바삭하게 구워져 고소한 것"이라고 말한다. 그리고 이를 표현하기 위해 숯불을 사용한다. 숯은 불길이 일 때 수분이 발생하지 않고, 오븐 등으로는 불가능한 500℃ 이상의 고온을 낼 수 있어 표면을 고소하고 바삭하게 건조한 상태로 구울 수 있기 때문이라는 것이 그 이유다.

비스테카에 사용하는 것은 미국산 앵거스 소고기 설로인이다. 미국 농무부가 인증한 최상위 육질 등급인 프라임 혹은 초이스 등급을 선택한다. 하시모토 셰프는 "붉은 살코기와 지방의 균형이 좋고 육즙이 풍부하다. 씹는 식감도 좋다"고 말한다. 고기는 덩어리로 구매하면 무명에 싸서 냉장고에 5~7일간 넣어둔다. 숙성을 위해서라기보다는 고기의 수분을 날리기 위해서다. 이렇게 하면 표면이 보다 마른 느낌이 된다.

구울 때는 3cm 두께로 잘라 상온에 두었다가 소금과 후추를 넉넉하게 뿌린다. 익히는 과정에서 소금이 고기에 스며들어야 고기와 지방의 감칠맛과 단맛이 돋보이는데 소금과 후추는 익히는 도중에 떨어지기 쉽기 때문이다.

잘 지핀 숯을 화로에 넣고 고기를 올려두면 적외선에 의한 복사열로 단번에 고기가 익는다. 숯불에 닿는 면이 진한 갈색 빛이 나면 뒤집어 다른 면도 같은 방식으로 굽는다. 그리고 다시 고기를 뒤집어 처음 익힌 면을 가볍게 익힌다. 가열한 접시에 담아 육즙이 안정될 정도로 휴지시킨 뒤 잘라서 내놓는다. 숯불로 안까지 확실히 익히면 남은 열로 익힐 필요 없이 막 구운 뜨거운 상태로 손님 자리까지 가져갈 수 있다.

굽는 정도는 미디엄이 좋다. 붉은 살코기의 감칠맛과 밖으로 스며 나오는 육즙의 풍미, 촉촉하게 씹히는 식감은 약불로는 도저히 표현할 수 없다.

하시모토 셰프는 "숯불을 사용하면 겉만 구워지고 안은 익지 않는다든가 굽는 데 시간이 걸려 고기의 수분이 빠지는 등의 실패를 피할 수 있다"고 말한다.

1 소금과 후추를 뿌린다

소고기(미국산 앵거스 소고기)의 설로인을 3cm 두께(350g)로 잘라 상온에 둔다. 지방 아래에 있는 힘줄은 쫄깃한 식감을 즐길 수 있으므로 남겨둔다. 소금과 후추를 뿌린다.

2 숯불에 굽는다

화로 전체에 잘 지핀 숯을 넣고 석쇠를 얹어 고기를 굽는다. 자리에 따라 화력의 차이가 있으므로 적절히 자리를 바꿔가며 고기의 표면을 골고루 익힌다.

3

지방의 감칠맛과 향을 표현하기 위해 지방도 잘 익힌다. 기름이 화로에 떨어지면 불꽃과 연기가 올라오므로 불꽃을 끄고 고기를 옮겨 그을음이 붙는 것을 피한다.

4 뒤집는다

숯불에 닿는 면이 진한 갈색 빛이 나게 구워졌으면 고기를 뒤집어 다른 면도 같은 방식으로 굽는다. 손가락으로 눌렀을 때 탄력이 있고 표면에 육즙이 약간 번지는 정도까지 익힌다.

5 잠시 휴지시킨다

이어서 옆면도 굽는다. 온도가 내려간 표면을 가볍게 데운 뒤 굽기를 마친다. 굽는 시간은 10분 정도가 좋다. 이후 파이접시에 옮겨 따뜻한 곳에 둔다. 고기가 물크러지므로 덮지는 않는다.

6 완성

2~3분간 놔두었다가 육즙이 안정되면 잘라 내놓는다. 고기 속까지 비교적 잘 익은 미디엄 상태로, 표면은 식욕을 돋우는 진한 갈색 빛깔을 띤다.

POINT **고기의 수분을 제거해둔다**

진공 포장되어 음식점에 도착한 고기는 다소 물크러진 상태가 된다.
즉시 진공팩에서 고기를 꺼내 무명에 싼 뒤 냉장고에 5~7일간 넣어둔다.
수분을 가볍게 제거하고 사용하는 것이 좋다.

숯불 ②

담당 _ 오쿠다 도루(긴자 고주)

만간지고추 절임과 양하 초절임,
고추냉이를 곁들인 와규 설로인 숯불구이

장기 사육으로 고기의 감칠맛이 강한 미야자키산 흑모화우 오자키 소고기 설로인을 소금을 뿌려 숯불에 구웠다. 감칠맛과 풍미가 있지만 너무 무겁게 느껴질 수 있어 쌉쌀한 맛이 있는 만간지고추를 곁들였다. 고추냉이의 매운맛과 양하 초절임의 신맛으로 색다른 맛을 연출한다.

만간지고추 절임

❶ 만간지고추의 표면을 숯불에 굽는다.

❷ 두 번째 육수(첫 번째 육수는 다시마와 가츠오부시의 순간의 감칠맛을 끌어낸 것이지만, 두 번째 육수는 약불에 올려 재료에 남아있는 감칠맛을 천천히 끌어낸 것이다—옮긴이)에 진간장과 미림을 넣어 끓인 뒤, ①을 담가 식힌다.

❸ 물기를 제거한 ②를 적당히 잘라 가츠오부시, 흰 참깨와 버무린다.

양하 초절임

❶ 양하를 살짝 데친 뒤 소쿠리에 건져 식힌다. 소금을 끼얹어 물기를 뺀다.

❷ 쌀 식초, 설탕, 약간의 소금, 물을 섞은 단식초에 ①을 담근다.

마무리

접시에 와규 설로인 숯불구이를 담고 양쪽에 만간지고추 절임과 강판에 간 고추냉이, 채 썬 양하 초절임을 곁들인다.

화로를 온도가 다른 세 공간으로 나누어
정교하게 익힌다

숯불구이는 재료를 단시간에 고루 익힐 수 있는 요리법이다. 숯불을 잘 다루려면 경험이 필요하지만 방법을 익혀두면 강력한 무기가 된다.

빨갛게 달아오른 숯의 표면은 500~800℃에 달하며 표면에서 많은 적외선이 방출된다. 이 적외선에 의한 복사열로 재료를 익히는 것이 숯불구이의 특징이다. 복사열은 똑바로 멀리까지 도달하는데다, 숯불이 발산하는 에너지의 양이 무척 커서 좀 떨어진 곳에서도 강불로 구울 수 있다. 고기를 구울 때는 언제나 숯불을 이용한다는 오쿠다 도루 셰프는 숯불구이는 "가열 중에 고기에 배는 훈제 향이 매력적이며, 이 향이 조미료가 되어 보다 풍미 있게 완성된다"고 말한다. 그러나 굽는 중에 불꽃이 고기에 닿는 것은 좋지 않다. 그을음이 붙어 쓴맛이 나기 때문이다.

여기서 오쿠다 셰프는 32개월 이상 장기 사육하여 일반적인 흑모화우에 비해 지방의 풍미와 고기의 감칠맛이 확실한 미야자키산 오자키 소고기 A5 등급 설로인을 구웠다. 요리 과정은 4단계다. 먼저 극히 고온의 숯불로 고기의 표면을 굽는다. 고기 전체를 데우는 동시에 고소한 구운 빛깔을 내는 것이 목적이다. 그대로 계속 구우면 고기가 너무 익기 때문에 구운 빛깔이 나면 숯불을 뺀 화로에서 휴지시켜 "남은 열로 고기의 중심부를 좀 더 익힌다(오쿠다 셰프)."

그다음 단계에서는 줄곧 약불로 구워야 하는데 이때 알루미늄 포일을 덮어씌우는 것이 포인트다. 알루미늄 포일을 덮으면 안에 열이 고여 오븐처럼 고기가 전체적으로 익기 시작해 중심부를 향해 익는다. 이렇게 하면 고기 내부가 얼추 익는다. 마무리로 아주 강불에 표면을 살짝 구워 고기의 풍미가 더욱 돋보이게 한다.

단계별 불의 강도는 가장 강불의 강도를 10이라 했을 경우, 맨 처음 강불이 6~7, 그다음 남은 열이 1, 알루미늄 포일을 사용한 약불이 2~3, 마무리 강불이 8~9라고 생각하면 된다. 긴자 고주에서는 화로를 온도가 다른 세 공간으로 나누어 앞서 말한 불의 세기를 원활하게 조절한다. 표면은 바삭하고 고소하게, 속은 씹으면 육즙이 스며 나오게 마무리해 제공하고 있다.

폭 120×세로 36×높이 28㎝, 벽 두께 5.5㎝의 화로. 알루미늄 포일을 붙인 판으로 칸을 막아 극히 고온(사진 왼쪽), 약불~약간 강불(중간), 남은 열(오른쪽) 등 세 공간으로 나누었다.

1 고기를 잘라 소금을 뿌린다

마블링의 단맛과 살코기의 풍미를 느낄 수 있는 흑모화우(미야자키산 오자키 소고기)의 A5 등급 설로인을 3*cm* 두께로 썬다.

2

주위의 지방을 잘라내고 육질이 균일한 가운데 부분을 4~5*cm* 폭으로 썬 뒤 소금을 뿌린다. 소금은 굽는 동안 지방과 함께 흘러내리므로 넉넉히 뿌린다. 1시간 동안 냉장고에 넣어둔다.

3 숯불을 준비한다

화로에 빨갛게 피어오른 숯과 착화되기 쉬운 꺼진 숯, 새로운 숯, 빨갛게 피어오른 숯을 순서대로 포개고 알루미늄 포일을 덮어 전체에 열이 돌게 한다.

4 쇠꼬치를 꽂아 숯불에 굽는다

지방이 많은 육류는 상온에 두면 흐트러져 다루기 어렵고 속까지 단번에 익어버리기 때문에 차갑게 굳어 있는 것을 사용한다. 고기 두께의 중간 위치에 쇠꼬치 3개를 꽂는다.

5

약간 강불의 숯불로 굽는다. 전체에 열이 전해지기까지 고기는 움직이지 않는다. 구워진 빛깔이 나면 반대편과 옆면을 순서대로 굽는다. 기름이 밑으로 떨어져 연기가 피어오르지만, "이 연기가 맛을 결정한다"고 오쿠다 셰프는 말한다.

6 부채를 이용해 화력을 조절한다

연기가 피어오르는 것을 보고 화력을 조절한다. 화로의 위나 앞에서 부채로 부쳐 불기운을 강하게 한다. 기름이 숯불에 떨어져 불꽃이 일었을 때는 고기에 그을음이 붙지 않도록 부채로 부쳐 떼어낸다.

POINT **재를 이용해 불꽃이 이는 것을 막는다**

불을 지핀 후 시간이 지난 숯은 주위에 재가 붙어 기름이 떨어져도 불꽃이 일지 않는다.
막 지핀 숯을 사용할 때는 표면에 재를 뿌려 불꽃이 일지 않도록 하는 것이 좋다.

7 숯불에서 분리해 휴지시킨다

네 면에 먹음직스런 빛깔이 나면 숯을 넣지 않은 화로에서 휴지시킨다. 옆의 공간에서 숯불을 피우고 있기 때문에 열이 남아있는 따뜻한 곳에서 휴지시킨다.

8 숯의 양을 줄여 약불로 만든다

휴지시키는 동안에도 뒤집어준다. 굽는 시간의 절반 정도의 시간을 휴지시킨 뒤(여기서는 4분), 화로에서 다시 약불로 익힌다. 열이 남아있으므로 숯의 양은 아주 적게 한다.

9 알루미늄 포일을 씌워 굽는다

고기를 감싸듯이 알루미늄 포일을 씌운 뒤 고기를 전면에서 가열한다. 숯불에서 피어오르는 연기도 안에 갇히게 해서 고기에 천천히 훈제 향이 배게 한다. 차례로 뒤집어 총 3분 정도 굽는다.

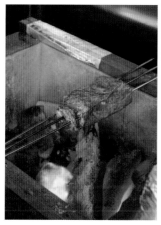

10 강한 숯불로 단숨에 가열한다

알루미늄 포일을 벗기고 아주 강불에서 1분 정도 굽는다. 약불로 가열하는 사이에 고기의 온도가 내려갔기 때문에 여기서 고기를 뜨겁게 해서 더 고소하게 만든다.

11 고기를 자르고 후추를 뿌린다

다 구워진 고기를 즉시 썬다. 씹는 맛을 즐기게 하기 위해 2㎝ 두께로 썬다. 한쪽 면에 후추를 뿌려 육즙 가득한 고기의 풍미를 느끼함 없이 맛볼 수 있게 한다. 소금은 뿌리지 않는다.

오쿠다 셰프는 장시간 고온에서 익힐 수 있는 졸가시나무 비장탄을 사용한다. 오른쪽은 불을 막 피운 숯이고, 왼쪽은 시간이 지나 재가 붙은 숯이다.

장작 잉걸불

장작이 다 탄 후에 빨갛게 물들어 있으나 불이 피어오르지는 않은 상태를 '잉걸불'이라고 한다.
장작구이 요리에서 일반적으로 사용하는 것이 잉걸불이다. 화력이 안정되어 있어 식재료를 서서
히 익힐 수 있는 잉걸불은 말하자면 부드러운 직화인 셈이다. 전용 화로가 필요하긴 하지만 '거
리가 멀어도 강불'이 기본인 숯불과 달리 공기와 수분을 적당히 머금은 촉촉한 구이가 되는 열
원으로 최근 주목받고 있다.

장작 잉걸불 ①

담당 _ 와타나베 마사유키(바카로사)

도카치 송아지고기 장작구이 비스테카

식욕을 돋우는 표면의 구운 빛깔과 미디엄 레어로 익힌 안쪽 고기가 자연스럽게 이어지는 장작구이로,
14개월령 송아지고기 특유의 좋은 식감을 살렸다. 갓 구운 따끈따끈한 고기를 입에 넣으면 풍미가 강한 육
즙이 흘러나온다.

옥수수

❶ 옥수수 껍질과 수염을 제거한다. 3개의 쇠
꼬치를 부채꼴로 꽂는다.

❷ 장작 잉걸불에 볏짚을 지펴 불꽃을 일으키
고 ①을 넣어 먹음직스럽게 굽는다.

❸ ②의 열이 식으면 쇠꼬치를 빼고 칼로 알갱
이를 떼어낸다.

❹ ③을 소금, 엑스트라 버진 올리브오일과 함
께 버무린다. 컵에 담고 숟가락을 꽂는다.

생강 레드와인 절임

❶ 생강 껍질을 벗기고 얇게 저민다.

❷ 냄비에 레드와인, 레드와인 식초, 꿀, 후추
와 물을 넣고 끓인 뒤 ①을 넣고 불을 끈다.
남은 열이 식으면 냉장고에 넣어둔다.

마무리

도카치 송아지고기 장작구이 비스테카에 옥수
수와 생강 레드와인 절임을 곁들인다.

장작을 피워 잉걸불을 만들고
육즙이 가득하고 치밀한 고기를 먹음직스럽게 굽는다

와타나베 마사유키 셰프는 응용 범위가 넓은 반면, 취급하기 어려운 것으로 알려진 장작불이 "원시적이면서 그 자세한 원리가 아직 밝혀지지 않은 열원"이라고 말한다. 그는 이탈리아에서 요리를 배울 때 장작 잉걸불에 비스테카를 굽곤 했다며 다음과 같이 말했다.

"막 구운 비스테카를 입에 넣으면 육즙이 듬뿍 나온다. 그 느낌을 재현하고 싶어서 귀국한 후에도 근섬유가 가늘고 밀도가 높은 소고기를 찾으면서 그러한 고기에 가장 적합한 굽는 방법을 연구해오고 있다."

처음에는 숯불에 구웠으나 고온의 방사열에 의해 고기의 표면이 건조해지고 수분이 빠져나갔다. 이후 다시 찾은 열원이 장작 잉걸불이다. 2009년에 처음으로 요리용 화덕을 만들었는데 현재는 개량한 두 번째 화덕을 사용하고 있다.

먼저 굽는 판보다 30㎝ 깊게 만든 바닥에 장작을 피워 잉걸불을 만든다. 잉걸불은 고기 타입에 따라 바뀐다. 여기서는 지방이 적고 수분이 많은 도카치 송아지고기용으로 참나무 목재를 시간을 들여 태워 공기를 충분히 함유한 '부드럽게 부푼 잉걸불'을 만들었다.

잉걸불의 표면온도는 숯불보다 낮은 350~600℃ 정도다. 열이 서서히 전해지기 때문에 구우면서 수축되는 것을 막을 수 있다고 한다. 이 잉걸불을 옆의 화로에 옮겨 스테인리스 불판 위에서 고기를 굽는데, 화로를 깊이 판 이유는 옆에서 타는 장작 열로 고기가 건조해지는 것을 막기 위해서다. '육즙이 톡톡 튀는 구이'를 무엇보다 중시하는 와타나베 셰프는 이 외에도 사전에 소금을 뿌리지 않고 차가운 상태로 굽는 등 독자적인 방법으로 고기의 수분을 유지하기 위해 노력하고 있다.

이렇게 구운 비스테카는 휴지시키지 않고 썰어도 육즙이 빠져나오지 않아 부드럽게 구워진다. 와타나베 셰프는 "장작은 숯이나 가스보다 미세한 조절이 필요하고 비용도 많이 든다. 하지만 그 점을 감수하고도 남을 만큼 즐겁다"고 말한다.

화덕은 이탈리아산 등 5가지 종류의 벽돌과 점토를 이용해 축열성과 방열성을 동시에 갖춘 구조로 만들었다. 장작을 태우는 오른쪽 화로는 30㎝ 깊이로 만든 것이다.

1 장작을 태워 잉걸불을 만든다

화덕의 오른쪽 화로에서 고기를 굽기 1시간 반 전부터 장작을 피워 잉걸불을 만든다. 먼저 나무껍질과 나뭇가지를 태우고 공기가 잘 통하도록 장작을 비스듬히 세운다.

2

붉은 잉걸불의 표면온도는 600℃ 정도다. 점차 장작을 보충하며 태워서 잉걸불의 양을 늘린다. 여기서는 길이 30cm, 두께 10cm의 참나무 목재 대여섯 개를 사용했다.

3 잉걸불을 화로에 옮긴다

잉걸불을 작은 삽으로 떠서 고기를 구울 화로에 옮긴다. 우선 섬세한 재를 전체적으로 깔고 그 위에 새빨간 잉걸불을 펼쳐놓는다. 고기에 맞게 높이를 정하고, 공기가 들어가기 쉽게 조절한다.

4 고기를 자른다

14개월령 소고기(홋카이도산 홀스타인 '도카치 송아지고기')의 뼈가 붙은 등심을 사용한다. 습도 80%의 냉장고에 보관했다가 사용 직전에 꺼낸다. 깨끗하게 손질한 뒤 4cm 두께로 자른다.

5

칼이 뼈에 닿으면 전기톱으로 뼈에 칼집을 넣는다. 그런 다음 클리버 나이프로 뼈를 잘라낸다. 최대한 고기가 손상되지 않도록 작업은 신속하고 신중하게 한다.

6

전체가 균일한 식감이 되도록 섬유질이 꽉 찬 부분을 중심으로 고기를 가볍게 두드린다. 여분의 피하지방이 빠지기 쉽게 지방에 칼집을 넣는다(칼집이 힘줄까지 닿지 않도록 주의한다).

 **POINT 1** **사육 기간이 짧은 소를 사용한다**

와타나베 셰프는 비스테카에 적합한 고기는 "섬유질이 고운 치밀한 살코기"라고 말한다.
여기서는 14개월령과 일반 육우에 비해 사육 기간이 절반 정도인 홋카이도산 홀스타인 '도카치 송아지고기'를 사용했다.
온도 0℃, 습도 80%의 환경에서 보관했다가 주문이 있을 때 잘라 사용한다.

7 잉걸불에 굽는다

따뜻해진 불판에 소고기의 지방, 즉 우지를 바르고, 엑스트라 버진 올리브 오일을 바른 고기를 올린다. 고기는 차 가운 상태로 구우며 탈수와 건조를 막 기 위해 소금은 뿌리지 않는다. 잉걸불 의 온도는 450℃가 적당하다.

8

약 20초 후 연한 갈색 빛이 돌면 뒤집 는다. 표면을 단단하게 굽는 것이 아니 라 연한 구운 색을 거듭해가는 느낌으 로 굽는다. 구운 선의 위치를 비켜 가 면서 20초 간격으로 뒤집는다.

9

6회 정도 뒤집은 상태다. 손가락으로 표면을 누르면 탄력이 있고 부드럽다. 이후에도 가까운 강불을 의식하면서 굽지만 잉걸불에 기름이 떨어져 불꽃 이 일면 탄 냄새가 나므로 즉시 물을 분사해 꺼준다.

10

구운 지 15분 정도 지나면 80%가 익 는다. 전체적으로 진갈색 빛이 나게 굽 는다. 다 구워지기까지 40~50회 뒤집 어준다.

11 양면에 소금을 뿌린다

골고루 구운 색이 나면 굽기를 마친다. 표면을 만지면 살짝 부풀어 부드러우 며 탄력이 있다. 양면에 소금을 뿌리 고, 옆면을 30초 정도 구워 완성한다. 굽는 시간은 총 20분 정도면 된다.

12 즉시 자른다

고기는 휴지시키지 않고 바로 잘라 내 놓는다. 구운 빛깔이 나는 표면의 두께 는 아주 얇고 속은 미디엄 레어 상태 다. 자르면 육즙이 번지지만 흘러나오 지는 않는다.

POINT 2 **고기에 맞게 장작을 바꾼다**

장작은 굽는 고기의 성질에 따라 종류를 바꾼다.
와타나베 셰프는 여기서 이용한 참나무 목재 외에 일본 단각우에는 상수리나무,
흑모화우에는 떡갈나무 식으로 수분 함유율 18% 전후의 장작을 이시카와현에서 매일 들여온다.

장작 잉걸불 ②

담당 _ **와타나베 마사유키**(바카로사)

민트오일을 곁들인 어린 닭고기 화덕 찜구이

장작불과 잉걸불로 천천히 익힌 어린 닭고기는 수분이 가득하게 완성한다. 민트, 케이퍼, 파슬리 등을 올리
브오일과 버무린 소스의 상큼한 맛이 어린 닭고기의 담백한 맛을 돋보이게 한다.

민트오일

❶ 민트 잎을 큼직하게 자른다. 파슬리, 케이퍼(소금 절임), 엑스트라 버진 올리브오일을 믹서에 돌
린다.

❷ ①을 그릇에 담고 잘게 썬 민트 잎을 버무린다.

마무리

어린 닭고기 화덕 찜구이의 넓적다리살과 가
슴살을 접시에 담는다. 민트오일을 두르고 민
트 잎을 뿌린다.

장작을 피운 화덕 구석에 식재료를 놓고 아주 온화한 불로 익혀 축축한 구이를 만든다

장작불은 직접 굽는 데만 사용하는 것이 아니다. 와타나베 마사유키 셰프는 이탈리아에서 요리를 배울 때 만들어 먹은 어린 닭찜이 인상에 남는다며 다음과 같이 말했다. "만드는 방법은 정말 간단하다. 장작을 피워 따뜻해진 화로 구석에 알루미늄 포일로 싼 어린 닭고기를 놓기만 하면 된다. 익었을 때쯤 알루미늄 포일을 열면 고기가 놀랄 만큼 축축하게 구워진다." 여기서는 그렇게 구운 맛을 재현한 일품요리를 소개한다.

닭고기를 축축하게 구우려면 육즙이 빠져나가지 않게 하는 것이 가장 중요하다. 그러려면 가능한 한 살집이 좋은 닭고기를 선택해야 하므로 여기서는 약 350g짜리 스페인산 어린 닭고기를 사용했다. 와타나베 셰프는 그리고 "어쨌든 고기를 압박하지 않는 것이 중요하다. 가능한 한 생긴 그대로 천천히 가열해야 한다"고 말한다. 그래서 닭고기에 가급적 칼집을 넣지 않고 소금도 뿌리지 않으며 끈으로 묶지도 않는다.

뱃속에 풍미를 내기 위해 마늘과 로즈마리를 채워 넣는다. 향을 입히고 타는 것을 막으며 보습을 위해 포도 잎으로 덮고, 알루미늄 포일로 싸면 밑 준비는 끝난다. 그런 다음에는 장작을 지핀 화로 위에 놓고 차분히 굽기만 하면 된다. 이때 잘 익지 않는 넓적다리살은 불 가까이에 둔다. 온도는 화로 앞쪽이 160℃, 안쪽의 불 가까이는 260℃ 정도가 된다. 이보다 낮으면 잘 익지 않고, 너무 높으면 수분이 유출돼 고기가 수축된다. 장작 불꽃의 변화에 신경을 쓰고 화로 온도를 확인하면서 때때로 위치를 바꾸며 40분간 익힌다.

알루미늄 포일째 고기를 만졌을 때 다소 부풀어 오르고 탄력이 느껴진다면 완성이다. 알루미늄 포일을 열면 육즙이 거의 빠져나오지 않았다는 것을 알 수 있다. 시간을 들여 온화하게 익혔기 때문에 휴지시킬 필요도 없다. 즉시 잘라 내놓아 닭고기의 부드러운 질감과 은은한 감칠맛을 즐기게 하는 데 최적의 구이다.

1 육질이 좋은 어린 닭을 사용한다

육질이 섬세하고 부드러운 어린 닭고기(스페인산 코클레)의 속을 빼내고 손질한 것(350g)을 사용한다. 육즙이 빠져나오지 않도록 굽기 전에 칼집은 넣지 않는다.

2 속을 채운다

가볍게 두드려 으깬 마늘과 로즈마리를 뱃속에 가득 채운다. 고기가 압박되는 것을 막기 위해 실로 묶지는 않는다. 탈수를 막기 위해 가열하기 전에 소금도 뿌리지 않는다.

3 알루미늄 포일과 잎으로 싼다

알루미늄 포일을 2장 겹치고 그 위에 포도 잎을 3~4장 펼쳐놓는다. 닭고기를 놓고 포도 잎으로 감싼 뒤 손으로 눌러 밀착시킨다.

4

알루미늄 포일로 포도 잎으로 감싼 닭고기를 잘 감싼다. 머리와 다리의 방향을 겉에서 봐도 알 수 있도록 해두면 좋다.

5 화로에서 익힌다

따뜻해진 화로에 닭고기의 등이 아래로 향하게 놓는다. 불타는 안쪽 장작 근처는 260℃ 정도고, 앞쪽은 160℃ 정도다. 잘 익지 않는 넓적다리를 장작 가까이에 둔다.

6 고기의 위치를 적절히 옮긴다

화로의 온도는 일정하지 않기 때문에 열이 고르게 가해지도록 몇 분 간격으로 고기의 방향이나 위치를 바꾼다. 등과 배는 뒤집지 않고 등에서 가슴살로 열을 확산시키는 식으로 굽는다.

POINT **가슴살을 위로 향하게 놓고 다 구워질 때까지 위아래를 뒤집지 않는다**

어린 닭고기의 가슴살이 화로에 직접 닿지 않도록 등 쪽으로 아래로 향하게 놓고,
잘 익지 않는 넓적다리살이 불 가까이에 오도록 둔다.
가열 중에는 닭고기의 위치와 방향을 바꾸지만 위아래는 뒤집지 않는다.
항상 화로의 열을 등 쪽에서 배 쪽으로 천천히 전달하는 느낌으로 부드럽게 익힌다.

7 잉걸불로 가열한다

익히는 시간의 기준은 약 40분이다. 충분히 축열되어 있기 때문에 불길이 사라지고 잉걸불이 된 후에도 화로는 따뜻하고 온화한 불이 들어온다. 고기를 만져 탄력을 확인하고 지나치게 익히지 않도록 주의한다.

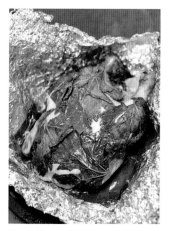

8 완성

알루미늄 포일을 열면 고기는 탄력이 있는 한편 촉촉하다. 육즙이 거의 빠져나오지 않고 수축하지도 않은 상태다. 알루미늄 포일과 포도 잎을 벗긴다.

9 가슴살과 넓적다리살을 자른다

즉시 먹기 좋은 크기로 잘라 내놓는다. 배의 중앙에 칼을 넣어 넓적다리살과 가슴살을 자르면서 전체가 고루 익었는지 확인한다. 먹는 사람이 요청하면 뼈를 발라낸다.

10 소금을 뿌린다

여기서 처음으로 소금을 뿌린다. 촉촉하고 신선한 고기를 씹었을 때 위화감이 들지 않도록 입자가 고운 소금(이탈리아 풀리아산)을 사용한다.

와타나베 셰프는 "장작불은 사용 방법에 따라 어떤 식재료에도 대응할 수 있다"고 말한다.
사진은 볏짚을 태운 불로 옥수수를 굽는 모습이다.
이 외에도 감자나 비트를 구울 수도 있고, 화로에 뚜껑을 덮고 오븐처럼 빵을 구울 수도 있다.

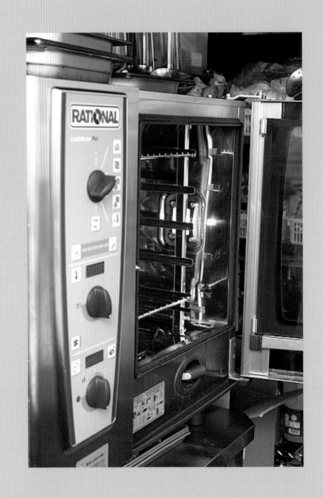

스팀컨벡션오븐은 이름 그대로 팬으로 본체 내부의 열을 대류시키는 컨벡션오븐에 증기 발생기
가 추가된 가열 장치다. 온도, 습도, 풍량, 중심온도, 조리 시간 등을 세세하게 설정할 수 있어 굽
거나 찌는 용도뿐만 아니라 튀김이나 진공 조리도 할 수 있다. 프로그래밍 기능에 따라 같은 불
의 세기를 안정적으로 재현하거나 다른 요리를 동시에 진행할 수 있어, 작은 주방에서 활약의
폭이 넓다.

스팀컨벡션오븐 ①

담당 _ 스기모토 게이조(레스토랑 라 피네스)

트뤼프의 풍미가 느껴지는 다카사카 닭고기 갤런틴

닭 갤런틴(닭고기의 뼈를 발라내 각종 양념과 함께 삶은 뒤, 삶은 과정에서 나오는 젤라틴으로 굳혀서 만든 것-옮긴이)을
살짝 데우고 푸아그라의 지방을 녹여 입안에서 살살 녹는 상태로 내놓는다. 바삭한 껍질, 부드러운 식감의
가슴살과 연한 가슴살(사사미), 탄력 있는 넓적다리살 등 식감이 다른 요소를 파르스(고기나 생선, 채소 등을
속에 채워 넣은 것. 또는 속에 넣은 재료-옮긴이)와 푸아그라가 이어준다. 여기에 포치드 에그와 베지터블 젤라틴
으로 굳힌 호박 수프, 검은 트뤼프를 곁들이고, 레드와인 소스를 뿌린다.

마무리

❶ 다카사카 닭고기 갤런틴을 1인분 크기로 자르고 온도 100℃, 습도 100%, 풍량
레벨 5로 맞춘 스팀컨벡션오븐에 데운다.

❷ ①을 그릇에 담고 포치드 에그를 곁들인 뒤 얇게 썬 검은 트뤼프를 포갠다. 베지터블
젤라틴으로 둥글게 굳힌 트뤼프가 들어간 호박 수프를 놓고 레드와인 소스를 몇 군
데 뿌린다.

풍력 기능으로 표면은 바삭하게,
스팀 기능으로 중심은 촉촉하게 마무리한다

갤런틴은 뼈를 발라낸 고기를 부용 등으로 끓여 만든 냉제 요리다. 스기모토 게이조 셰프는 스팀컨벡션오븐을 사용해 닭 껍질로 덮인 표면을 바삭하게 완성해서 전통적인 조리법으로 표현할 수 없는 새로운 매력을 창출했다.

스기모토 셰프는 이를 '뿔레 로티' 같다고 표현한다. 고소하게 구워진 닭 껍질 안에 육즙이 풍부한 가슴살과 넓적다리살, 그리고 풍미를 강조하는 파르스와 푸아그라가 들어가는 점이 비슷하다는 것이다.

스기모토 셰프는 익힐 때뿐만 아니라 파르스나 푸아그라를 밑 손질해 준비할 때나 넓적다리살을 해동시킬 때도 스팀컨벡션오븐을 활용한다. 전통적인 오븐 요리는 화력의 강약이나 문의 개폐로 온도를 조절하고, 습도를 조절하기 위해 물을 놓는 등 대충 감이나 경험에 의지하는 면이 많았다. 스기모토 셰프가 사용하는 스팀컨벡션오븐은 온도와 습도를 1℃ 단위, 1% 단위로 맞출 수 있으며, 풍량도 5단계로 조절할 수 있다. 그 덕

분에 세심한 작업을 할 수 있다는 점이 큰 장점이다.

스기모토 셰프는 "고기의 차이에 상관없이 이상적인 화력을 맞출 수 있다"고 말한다.

그중에서도 고기를 구울 때 특히 효과를 발휘하는 것이 풍력 기능이다. 여기서는 2단계로 익혔다. 1단계에서는 풍량을 최대(레벨 5)로 설정하고 고온(230℃), 습도 0%로 설정한 뒤 댐퍼를 열고, 송풍 능력을 높이면서 수분과 유분을 날려 바삭한 닭 껍질을 만들어냈다. 2단계에서는 풍량을 레벨 3에 둔 뒤 댐퍼를 닫고 저온(160℃), 높은 습도(98%)로 설정을 변경한다. 중심온도가 42℃가 될 때까지 익혀 닭고기 속살은 촉촉하고, 푸아그라는 살살 녹게 굽는다.

스기모토 셰프는 "풍량 조절 기능을 잘 사용하면 고소함과 풍부한 육즙을 살린 요리를 단시간에 만들 수 있다. 미식가들이 많이 찾아서 세심하게 익혀야 하는 요리를 만들 때는 반드시 스팀컨벡션오븐이 필요하다"고 말한다.

1 닭을 준비한다

2주간 빙온 숙성한 효고현 사사야마산 '다카사카 닭고기(속을 뺀 것으로 4㎏ 미만)'를 준비한다.

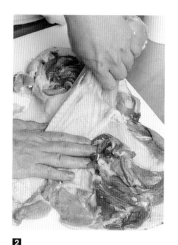

2

닭 가슴살과 연한 가슴살, 넓적다리살을 모두 사용하지만 껍질로 전체를 싸서 굽기 때문에 등 쪽이 아래로 향하게 펼쳐놓고 뼈를 발라낸다. 껍질을 크게 벗긴 뒤, 부위별로 고기를 껍질에서 떼어낸다.

3 밑간을 한다

매끄러운 식감의 닭 가슴살과 연한 가슴살은 엇베어 썬다. 씹는 맛이 좋은 넓적다리살은 2㎝ 크기로 네모나게 자르고 소금, 그래뉴당, 브랜디와 함께 비닐봉지에 넣어 간을 한다.

4 부위별로 온도에 변화를 준다

닭 가슴살과 연한 가슴살은 잘 익으므로 냉장고에 넣어둔다. 익는 데 시간이 걸리는 넓적다리살은 온도 59℃, 습도 0%로 설정한 스팀컨벡션오븐에 5분간 넣고 중심온도를 30℃까지 데운다.

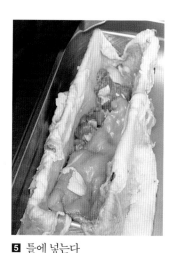

5 틀에 넣는다

파테 앙 크루트용 틀에 닭 껍질을 깔고 위아래 층에 넓적다리살, 그 안쪽에 가슴살과 연한 가슴살, 가운데에 푸아그라 테린과 파르스가 오도록 7층으로 채운다.

6

푸아그라는 콩소메에 담가 스팀컨벡션오븐(온도 65℃, 습도 0%)에서 15분간 가열한 것을 사용하고, 파르스는 잘게 썬 닭고기에 트뤼프를 섞어 스팀컨벡션오븐(온도 80℃, 습도 100%)에서 5분간 가열한 것을 사용한다.

POINT **다이얼식 스팀컨벡션오븐을 사용한다**

스기모토 셰프가 사용하는 스팀컨벡션오븐은 독일 라치오날 제품이다.
조작 버튼이 다이얼식과 터치식이 있는데, 전자를 선택했다.
스기모토 셰프는 "바쁜 주방에서도 직관적으로 다룰 수 있는 다이얼식에 개인적으로 메리트를 느낀다"고 말한다.

7

틀을 다 채웠으면 닭 껍질로 고기를 싸듯이 덮고 틀을 뒤집는다. 바닥에 있던 껍질 면을 위로 한 상태로 넓적한 접시에 놓고 스팀컨벡션오븐에 넣는다.

8 바람을 쏘이면서 굽는다

스팀컨벡션오븐은 온도 230℃, 습도 0%, 풍량 레벨 5(최대)로 설정한다. 댐퍼를 열고 표면에 강한 바람을 쏘이면서 고온에서 굽는다. 순환하는 열풍이 껍질에 잘 닿도록 중간 단에 놓는다.

9

10분간 가열하여 껍질이 바삭하게 구워졌으면 오븐에서 꺼내 익은 상태를 확인한다. 이 단계에서는 아직 가운데는 다 익지 않은 상태다.

10 중심부까지 익힌다

다시 스팀컨벡션오븐(온도 163℃, 습도 98%, 중심온도 42℃, 풍량 레벨 3)에 넣고 가운데까지 익힌다. 저온, 고습도, 중간 풍량으로 조절한다. 증기가 날아가지 않게 댐퍼를 닫는다.

11

평평하게 완성되도록 누르는 것을 올려 익힌다. 중심온도가 설정 값이 되면 전원을 끄고 문을 열어둔 채 10분간 둔다. 급속 냉각기에서 식혀 냉장고에 하루 동안 휴지시킨다.

스팀컨벡션오븐 ②

담당 _ 오카모토 히데키(르메르시만 오카모토)

에샬롯 소스를 곁들인 산겐톤 갈비구이

돼지 갈빗살을 스팀컨벡션오븐에서 익힌 뒤 스팀 모드로 데리야키풍으로 구웠다. 진공 상태로 3시간 정도 끓인 갈빗살은 뼈에서 쉽게 분리될 정도로 부드럽다. 한편 표면에는 채소의 단맛과 고기의 감칠맛이 응축된 다레(일본식 양념장-옮긴이)를 발라 구워 찜과 데리야키의 매력을 동시에 맛볼 수 있게 했다. 레드와인 식초의 풍미가 느껴지는 에샬롯 소스와 함께 우엉 등의 채소를 곁들였다.

에샬롯 소스

❶ 냄비에 버터를 넣고 가열해 녹으면 잘게 썬 에샬롯과 소금을 넣는다. 빠르게 나무주걱으로 저으며 가열한다.

❷ ①에 다진 마늘을 넣고 볶다가 레드와인 식초를 넣어 살짝 졸인다.

❸ ②에 코냑을 넣고 알코올 성분을 날린다. 포르투 레드와인을 넣고 마찬가지로 알코올 성분을 날린다.

❹ ③에 따로 둔 돼지갈비 육수를 첨가하여 다시 살짝 끓인다. 잘게 썬 코니숑, 파슬리, 소금에 절인 귤과 버터를 넣고 거품기로 잘 젓는다.

곁들이는 채소

❶ 우엉 껍질을 벗겨 10~15cm 길이로 썰고 소금, 검은 후추, 월계수 잎, 타임, 절반으로 자른 마늘, 얇게 썬 레몬, 올리브오일과 함께 전용 봉지에 넣어 진공 상태를 만든다. 온도를 90℃로 설정한 스팀컨벡션오븐에서 3시간 정도 가열한다.

❷ ①의 봉지에서 꺼낸 우엉, 그린 아스파라거스, 가지, 노랑 파프리카, 껍질째 소금물에 데친 감자를 각각 적당히 썬다.

❸ 프라이팬에 올리브오일을 넣고 ②의 채소를 가볍게 구운 뒤 소금을 뿌려서 220℃의 오븐에 넣고 8분간 굽는다.

마무리

❶ 접시 안쪽에 곁들이는 채소를 담고 앞쪽에 에샬롯 소스를 흘려놓는다.

❷ ①의 소스 위에 산겐톤 갈비구이를 담는다.

스팀컨벡션오븐으로 진공 조리해서
뼈가 붙어있는 갈빗살의 감칠맛을 응축하고
스팀을 가하여 데리야키풍으로 만든다

오카모토 히데키 셰프는 보통 곁들이는 채소 등을 저온 조리할 때 스팀컨벡션오븐을 사용하는 경우가 많다며, "우리 레스토랑처럼 작은 주방에서 다양한 메뉴를 높은 수준으로 제공하려면 스팀컨벡션오븐이 꼭 필요하다"고 말한다. 여기서는 뼈가 붙어있는 돼지 갈빗살을 진공 상태로 스팀컨벡션오븐에 익힌 뒤, 다시 스팀 기능을 사용하여 고기의 표면이 건조되지 않게 구워서 데리야키풍의 구이를 완성했다.

야마가타현산 산겐톤의 뼈가 붙은 갈빗살을 향미 채소와 토마토, 화이트와인, 화이트와인 식초 등으로 하룻밤 절여 풍미를 더한 후, 향미 채소, 마리네이드, 퐁드 보 또는 퐁 드 볼라유 등과 함께 전용 봉지에 넣어 진공 상태를 만든다. 이것을 80℃ 저온으로 설정한 스팀컨벡션오븐에 봉지째 넣고 3시간 가열하는 것이 첫 번째 과정이다. 고기의 풍미와 육수의 향을 놓치지 않고, 또한 고기가 흐트러지지 않고 촉촉하게 완성된다는 점

이 스팀컨벡션오븐을 사용한 찜의 큰 장점이다.

다음 과정에서는 육수를 농도가 생길 때까지 줄여 양념장을 만들고, 솔을 이용해 양념장을 고기에 발라 습도 20%, 온도 180℃로 설정한 스팀컨벡션오븐에 넣어 가열한다. 고기를 뒤집어 양념장을 바르고 굽는 작업을 3~4회 반복한다.

찜이라 해도 저온 조리만으로는 모호한 느낌이 들기 쉽다. 그래서 마무리로 양념장을 바르면서 구워 데리야키처럼 고기의 표면에 향긋한 향을 입힌다. 이때 스팀을 넣어 구우면, 촉촉하고 육즙이 가득한 상태로 마무리할 수 있다.

그릇에 담을 때는 돼지고기 육수와 레드와인 식초를 졸인 에샬롯 소스를 흘려놓아 감칠맛을 더한다. 돼지 갈비에 스팀컨벡션오븐에서 조리한 우엉과 소테한 그린 아스파라거스 등 채소를 곁들인다.

1 고기를 자른다

육즙의 맛이 돋보이도록 고기 자체의 맛이 부드러운 야마가타현산 산겐톤의 뼈가 붙은 갈비를 사용한다. 갈비뼈째 잘라 혈관 등을 제거하고, 소금과 후추를 뿌린다.

2 고기를 재운다

1의 갈빗살, 얇게 썬 양파, 당근, 셀러리, 토마토, 화이트와인 식초, 화이트와인을 그릇에 넣고 냉장고에서 하룻밤 재운다.

3 진공 상태를 만든다

재워둔 갈빗살, 채소, 마리네이드, 퐁드 보와 퐁 드 볼라유를 전용 봉지에 넣고 진공 상태를 만든다. 액체의 분량은 고기 전체를 덮는 정도면 된다.

4 스팀컨벡션오븐에 익힌다

3을 온도 80℃, 습도 100%로 설정한 스팀컨벡션오븐에 넣고 3시간 가열한다. 1시간마다 재료의 상태를 확인하고, 잘 섞이도록 봉지를 흔들어 고루 열이 가해지게 한다.

5

돼지 갈빗살에 육수가 배어 부드러워지면 스팀컨벡션오븐에서 꺼낸다. 필요 이상으로 익어 살이 단단해지지 않도록 봉지째 얼음물에 넣어 남은 열을 식힌다.

6

열이 식었으면 봉지를 열고 갈빗살과 채소를 육수와 함께 그릇에 담는다. 갈빗살에 촉촉한 윤기가 흐르며, 중심부까지 완전히 익은 상태다.

POINT 스팀컨벡션오븐으로 동시에 여러 가지 요리를 할 수 있다

오카모토 셰프가 스팀컨벡션오븐을 도입한 이유는 한정된 인원으로 폭넓은 메뉴를 준비할 수 있기 때문이다.
실제로 설정만 하면 한 대의 스팀컨벡션오븐으로 여러 요리를 동시에 할 수 있어
르메르시만 오카모토에서는 곁들이는 채소를 준비하거나 고기구이 등을 할 때 이용한다.

7 양념장을 만든다

6의 채소를 육수와 함께 냄비에 옮긴다. 중불로 육수가 절반 정도가 될 때까지 천천히 졸여 고기와 채소의 감칠맛을 응축시킨다.

8

졸여졌으면 고무주걱으로 세게 누르면서 여과기에 걸러 양념장으로 사용한다. 육수의 일부는 에샬롯 소스용으로 남겨둔다.

9 고기에 양념장을 바른다

6의 갈빗살을 튀김망 트레이에 올린다. 스팀컨벡션오븐에 넣었을 때 위가 되는 면에 솔로 양념장을 듬뿍 발라 풍미를 높인다.

10 다시 스팀컨벡션오븐에 굽는다

온도 180℃, 습도 20%로 설정한 스팀컨벡션오븐에 넣고 20분간 굽는다. 스팀을 넣는 이유는 육수를 듬뿍 흡수해 촉촉한 돼지 갈빗살 표면을 건조하지 않게 하기 위해서다.

11

도중에 3~4회 돼지 갈빗살을 뒤집어주고, 그때마다 스팀컨벡션오븐에서 위가 되는 면에 솔로 양념장을 발라 고기의 풍미를 높인다.

12

8에서 남겨둔 육수에 레드와인 식초, 코냑, 포르투 레드와인 등을 넣어 졸여 에샬롯 소스를 만든다(98쪽 참조).

고기를 가열하는 냄비나 프라이팬의 재질에 따라 열이 전달되는 방법이 달라진다. 그 지표 중 하나가 열전도율이다. 열 이동의 용이성을 수치화한 이 수치가 높을수록 열이 전달되기 쉽고 낮을수록 전달되기 어렵다. 냄비 재료로 많이 쓰이는 구리와 알루미늄, 철은 열전도율이 각각 403, 236, 84다. 다시 말해 구리냄비, 알루미늄냄비, 철냄비나 철판(플란차) 순으로 쉽게 달구어지고 쉽게 식는다고 할 수 있다. 그러나 실제로는 냄비의 두께나 조리법에 따라 열 전달 방법이 다르므로 사용해보고 적합한 기구를 선택하는 것이 좋다.

구리냄비

담당 _ 소무라 죠지(아타고르)

태즈메이니아산 소고기 안심 구이

살코기의 맛을 표현하는 데 공을 들인 소고기 안심 구이다. 무스롱 등 봄 버섯 볶음이나 고기를 굽는 중에
나온 육즙과 쥐 드 뵈프jus de boeuf를 합친 소스와 머스터드 페이스트, 감자 퓌레 등을 곁들였다.

곁들이는 채소

❶ 태즈메이니아산 소고기 안심 구이를 구운 구리냄비에 마늘, 로즈마리, 세이지, 발효 버터를 넣
어 끓인다. 향이 나기 시작하면 절반으로 자른 양송이버섯을 넣고 볶는다.

❷ ①의 구리냄비에서 허브류를 꺼내 스튜냄비에서 휴지시키고 있는 소고기 안심 위에 놓는다.

❸ ①의 구리냄비에 무스롱과 밤버섯을 넣고 발효 버터를 추가한 상태에서 볶는다.

❹ ③의 마늘과 버섯 볶음을 스튜냄비에 넣는다. 구리냄비에 남은 발효 버터는 따로 둔다.

소스

냄비에 쥐 드 뵈프를 넣고 끓인 뒤 따로 둔 발효 버터를 넣는다.

마무리

❶ 화이트와인에 씨겨자, 잘게 썬 로즈마리와
세이지를 넣고 불린다.

❷ 디종머스터드에 수프 오 피스투soupe au
pistou와 화이트와인을 넣어 섞는다.

❸ 태즈메이니아산 소고기 안심 구이의 연실
을 제거하고 절반의 두께로 썬다.

❹ 접시에 감자 퓌레와 ①, ②를 깔고 ③을 두
조각 담는다. 채소를 곁들인다.

❺ 한쪽 소고기에 암염(히말라야산)과 굵은 검은
후추를 뿌리고, 다른 쪽 소고기에는 물기를
제거하고 반으로 쪼갠 녹후추 암염 절임을
올린다. 소스를 흘려놓는다.

구리냄비와 법랑 스튜냄비를 이용해
4단계로 익힌다

소무라 죠지 셰프는 "소고기 요리에서 표현하고 싶은 것은 살코기의 감칠맛"이라고 말한다. 그래서 그는 오스트레일리아 남부에 위치한 섬, 태즈메이니아에서 자란 앵거스종 소고기를 스테이크용으로 사용한다. 목초를 먹여 사육한 후 180일 이상 곡물을 먹여 키운 롱그레인페드(곡물을 먹여 사축한 가축으로, 일반적으로 지방이 섞이기 쉽다)의 안심을 한 번에 3kg 정도 구입한다.

롱그레인페드의 안심은 지방이 적은 살코기인 만큼 익히는 데도 섬세함이 요구된다. 소무라 셰프의 경우, 가열 과정을 조리기구와 열원을 바꾼 4단계로 나누어 익힌다. 퍼석해지기 쉬운 안심을 촉촉하게 굽기 위해서다. 1인분에 100~150g 분량으로 작게 자르고 굽는 동안 고기가 흐트러지지 않도록 연실로 묶은 뒤 굽는다. 결이 촘촘한 살코기의 질감과 감칠맛을 살리기 위해 고기 전체를 따뜻하게 데우는 느낌으로 천천히 익힌다.

우선 1단계에서는 온도를 조절하기 쉬운 구리냄비를 사용한다. 버터와 올리브오일을 두른 구리냄비에 고기의 표면을 따뜻하게 데운다. 2단계에서는 구리냄비의 기름을 버리고 발효 버터를 넣어 무스 상태로 만든다. 이것을 고기에 끼얹으면서 따뜻한 거품으로 감싸듯 부드럽게 열을 가한다. 구운 빛깔을 내면서 버터의 풍미를 감돌게 하는 것이다. 3단계에서는 고기를 보온성이 높은 주철제 법랑 스튜냄비에 옮겨 살라만더에서 가볍게 가열한다. 뜨거운 곳에서 표면을 건조시킨다고 생각하면 된다. 그리고 마지막 4단계에서는 플라크의 가장자리에 놓은 튀김망에 스튜냄비째 올려놓고 따뜻한 곳에서 휴지시키며 마무리한다.

고기는 안에 육즙이 고여 감칠맛을 즐길 수 있는 미디엄 레어 상태로 마무리했다. 소무라 셰프는 "썹었을 때 육즙이 가득하고 오감을 자극하는" 구이로 만들었다고 말한다. 실제 영업을 할 때는 고객에게 익히는 정도와 고기의 양을 물어보고 취향에 따라 고기의 두께나 크기, 버터의 양을 조절하고 살라만더나 플라크에서 조리하는 시간도 조절한다.

왼쪽 구리냄비는 열전도율이 높기 때문에 단시간에 온도를 올릴 수 있다는 것이 장점이다. 한편 두께가 있기 때문에 어느 정도의 보온성도 있다.

오른쪽 주철제 스튜냄비는 보온성이 높은 것이 큰 특징이다.

1 고기를 연실로 묶는다

손질한 소고기(오스트레일리아산 앵거스) 안심을 3.5cm 두께로 썰고, 고기가 흐트러지지 않도록 연실로 묶어 원 모양을 만든다. 소금을 뿌린 뒤 손으로 주물러서 스며들게 한다.

2 구리냄비에 굽는다

구리냄비에 버터와 올리브오일을 넣고 중불로 가열하다 작은 거품이 생기면 고기를 넣는다. 고기 전체를 따뜻하게 감싸는 느낌으로 가열한다.

3

가열한 면에 살짝 구운 색이 나면 뒤집고 타지 않게 화력을 낮춘다. 양면을 구운 다음 고기를 꺼내고 기름을 버린 뒤, 발효 버터를 넣는다.

4

버터가 무스 상태가 되면 고기에 끼얹으면서 약불로 5분간 익힌다. 고기 양면에 구운 색과 풍미를 낸다. 버터는 타지 않게 무스 형태를 유지한다.

5 스튜냄비에 옮긴다

고기를 주철제 법랑 스튜냄비(데워둔다)에 옮기고, 구리냄비에 남은 육즙을 끼얹어 살라만더에 넣는다. 중간에 고기 표면을 한 번 뒤집어 1분간 익힌다.

6 휴지시킨다

플라크의 가장자리에 튀김망을 놓고 그 위에 고기가 담긴 스튜냄비를 올린다. 살라만더의 남은 열과 플라크의 열로 보온 상태를 유지하면서 5분간 둔다. 고기의 연실을 제거하고 반으로 자른다.

POINT **목적에 맞는 재질의 냄비를 선택한다**

4단계로 익히는 과정은 고기 전체에 버터 거품을 끼얹으면서 표면을 완성해가는 전반부와 남은 열을 이용해 익히는 후반부로 나눌 수 있다. 전반부에는 열이 잘 전달되는 구리냄비를, 후반부에는 보온성이 높은 주철제 스튜냄비를 이용하는 식으로 목적에 맞는 냄비를 선택한다.

코코트

담당 _ 후루야 소이치(르칸케)

어린 양고기 쿠스쿠스

주철제 코코트로 촉촉하게 구운 어린 양고기의 등살에 탄화시킨 양파 파우더를 묻힌 검은 쿠스쿠스와 수제 메르게즈(양고기 소시지)를 곁들여 '쿠스쿠스 르와얄'을 만들었다. 어린 양고기를 구운 코코트에 퐁 블랑을 넣어 데글라세한 다음 주키니 퓌레와 하리사오일을 넣어 녹색과 오렌지색이 선명한 소스를 만든 뒤 듬뿍 곁들인다.

소스

❶ 볶은 양파, 퐁 블랑으로 익힌 주키니, 삶은 시금치와 그 국물을 합쳐 믹서에 섞은 뒤 거른다. 믹스 스파이스*를 끼얹었다.

❷ 고기를 구운 코코트에 남은 기름을 제거하고 퐁 블랑을 넣어 졸인다.

❸ ②를 걸러서 ①에 넣어 섞는다.

❹ ③에 하리사오일과 올리브오일을 떨어뜨린다.

* 카더멈, 가람 마살라, 코리앤더 씨, 쿠민, 파프리카 파우더를 합친 것.

곁들이는 채소

❶ 불린 쿠스쿠스에 양파가루**를 묻힌다.

❷ 호박, 당근, 셀러리, 붉은 피망을 3mm 크기로 잘라 소금물에 데친다.

❸ 병아리콩(건조)을 물에 불려서 타임과 월계수 잎을 넣은 소금물에 끓인다.

❹ 메르게즈를 2cm 길이로 잘라 프라이팬에 굽는다. 얇게 썬 가지를 넣고 무를 때까지 볶는다.

** 양파를 시커먼 숯이 될 때까지 가스레인지에 구워 건조시킨 후 분쇄기로 빻은 것.

마무리

❶ 구운 어린 양고기 등살을 먹기 좋은 크기로 자른다. 뼈가 붙어있는 부분은 소금과 후추를 뿌리고, 250℃ 오븐에 넣어 1~2분간 굽는다.

❷ 접시에 쿠스쿠스를 담고 소스를 흘려놓는다.

❸ ②의 접시에 ③의 어린 양고기 등살을 담고 후추를 뿌린다. 그 외 다른 것도 곁들인다.

❹ 마이크로 코리앤더를 장식하고, 다시 쿠스쿠스를 뿌린다.

식재료의 맛과 향, 수분을 그대로 살려 촉촉하게 어린 양고기 등살을 굽는다

후루야 소이치 셰프는 "밀폐성과 축열성이 높은 주물 코코트는 식재료의 풍미를 가두듯 굽는 것이 매력이다. 프라이팬에서는 퍼석해지기 쉬운 송아지고기나 돼지고기 등 흰 살 육류는 물론이고 어린 양고기에 향신료의 향을 듬뿍 입히고 싶을 때도 적합하다"고 말한다. 여기서는 뼈가 붙은 어린 양고기 등살을 리솔레한 다음, 오븐에 넣었다가 남은 열로 익힌 뒤 플라크에서 재가열하는 과정을 거쳐 표면은 고소하고 안은 촉촉하게 구워냈다.

고기를 익히는 4단계 중 후루야 셰프가 가장 중시하는 것은 남은 열로 익히는, 고기를 휴지시키는 과정이다.

"밀폐성이 높은 코코트에 고기를 장시간 넣어두면 찜구이 상태가 될 수 있다. 반대로 단시간에 익히려고 열을 높이면 고기가 단단하게 오그라든다. 그렇기 때문에 굽는 시간은 되도록 짧게 하고, 적절한 타이밍에

고기를 휴지시켜야 한다. 가열 중에는 코코트 안에서 고기에 열을 비축하듯이 하는 것이 중요하다."

고기를 코코트에 넣을 때는 바닥에 등뼈를 깔고 그 위에 등살 갈비뼈 쪽을 아래로 향하게 올린다. 이렇게 하면 뼈를 통해 서서히 열이 전해지기 때문에 갈비뼈 주위의 고기도 잘 익는다. 후루야 셰프는 뼈가 붙어 있는 고기를 리솔레할 때 노출된 갈비뼈 주위를 버너로 굽는다. 말하자면 위아래에 동시에 열을 가하는 것이다. 일품요리 위주로 영업을 하던 시기에 최적의 가열을 하기 위해 생각해낸 방법이다. 주문 전에 고기를 상온에서 해동할 시간이 없었기 때문이다.

마지막으로 플라크 철판에 직접 고기를 눌러 지방의 풍미가 돋보이게 마무리한다. 어린 양고기의 풍미가 스며 나온 코코트는 그대로 소스를 만드는 데 활용한다. 하나의 냄비에 고기를 굽고, 소스를 만든다고 하는 전통적인 코코트 요리의 매력을 표현했다.

여기서는 프랑스 스타우브의 타원형(지름 27㎝)을 사용했다.
이 회사의 코코트는 뚜껑 뒷면의 돌기에서 수증기가 물방울이 되어 떨어지기 때문에
요리가 촉촉하게 완성된다는 점이 특징이다.

1 고기에 소금과 후추를 뿌린다.

어린 양고기(오스트레일리아산) 등살을 갈비뼈 4대 분량(425g)으로 잘라 손질해서 상온에 둔다. 굽기 직전에 소금과 후추를 뿌린다.

2 고기의 양면에 구운 색을 낸다

코코트를 강불에 올리고 껍질 면이 아래로 향하게 고기를 넣는다. 기름은 두르지 않는다. 갈비뼈에 가까운 부분을 냄비에 눌러 지방을 녹이듯 굽고 버너로 갈비뼈 주위를 굽는다.

3

구운 갈비뼈의 양끝에서 수액이 번지면 온도가 상승하여 고기가 잘 익어간다는 신호다. 고기를 뒤집으면서 두꺼운 부분에도 골고루 구운 빛깔이 나게 한다.

4 휴지시킨다

고기를 튀김망 트레이에 옮겨 플라크의 윗 선반에서 5분간 휴지시킨다. 온도는 약 80℃로 높은 편이다. 이 시점에서 40% 정도가 익도록 휴지시키는 시간을 조절한다.

5 뼈와 허브를 볶는다

코코트에 남아있는 기름으로 2~3cm 크기로 자른 어린 양고기의 등뼈를 구워 구운 빛깔을 낸다. 반으로 자른 마늘(껍질째), 타임, 로즈마리를 첨가하여 향이 날 때까지 볶는다.

6 코코트에 고기를 다시 넣는다

코코트에서 마늘과 허브를 꺼낸다. 등뼈 위에 고기를 올린다. 이때 고기의 갈비뼈 쪽이 아래로 향하게 놓고 마늘과 허브를 올린다. 등뼈가 쿠션이 되어, 고기가 간접적으로 익게 된다.

POINT **코코트의 높은 밀폐성을 적절히 활용한다**

주철제 코코트는 뚜껑이 무겁다. 이에 따른 높은 밀폐성으로 수분과 향을 보존하지만, 사용법에 따라서는 물크러진 느낌이 날 수도 있다.
식재료를 넣는 타이밍, 가열 온도, 뚜껑의 개폐 여부 등을 상황에 따라 잘 선택할 필요가 있다.

7 뚜껑을 덮고 오븐에 굽는다

코코트에 뚜껑을 덮고 강불에 올려 냄비의 온도를 올린 후 250℃의 오븐에 넣는다. 5분간 가열한 뒤, 뚜껑을 덮은 채로 따뜻한 곳에서 5분간 휴지시켜 남은 열로 익힌다.

8

뚜껑을 열고 고기 상태를 확인한다. 옆면과 등 쪽에서 가장 두꺼운 부분을 손가락으로 눌러 탄력으로 익은 정도를 알아본다. 이 단계에서 중심부는 설익은 상태로 70% 정도 익었다.

9 뚜껑을 덮지 않고 오븐에 굽는다

뚜껑을 덮지 않은 채로 250℃의 오븐에 2분간 넣어 향을 낸다. 이때 위에서 내려오는 불(상화)이 직접 고기에 닿지 않도록 주의한다. 그리고 꺼내서 5분간 휴지시킨다.

10 플라크에서 고기의 표면을 굽는다

마지막으로, 고온으로 달군 플라크에 직접 고기를 눌러 옆면 이외의 면에 고소한 구운 빛깔을 낸다. 이미 익었기 때문에 이렇게 해도 표면이 수축하지 않는다.

플란차

담당 _ 이즈카 류타(레스토랑 류즈)

계절 채소 볶음을 곁들인 츠마리 포크 구이

신선하고 촉촉한 핑크색 돼지 등심은 결이 곱고 식감이 섬세하다. 여기에 맛 좋게 구운 비계의 바삭한 식감
이 더해진다. 돼지고기의 육즙에 돼지고기 기름을 넣은 소스를 흘려놓고, 뿌리채소와 콩 등 10여 가지 채소
볶음에도 돼지고기 육즙을 넣어 잘 어우러지게 만들었다. 포인트로 바질오일을 흘려놓는다.

소스

❶ 돼지고기 육즙을 만든다. 달군 팬에 식용유
를 두르고 반으로 자른 마늘과 함께 적당히
자른 돼지 뼈를 넣는다. 고소하게 구워지면
따로 구운 양파와 얇게 썬 당근을 넣고 따
로 둔 돼지고기 두 번째 육즙과 물을 넣는
다. 1시간 반 정도 끓인 뒤 걸러서 졸인다.

❷ 다른 냄비에 적당히 자른 돼지고기 비계,
마늘, 타임을 넣고 가열한다. 비계를 고소하
게 구워 기름을 추출한 뒤 거른다.

❸ ①과 ②를 합친다.

곁들이는 채소

❶ 당근, 만간지고추, 파프리카(빨강, 노랑), 홍심
무(껍질은 희고 과육은 붉은 무), 붓꽃 눈 순무,
콜라비, 주키니(노랑, 초록)를 적당한 크기로 썬
다. 올리브오일을 플란차에 두르고 볶는다.

❷ 풋콩을 소금물에 데친 뒤 꼬투리와 얇은 막
을 벗긴다.

❸ 따뜻한 코코트에 버터, 마늘, 적당한 크기
로 자른 감자를 넣고 뚜껑을 덮는다. 플란
차의 가장자리에 놓고 가열한 뒤 가끔 감자
를 뒤집어 구운 색을 낸다. 소금을 뿌린다.

❹ 냄비에 쥐 드 볼라유 jus de volaille와 돼지
고기 육즙을 넣어 졸인 뒤 ①~③과 토마토
콩피를 넣어 살짝 버무린다. 엑스트라 버진
올리브오일을 뿌린다.

마무리

❶ 츠마리 포크 구이의 가장자리나 힘줄처럼
질긴 부분을 잘라내고 세로로 반을 자른다.

❷ 접시에 곁들이는 채소를 담고 ①의 단면이
위로 향하게 올린다. 고기의 표면에 소스를
끼얹고 플뢰르 드 셀과 거칠게 빻은 검은
후춧가루를 뿌린다.

❸ ②에 미니 바질 잎을 놓고 바질오일*을 곳
곳에 떨어뜨린다.

* 잘게 썬 바질과 엑스트라 버진 올리브오일을 섞은 것.

면이 평평해서 고기를 고소하게 구울 수 있는
플란차의 장점을 살려
비계와 살코기의 매력을 표현한다

플란차는 평평한 철판으로, 고온으로 달구어 식재료의 표면을 아주 고소하고 바삭하게 마무리할 수 있을 뿐만 아니라 냄비를 올려놓고 조리할 수도 있다. 여기서 그 활용법을 소개한다.

이즈카 류타 셰프는 플란차의 장점으로 "온도가 안정되어 있어 고루 익힐 수 있다는 점, 완전한 평면이어서 고기의 단면 등과 밀착되어 아주 맛깔스런 빛깔을 낸다는 점"을 꼽는다. 여기서는 돼지고기 등심을 예로, 비계는 바삭하고 풍미 있게 살코기는 촉촉하게 굽는 방법을 알아보겠다.

먼저 밑 가열용으로, 등심을 800g 정도 큰 덩어리로 잘라낸다. 비계 부분을 아래로 향하게 하여 260℃로 달군 플란차에 올려놓고, 주걱으로 눌러주면서 기름을 잘 뺀다.

비계가 진한 갈색이 될 때까지 굽는데 도중에 나온 기름은 꼼꼼하게 제거한다. 플란차를 사용할 때는 철판의 표면을 깨끗하게 유지하는 것이 중요하다. 예를 들어 여러 식재료를 동시에 조리할 때도 표면을 깨끗하게 유지하면 풍미가 섞이는 것을 피할 수 있다.

영업 전에 이렇게 덩어리 상태에서 비계를 구워두면 영업 중에는 필요한 양만큼 잘라, 고기를 육즙이 많게 마무리하는 데 주력하면 된다. 여기서는 200g씩 나누어 고기 전체를 플란차에서 데운 후 코코트에서 찜구이로 했다. 이때 코코트는 플란차에서 온도가 낮은 가장자리에 두고 서서히 익힌다. 고기가 촉촉하게 구워지면 마지막에는 버터를 두른 플란차에 놓고 표면에 고소한 구운 색과 풍미를 내서 완성한다.

이즈카 셰프는 일련의 작업과 병행하며 플란차의 빈 공간에서 곁들이는 채소를 볶아 소스를 만든다. 그는 "여러 요리를 같은 공간에서 동시에 할 수 있어 매우 편리하다. 게다가 플란차는 조리 중에 표면에 기름이나 물을 흘려놓고 행주로 닦기만 하면 깨끗해진다. 따라서 프라이팬을 매번 씻는 깃보다 효율적이라고 생각한다"고 말한다.

이즈카 셰프가 사용하는 플란차는 마쓰시타설비공업㈜이 만든 제품이다. 폭 1m×세로 65㎝ 크기의 철판 아래에 원형 전열선이 2개 좌우에 나란히 있어서 영업 중에는 오른쪽을 260℃, 왼쪽을 240℃로 설정해 사용한다.

1 비계에 칼집을 넣는다

돼지고기(니가타현산 츠마리 포크)의 등
심을 800g 분량으로 잘라 비계의 표면
에 비스듬하게 칼집을 넣는다. 고기의
단단한 부분이나 힘줄 등은 조리 후에
제거하므로 굳이 손질하지 않는다.

2 플란차에서 비계를 굽는다

비계에는 넉넉하게 소금을, 고기에는
소금과 후추를 뿌린다. 260℃로 달군
플란차에 비계를 굽는다. 녹아내린 기
름은 주걱으로 모아 일부는 코코트에
옮기고 나머지는 버린다.

3

녹아내린 기름 양이 줄어들어 표면이
고소해질 때까지 고기는 움직이지 않는
다. 비계가 휜 부분은 주걱으로 눌러 플
란차에 밀착시켜서 굽는다.

4

표면이 바삭하고 고소하게 구워졌으면
비계를 위로 향하게 해서 서늘한 곳에
둔다. 여기서 굽는 시간은 약 20분이
다. 이 단계까지 영업 전에 해놓고 주
문이 들어오면 이후의 작업을 한다.

5 고기를 자르고 소금을 뿌린다

고기를 인원수에 맞는 두께(1인분에 1cm)
로 자른다(여기서는 2cm로 2장). 서늘한
곳에 두었기 때문에 비계의 표면만 구
워져 고기는 날것인 상태다. 단면에 소
금을 뿌린다.

6 플란차에서 전체를 가열한다

플란차에 식용유를 두르고 고기를 주
걱으로 잡고 비계 부분을 아래로 향하
게 세운다. 기름이 녹아내리면, 눕혀서
양면을 살짝 굽고 고기 표면 전체를
따뜻하게 한다.

POINT **플란차는 온도 관리가 용이하다**

레스토랑 류즈가 사용하는 플란차는 철판 두께가 3cm로 매우 두껍다.
따라서 전체가 따뜻해지려면 30분 이상 걸리지만 일단 따뜻해지면 다양한 식재료를 동시에 올려놓아도
온도 변화가 일어나지 않아, 안정된 상태에서 익힐 수 있다.

7 코코트에 넣는다

코코트 안에 알루미늄 포일로 만든 받침대를 세팅한다. 고기를 코코트의 바닥과 옆면에 직접 닿지 않도록 받침대에 세우고 뚜껑을 덮는다.

8

코코트를 온도가 낮은 플란차의 가장자리에 놓고 20분간 데운다. 밀폐된 코코트 안에 있는 고기에서 나온 수분이 증기로 가득 차면서 찜 상태가 된다.

9

도중에 코코트 안의 상태를 보고, 불이 강할 때는 뚜껑을 비켜 닫거나 플란차에서 코코트를 치우는 등의 방법으로 온도를 조절한다. 고기를 손가락으로 눌러 적당한 탄력이 느껴지면 꺼낸다.

10 버터로 고소함을 낸다

플란차에 발효 버터를 녹여 비계 부분을 굽는다. 바삭해지면 고기를 눕혀 양면을 살짝 굽는다. 미지근한 고기를 뜨겁게 마무리해 고소한 색과 향을 낸다.

11 힘줄을 잘라낸다

비계 가장자리나 힘줄 등 질긴 부분을 잘라 모양을 다듬고, 세로 절반 크기로 자른다. 밝은 핑크색 단면에서 투명한 육즙이 스며 나오게 완성한다.

물을 채우고, 그 수온을 관리할 수 있게 만든 용기를 워터배스라고 한다. 진공 포장한 식재료를 뜨거운 물에 넣어 간접적으로 가열하기 위한 목적으로 주로 쓰이며, 진공 포장기와 세트로 사용되는 경우가 많다. 원래는 과학 실험 등에 사용되던 기기이기 때문에 물의 온도를 정밀하게 설정하고 또한 유지할 수 있는 점이 큰 특징이다. 동종의 기기에 물이 아닌 기름을 열매체로 사용하는 오일배스도 있다.

워터배스

담당 _ 아라이 노보루(오마주)

난부고겐 돼지 등심 구이

매끄럽고 촉촉하게 씹히는 등심에 담백한 쥐 드 볼라유 소스를 부어 깔끔하게 마무리했다. 스에suer(식재료 자체의 수분을 이용해 천천히 가열하는 일)한 홍합과 풋콩, 베이컨을 곁들인 '산해의 진미'를 표현했다.

소스

❶ 냄비에 잘 손질한 닭날개와 물을 함께 넣는다. 적당히 자른 양파, 당근, 셀러리와 타임, 월계수 잎, 토마토 페이스트를 추가해 뚜껑을 덮고 스팀컨벡션오븐에 넣는다. 콤비 모드에서 본체 내부온도를 85℃로 설정하고 8시간 가열한다.

❷ ①의 냄비를 꺼내 거른다. 원래의 1/10 분량이 될 때까지 졸인다.

곁들이는 채소

❶ 홍합을 씻은 뒤 냄비에 소량의 물을 넣고 삶는다. 이때 홍합에서 나온 국물은 따로 둔다.

❷ ①의 국물을 걸러 냄비에 끓이다가 다진 발효 양파*, 잘게 썬 베이컨, 데쳐 껍질을 벗긴 풋콩을 넣고 스에한다. 껍질을 깐 ①의 홍합 살을 넣고 살짝 가열한다. 잘게 썬 차이브를 넣는다.

* 양파의 껍질을 벗기고 6등분한 다음 1.5% 분량의 소금을 뿌리고 전용 봉지에 넣어 진공 상태로 만든 뒤 상온에서 1주일 둔 것.

마무리

❶ 난부고겐南部高原 돼지 등심 구이의 연실을 제거하고 둥글게 자른 뒤 단면에 플뢰르 드 셀과 흰 후춧가루를 뿌린다. 소금과 후춧가루를 뿌린 면을 위로 향하게 해서 그릇 가운데에 올린다.

❷ 소스를 붓고 채소를 곁들인다. 오제이유 oseille와 필러로 벗긴 루바브(대황)를 장식한다.

진공 상태의 돼지고기에 서서히 열을 가하고
온도를 정확하게 설정해 원하는 중심온도를 만든다

워터배스는 물을 용기에 채우고 설정한 온도로 가열해 장시간 유지함으로써 음식이 부드러운 열에 둘러싸이게 하는 기구다. 아라이 노보루 셰프가 워터배스를 사용한 것은 3년 전부터다. 이전에는 온도를 세밀하게 설정하기 위해 스팀컨벡션오븐을 사용했다. 그런데 스팀컨벡션오븐이 가득 차면 오븐 기능을 사용하고 싶은 다른 요리 작업에 차질이 생기고, 한 대를 더 구입하기에는 공간이 부족해서, 온도 조절이 정밀하고 크기가 작으며 비용도 적당한 워터배스를 구입했다. 사용하고 있는 워터배스는 독일 유라보 제품으로, 온수 온도를 최대 95℃까지 올릴 수 있으며 오차는 최대 0.03℃로 극히 작다.

아라이 셰프는 이번 돼지고기 등심처럼 촉촉한 식감을 표현하고 싶을 때 식재료의 수분과 감칠맛을 잃지 않고 부드럽게 익힐 수 있는 워터배스를 활용한다. 다만 같은 돼지고기라도 목심살처럼 힘줄과 지방이 섞여 있는 어깨에 가까운 부위는 이 요리에 적합하지 않기 때문에 판별이 중요하다.

워터배스는 대부분 진공팩과 세트로 사용한다. 여기서 아라이 셰프가 선보인 것도 돼지 등심에 풍미를 입히는 파우더와 비계 부분 등과 함께 진공 상태에서 가열하는 방법이다. 식재료 자체의 향과 풍미가 약할 경우에 이를 보충하는 요소와 함께 가열하여 풍미를 높이는 것도 이 제품의 장점 중 하나라고 할 수 있다.

물의 온도는 고기와의 온도 차이가 가급적 적고, 서서히 가열할 수 있는 온도라는 점에서 60℃로 설정한다. 중심온도계를 사용하면 더욱 정확하게 익힐 수가 있다. 여기서는 중심온도 47℃를 워터배스에서 끌어올릴 생각으로 진행했다.

아라이 셰프는 "마무리 가열로 인해 중심온도가 상승하기 때문에 여기에서는 목표로 하는 온도보다 약간 낮게 설정해야 실패가 적다"고 말한다. 마무리는 프라이팬에서 다시 표면을 살짝 굽는다. 그러면 마치 구운 것처럼 육즙이 많고 워터배스 특유의 매끄럽고 촉촉한 고기의 식감이 공존하게 된다.

1 여분의 지방을 잘라낸다

돼지고기(이와테현산 난부고겐 돼지) 등심(1.4㎏)을 사용한다. 삼겹살에 가까운, 지방과 힘줄이 배합된 부분을 잘라낸다.

2

살과 비계의 경계에 칼을 넣어 비계 부분이 찢어지지 않게 신경 쓰면서 벗겨낸다. 이 비계 부분은 따로 둔다. 고기의 표면에 남은 얇은 비계도 깨끗이 제거한다.

3 고기를 자른다

비계를 깔끔하게 제거한 등심을 길쭉한 직육면체가 되도록 2등분한다. 1인분 분량이 약 70g이므로, 이 한 조각(300g)이 4인분 정도 된다.

4 원기둥 모양으로 성형한다

3의 고기 한 덩어리를 랩으로 말고 양끝을 봉한 뒤 원기둥 모양으로 성형한다. 이 상태로 하루 동안 냉장고에 넣어두고 형태를 안정시킨다.

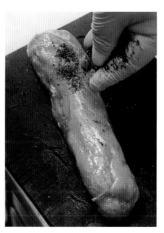

5 탄화시킨 채소를 묻힌다

푸드 프로세서에 갈아 분말로 만든 뒤 오븐에 구워 탄화시킨 채소와 소금, 트레할로스를 섞은 가루를 랩을 벗긴 4의 고기 전체에 묻힌다.

6 하루 동안 둔다

5의 고기를 다시 4와 같은 방법으로 랩에 잘 싼다. 양끝을 봉한 뒤 냉장고에 하루 동안 둔다. 그러면 채소의 풍미와 고소한 향이 고기에 확실히 밴다.

POINT **탄화시킨 채소 파우더로 훈제 향을 보충한다**

워터배스를 이용한 가열로 얻을 수 없는 것이 메일라드 반응(조리 과정에서 갈색으로 변하는 현상—옮긴이)에 의한 고소한 풍미다.
이 문제를 해결하기 위해 아라이 셰프는 탄화시킨 채소 파우더를 이용한다.
채소 파우더는 요리 중에 나오는 양파와 당근 껍질 등을 분말 형태로 만들어 오븐에 태우듯 구운 것으로, 이것을 고기에 묻히면 독특한 향을 입힐 수 있다.

7 비계로 감는다

2에서 따로 둔 비계를 얇게 자른다. 얇게 자른 비계 위에 랩을 제거한 6의 고기를 올리고 단단하게 만다. 고기에 유지분을 보충함으로써 건조를 막기 위해서다. 연실로 묶어 비계를 고정한다.

8 버터에 굽는다

프라이팬에 버터를 가열해 거품이 일면 고기를 넣고 중불로 굽는다. 익힌다기보다 표면을 데워 버터의 향을 입히는 것이 목적이다.

9 워터배스에 넣는다

8을 전용 봉지에 넣어 진공 상태를 만든다. 봉지 너머로 중심온도계를 꽂아 워터배스에 넣는다. 물의 온도는 고기 온도와 큰 차이가 없는 60℃로 설정하고 서서히 데운다.

10 중심온도를 확인한다

중심온도가 약 47℃가 되면 워터배스에서 꺼낸다. 이 중심온도는 어디까지나 워터배스로 가열을 마쳤을 때의 기준이다. 그런 다음 프라이팬에서 가열하면 더욱 상승한다.

11 다시 표면을 굽는다

봉지에서 고기를 꺼낸다. 프라이팬에 버터를 놓고 거품이 일면 고기를 넣는다. 버터의 향을 입히는 동시에 전면에 구운 빛깔을 내고 중심부까지 열을 전달한다.

기압이 낮은 후지산 정상에서는 물이 90℃ 이하에서 끓는다. 반대로 기압이 올라가면 물의 끓는점도 상승한다. 압력과 물의 끓는점 사이에는 밀접한 관계가 있으며, 이 원리를 이용한 기기가 압력솥이다. 액체를 넣고 밀폐한 솥을 불에 올리면 내부에서 수증기가 발생하는데, 그 수증기가 배출될 곳이 없기 때문에 내압이 상승한다. 그러면 끓는점도 상승하기 때문에 결과적으로 100℃ 이상의 고온이 생겨, 단시간에 조리를 할 수 있게 하는 구조다.

압력솥 ①

담당 _ 아리마 구니아키(팟소 아 팟소)

파파르델레 알 라구

뼈가 붙은 오리를 한 마리 통째로 삶아 만드는 라구(스튜)는 이탈리아 토스카나 지방에 전해지는 전통 요리다. 이 라구를 넓적한 파스타 파파르델레와 조합했다. 오리고기는 압력솥으로 부드럽게 익히기 전에 탈수시트로 여분의 수분을 제거하고, 또한 껍질을 차분히 구워 여분의 지방을 뺀다. 그 때문에 감칠맛이 응축된다. 코코아와 클로브 파우더가 들어간 파파르델레의 은은한 쓴맛과 향으로 전체의 풍미를 끌어올렸다.

카카오 파파르델레

❶ 강력분(홋카이도산 하루요코이) 300g, 세몰리나가루 200g, 달걀노른자 4개 분량, 코코아 파우더 2작은술, 소금 약간, 엑스트라 버진 올리브오일 소량을 넣고 반죽해 하나의 덩어리로 만든다. 랩으로 싸서 냉장고에 1시간 정도 둔다.

❷ ①의 반죽을 파스타 머신에 여러 번 통과시켜 2mm 두께로 늘리고, 파스타 커터로 폭 2cm, 길이 20cm 되는 띠 모양으로 썬다.

❸ ②에 가루를 뿌려 반죽이 통에 붙지 않게 한 뒤, 통풍이 잘 되는 곳에 잠시 두고 표면을 말린다.

마무리

❶ 끓는 물에 소금을 넣은 뒤 카카오 파파르델레를 넣고 1~2분간 삶는다.

❷ 삶은 ①과 따뜻하게 데운 오리 라구를 합친 뒤, 잘게 썬 이탈리안 파슬리와 엑스트라 버진 올리브오일을 섞는다.

❸ ②를 접시에 담고 잘게 썬 파슬리와 강판에 간 파르메산 치즈를 뿌린다.

4~5시간 걸리는 요리 시간을 25분으로 단축할 수 있는 압력솥을 이용해 효율적으로 찜을 만든다

아리마 구니아키 셰프는 스튜 요리에 압력솥을 자주 활용한다. 여기서는 압력솥을 이용해 만드는 오리 라구를 소개한다. 프라이팬에 구워 빛깔을 낸 오리(속을 뺀 것) 한 마리를 통째로 압력솥에 넣고 채소와 브로도(육수를 뜻하는 이탈리아어로, 프랑스어로는 부용이라고 한다)와 함께 25분간 가열한다. 뼈째 부드럽게 익힌 오리고기 살을 발라내고 국물에 다시 넣어 끓여 파스타 소스로 만든다.

압력솥을 사용할 때는 몇 가지를 주의해야 한다. 가장 주의할 것은 수분과 식재료가 솥의 규정 용량을 초과해서는 안 된다는 점이다. 내용량이 너무 많으면 흘러넘칠 우려가 있기 때문이다. 또 한 가지는 식재료에 적합한 수분의 양을 지켜야 한다는 점이다.

아리마 셰프는 "국물이 적어도 되는 것이 압력솥의 장점이지만, 그 비율은 재료에 따라 다르므로 경험을 통해 알아내야 한다. 통 오리는 몸의 높이의 70% 정도 되는 수분의 양이 가장 좋다. 이보다 적으면 눌어붙을 수 있다. 마찬가지로 식재료 크기와 솥의 크기가 잘 맞아야 한다"고 말한다.

또한 압력솥은 조리하는 동안 수분이 줄지 않기 때문에 끓이기 전에 필요에 따라 국물을 졸여 맛을 정해둘 필요가 있다. 무엇보다 염분이 너무 강하면 눌어붙기 때문에 소금은 필요한 최소량만 넣는 것이 좋다.

아리마 셰프는 크기가 다른 2개의 압력솥을 사용한다. 식재료의 양이나 성질에 따라 구분해 사용하기 위해서다. 여기서는 5L 타입을 사용했다.

"오리 라구를 오븐에서 만들면 보통 4~5시간 걸린다. 하지만 압력솥을 이용하면 요리 시간을 상당히 단축할 수 있으며, 수분과 염분의 양만 주의하면 실패할 확률도 적다. 장점이 많은 반면, 단점은 없는 셈이다. 그래서 찜 요리와 각종 요리를 준비하는 데 상당히 도움이 된다."

압력솥을 사용하는 것이 예전에는 익숙하지 않았지만 이제는 훨씬 간편하고 안전하게 사용할 수 있게 되었다. 압력솥을 사용하면 조리 시간을 대폭 단축할 수 있기 때문에 화구가 적은 좁은 주방에서 특히 활용도가 높다.

1 고기 안쪽을 술로 씻는다

오리고기(니가타현산)가 음식점에 도착하면 즉시 내장을 빼고 뱃속을 청주나 소주로 씻는다. 아리마 셰프가 특히 권장하는 술은 고구마 소주나 흑설탕 소주다. 상할 수도 있으므로 물은 사용하지 않는다.

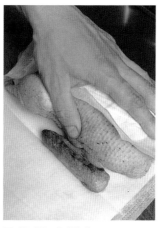

2 물기를 제거한다

고기를 흡수시트(188쪽 참조)로 싸서 1시간 놔두고 물기를 제거한다. 그런 다음 탈수시트에 싸서 냉장고에 하루 동안 넣어둔다. 꼬리 부분을 떼어내고, 허브와 마늘을 채운다.

3 구운 색을 낸다

철제 프라이팬에 올리브오일을 두르고 가볍게 소금을 뿌린 오리를 약불로 굽는다. 프라이팬은 오리보다 살짝 큰 사이즈를 사용하고, 올리브오일은 5㎜ 높이 정도면 된다. 껍질에 구운 빛깔이 나면 튀김망 트레이에 옮긴다.

4 채소를 볶는다

오리를 구운 프라이팬에 양파, 마늘, 가지, 로즈마리, 월계수 잎을 볶아 압력솥에 옮긴다. 압력솥에서 가열하면 채소의 단맛이 잘 우러나지 않기 때문에 이 단계에서 천천히 익혀둔다.

5 압력솥에 끓인다

채소 위에 오리를 올린다. 레드와인을 붓고 뚜껑을 덮지 않은 상태로 끓여 양이 절반으로 줄 때까지 졸인다. 토마토, 홀토마토, 오리 브로도, 소금을 넣고 육즙이 오리 높이의 70% 정도가 되도록 조절한다.

6

압력솥의 뚜껑을 덮고 강불에 올려 압력이 걸리면 불을 줄인다. 그대로 25분간 끓인 후 불을 끈다. 뚜껑을 닫은 채 25분간 뜸을 들인다.

POINT **가압 중에 나는 소리를 판단 기준으로 삼는다**

아리마 셰프가 사용하는 압력솥은 ㈜원더셰프의 5L 타입이다.
조리 시간을 단축할 수 있는데다 소리가 조용해 영업 중에도 사용하기 편리하다고 한다.

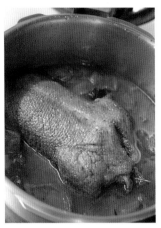

7 상온에서 식힌다

압력솥의 압력을 빼고 상온에서 식힌
다. 뚜껑을 열고 국물에 뜬 기름을 제
거한다. 약불에 올려 오리를 따뜻하게
데우면 고기를 발라내기 쉽다.

8 뼈에서 고기를 발라낸다

오리의 껍질을 떼어내고(나중에 브로도
등에 활용) 숟가락으로 뼈에서 고기를
발라낸다. 국물은 허브류를 제외한 뒤,
압착기로 채소를 으깨면서 걸러 절반
분량이 될 때까지 졸인다.

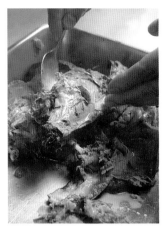

9

오리고기가 따뜻할 때 양손으로 살을
잘 발라낸다. 작은 뼛조각이 섞여 있
지 않은지 주의 깊게 확인해 모두 제
거한다.

10 국물과 합쳐 졸인다

졸인 국물에 발라낸 오리고기를 넣고
끓인다. 거품기로 다시 발라내면서 약
불로 끓인다. 필요에 따라 소금과 후
추로 간을 해서 냉장고에 3일간 넣어
둔다.

압력솥 ②

담당 _ 사카모토 켄(첸치)

소고기 볼살 레드와인 찜

부드러우면서 확실한 식감이 있는데다 국물을 머금어 촉촉한 소고기 볼살(아늠살)과 감칠맛이 있는 국물,
그리고 레드와인의 맛이 삼위일체가 된 찜이다. 여기에 신선한 구운 가지와 풍부한 풍미를 즐길 수 있는 '마
지야쿠리マジ᠆ケワ(오카야마현 요시다 목장에서 생산한 콩테 타입의 치즈)'를 잘게 갈아서 곁들인다.

곁들이는 채소

센료나스(가지의 일종)를 껍질이 까맣게 될 때까지 직화로 굽는다. 껍질을 벗기고 소금을 뿌린다.

마무리

❶ 접시에 구운 가지를 담고 소고기 볼살 레
드와인 찜을 올린다. 국물을 붓는다.

❷ ①에 잘게 깎은 치즈*와 후추를 뿌린다.

* 오카야마에 있는 요시다 목장에서 생산한 장기 숙
성한 경질 치즈 '마지야쿠리'를 사용한다. 풍부한 향
과 강한 감칠맛이 특징이다.

126

축축한 고기와 감칠맛이 우러난 국물을 모두 즐길 수 있도록 마무리한다

2014년 첸치를 오픈할 당시부터 압력솥을 애용하고 있다는 사카모토 켄 셰프는 압력솥의 최대 장점은 "조리 시간을 단축할 수 있다는 점"이라고 말한다. 보통 오븐으로 4~5시간 걸리는 찜 요리를 압력솥으로는 30분이면 끝낼 수 있다. 그러면 냄비가 오븐이나 가스레인지를 차지하는 시간도 짧기 때문에 효율적으로 일할 수 있다는 것이다.

거기다 항상 일정한 압력을 가해 끓이기 때문에 마무리가 고르다는 것도 매력이다. 특히 소고기 볼살이나 꼬리 등 젤라틴 성분이 풍부한 고기를 연하게 삶는 데 적합하다.

그러나 알아두어야 할 점도 있다. 한 가지는 수분이 거의 증발하지 않기 때문에 찜이나 조림 요리의 응축된 맛이나 메일라드 반응이 나오기 어렵다는 점이다. 또 한 가지는 그 안정된 마무리 때문에 레스토랑 요리로서 개성을 발휘하려면 일보 진전한 아이디어가 요구된다는 점이다.

사카모토 셰프는 "내가 구상하는 찜은 고기의 촉촉한 식감과 고기의 감칠맛이 우러난 국물을 모두 즐길 수 있는 요리다. 전자는 단시간에 가열을 마칠 수 있는 압력솥이 적합하고, 후자는 장시간 가열하는 오븐과 가스레인지에서 찌는 것이 적합하다. 그래서 양쪽의 장점을 조합할 수 없을까 생각한 것이 여기서 소개하는 방법이다"라고 말한다.

먼저 레드와인에 절인 소고기 볼살을 압력솥에서 가열한다. 다만 가열 시간을 35분 정도로 해서 콜라겐은 녹아 있지만 고기 같은 질감은 남게 해야 한다. 그리고 뚜껑을 닫지 않은 채 30분 정도 끓여 국물을 졸이며 풍미를 높인다. 마무리를 할 때는 레드와인을 단독으로 졸여, 볼살과 국물을 합친다. 이 과정에 의해 레드와인의 풍미가 두드러지고 부드러운 고기에 와인 향이 감도는 이상적인 상태가 되는 것이다.

참고로, 압력솥은 리소토를 마무리하는 데도 활용한다. 사카모토 셰프는 "압력솥에 밥을 하면 단시간에 가열하기 때문에 쌀의 전분질이 나오지 않아 좋다. 리소토를 만드는 데도 꼭 사용해보기를 바란다"고 말한다.

1 소고기 볼살을 소금에 절인다

소고기(흑모화우) 볼살에서 힘줄과 지방을 잘라낸다. 고기 무게의 1% 분량의 소금을 묻혀 전용 봉지에 넣고 진공 상태를 만든다. 냉장고에 24시간 넣어둔다.

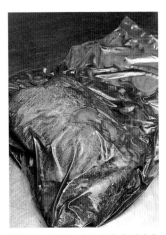

2 레드와인과 채소와 함께 절인다

볼살을 꺼내 레드와인, 오븐에서 건조시킨 양파, 마늘, 셀러리와 함께 전용 봉지에 넣고 진공 상태를 만든다. 냉장고에 24시간 넣어둔다.

3

2를 볼살, 마리네이드, 채소류로 나눈다. 고기는 알맞게 와인이 스며든 상태다. 감칠맛이 생긴 마리네이드와 마리네이드에 의해 불려진 건조채소는 따로 둔다.

4 볼살에 구운 빛깔을 낸다

올리브오일을 두르고 달군 프라이팬에 밀가루(박력분)를 묻힌 볼살을 넣고 강불로 전면에 구운 빛깔을 낸다. 육즙이 걸쭉해지지 않도록 밀가루는 소량만 사용한다.

5 압력솥에 식재료를 넣는다

올리브오일을 두른 압력솥에 1cm 크기로 자른 생햄 끄트러기를 볶은 뒤, 소고기 힘줄을 첨가하여 다시 볶는다. 소고기 볼살을 넣고 잠길 듯 말 듯하게 레드와인과 마리네이드를 붓는다.

6 압력솥을 가열한다

3의 채소류도 넣고(사진) 뚜껑을 덮어 가열한다. 압력이 걸리면 약 35분간 약불로 끓인다. 솥의 크기에 비해 고기가 적으면 질겨지고, 많으면 맛이 스며들지 않기 때문에 적당량을 넣어야 한다.

POINT 1　**소금은 좀 적은 듯하게 넣는다**

압력솥에 끓일 때는 수분이 적어도 되기 때문에 일반 찜과 같은 감각으로 간을 하면 맛이 짤 수 있다.
처음 고기에 뿌리는 소금의 양은 다소 적은 듯하게 하고 필요하면 마지막에 소금을 더 넣어 간을 맞추는 것이 좋다.

7 가열 후 바로 압력을 뺀다

불을 끄고 바로 뚜껑에 있는 압력 조절 장치를 집게로 잡고 압력을 뺀다(고온의 증기가 분출하기 때문에 주의해야 한다). 압력이 빠지면 뚜껑을 연다.

8

압력솥에 끓인 상태다. 국물이 줄어 보이는 것은 채소가 국물을 흡수했기 때문이다. 고기는 부드러워졌으나 찜 요리 특유의 응축된 풍미는 아직 약하다.

9 뚜껑을 닫지 않고 끓인다

이전에 볼살 찜을 만들었을 때 남겨둔 국물과 닭 브로도를 부어 찰랑찰랑한 상태가 되게 한다. 뚜껑을 덮지 않은 채 약불로 30분간 끓인다. 불을 끄고 뚜껑을 덮은 뒤 완전히 식힌다.

10 걸러서 냉장고에 보관한다

9를 걸러내 볼살, 국물, 채소로 나눈다. 사카모토 셰프는 "국물에 볼살을 담가 냉장고에 보관한다. 걸러둔 채소에도 맛이 배어 있기 때문에 카레를 만들 때 사용하면 좋다"고 말한다.

11 볼살을 잘라 나눈다

내놓기 전에 볼살을 50g 정도의 분량으로 썬다. 근섬유가 풀어져 부드럽지만, 고기다운 식감도 남아있다. 사카모토 셰프는 "고기를 음미하며 씹어 먹는 찜 요리의 이미지다"라고 말한다.

12 찜을 마무리한다

작은 냄비에 레드와인을 넣고 1/10 분량이 될 때까지 졸인다. 볼살과 국물을 넣고 전체가 잘 섞이도록 하면서 고기의 중심부까지 따뜻하게 데운다. 소량의 수용성 녹말을 넣어 걸쭉하게 완성한다.

POINT 2 **맛을 내는 데 적합한 와인을 사용한다**

마무리를 할 때 사용하는 레드와인이 맛을 내는 포인트가 된다.
사카모토 셰프는 산죠베제종 등 신맛이 강한 타입을 사용하는 경우가 많다.

압력솥 ③

담당 _ 기타무라 마사히로(다 오르모)

토끼 넓적다리살 화이트와인 찜

화이트와인과 양파 외에 가열할 때 사용하는 라르도(돼지 지방을 뜻하는 이탈리아어-옮긴이)와 엑스트라 버진 올리브오일, 소금, 버터 등 사용하는 식재료의 수를 줄여 토끼고기의 감칠맛을 심플하게 살린 찜이다. 소금 물에 데쳐 엑스트라 버진 올리브오일로 버무리기만 한 주키니, 브로콜리, 모로헤이야를 곁들여 채소의 싱그 러운 풍미와 부드러운 단맛, 즙이 많은 식감을 더했다.

마무리

❶ 토끼 넓적다리살 화이트와인 찜을 접시에 담는다.

❷ 각각 적당히 잘라 소금물에 데친 뒤 엑스트라 버진 올리브오일로 버무린 주키니와
　　모로헤이야, 브로콜리를 곁들인다.

요리 시간을 1/3로 단축시키는 압력솥으로 단시간에 젤라틴 성분이 적은 토끼고기를 부드럽게 익힌다

기타무라 마사히로 셰프는 10년 전부터 압력솥을 사용하고 있다. 용도는 주로 "식재료를 빨리 부드럽게 완성"하기 위해서다. 압력솥은 크기가 다른 두 가지 타입을 사용한다. 여기서는 3L 용량의 소형 압력솥에 뼈가 붙은 토끼 넓적다리살을 끓였다.

과정은 간단하다. 압력솥에 기름을 두르고 고기와 양파를 볶은 뒤 화이트와인과 물을 고기가 1/3 정도 잠길 수 있게 넣는다. 가압 상태에서 20분간 가열하고 남은 열로 10분간 익히면 완성이다.

다 끓인 고기는 뼈에 붙은 고기까지 충분히 익었으면서도 흐트러지지 않고 육즙이 풍부한 감칠맛을 머금은 상태다. 여기에 졸인 국물을 끼얹어 고기 자체의 감칠맛과 함께 국물과 어우러진 응축된 맛을 낼 수 있다. 젤라틴 성분이 많은 식재료도 찜으로 적합하지만, "토끼고기처럼 퍼석한 식재료 쪽이 더 큰 효과를 기대할 수 있다"고 기타무라 셰프는 말한다.

이 요리를 일반 냄비로 만들 경우 구운 고기를 화이트와인과 토끼 국물과 함께 끓이는 데 1시간 반이나 걸린다. 하지만 압력솥을 사용하면 가열 시간이 짧은 데다, 뼈가 붙은 고기를 조리할 경우 뼈에서 국물이 우러나므로 토끼 국물을 따로 준비할 필요가 없다. 그런 의미에서도 기타무라 셰프는 "압력솥을 잘 사용하면 일반 찜보다 식재료의 식감과 맛을 살릴 수 있는 경우가 많다"고 말한다.

그런 한편 압력솥을 사용할 때는 주의해야 할 점이 있다. 가열 중에 수분의 양이나 맛을 조절할 수 없다는 것인데, 하지만 국물을 졸일 때 어느 정도는 맛을 조절할 수 있다. 고기에 강한 맛을 넣는 것보다 담백한 상태로 두었다가 마지막에 조절하는 것이 좋다.

이 외에 압력솥은 다른 용도로도 사용할 수 있다. 기타무라 셰프는 리소토를 만들 때 영업 전에 압력솥에 발아현미밥을 해두고 주문이 들어오면 닭 육수와 치즈를 넣어 마무리한다. 보통의 솥이라면 가열 중에 발아현미가 갈라질 수 있는 반면, 압력솥은 "고온에 단시간 익히기 때문인지 쌀의 모양과 식감, 풍미가 살아 있는 상태로 마무리할 수 있다"고 한다.

기타무라 셰프가 사용하는 ㈜원더셰프의 3L 타입 압력솥.
이 외에도 프랑스 테팔의 10L 압력솥도 있어 대량으로 찜 요리를 할 때 활용한다.

1 넓적다리살을 손질한다

200g가량 되는 뼈가 붙은 토끼 넓적다리살을 사용한다. 골반의 일부가 붙어 있으므로 떼어내고, 잘 익게 하기 위해 단면만 대퇴골을 따라 칼을 넣어 뼈를 일부 노출시킨다.

2 소금을 뿌리고 밀가루를 묻힌다

고기의 양면에 가볍게 소금을 뿌린 뒤 3분간 두고 수분을 뺀다. 뼈가 나와 있지 않은 고기 표면에 밀가루(박력분)를 묻혀 가열 중의 보호막을 만든다. 떼어낸 골반은 고기와 함께 끓인다.

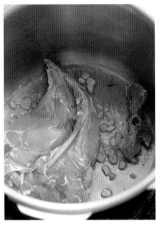

3 넓적다리살을 굽는다

압력솥에 라르도를 넣고 같은 양의 엑스트라 버진 올리브오일을 붓는다. 불에 올려 라르도가 녹으면 가루를 묻힌 면을 아래로 향하게 해서 넓적다리살과 골반을 넣는다.

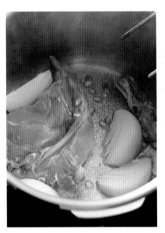

4

고기에 구운 빛깔이 나기 시작하면 단맛을 낼 양파를 넣어 중불에서 굽는다. 토끼고기는 맛이 섬세하므로 향초는 넣지 않고 라르도가 지닌 가벼운 향을 살린다.

5 액체를 넣는다

고기 표면에 엷게 구운 빛깔이 나면 뒤집어준다. 화이트와인을 넣고 중불에서 알코올 성분을 날린다. 짙으면서도 상쾌한 풍미를 내기 위해, 신맛이 있는 화이트와인을 사용한다.

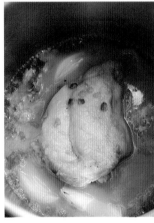

6

알코올 성분을 날린 뒤, 화이트와인과 같은 양의 물을 넣는다. 고기다운 식감과 감칠맛이 나도록 국물의 양은 고기 높이의 1/3 정도로 한다.

POINT 1 **라르도와 올리브오일을 함께 사용한다**

기타무라 셰프는 이 요리는 "전통적으로는 유지를 라르도만 사용해 농후한 맛을 내지만"
여기서는 토끼의 담백한 맛이 돋보이도록 라르도와 엑스트라 버진 올리브오일을 같은 비율로 사용했다고 한다.

7 압력솥에 끓인다

뚜껑을 덮고 가열한다. 압력을 가하는
데는 강불이 좋지만 여기서는 수분이
적기 때문에 중불로 했다. 냄비가 타면
풍미가 떨어지므로 증기에 탄 냄새가
나지 않는지 항상 확인한다.

8

냄비의 압력이 높아지면 약불로 줄이
고 증기가 살짝 나오는 상태를 유지하
며 20분간 가열한다. 불을 끄고 뚜껑
을 닫은 채로 10분간 두고, 남은 열로
익힌다.

9

냄비의 압력을 빼고 뚜껑을 연다. 뼈가
붙은 고기를 가열했기 때문에 수축하
지 않고 고기가 부드럽게 마무리되었
다. 양파는 녹아내리듯 흐물흐물해지
기 직전이고 국물은 약간 걸쭉해진 상
태다.

10 육즙을 소스로 만든다

넓적다리살과 골반을 꺼낸다. 압력솥
바닥에 들러붙은 감칠맛 나는 국물을
다른 냄비에 졸인 뒤 버터를 넣는다. 신
맛이 약한 경우에는 알코올 성분을 날
린 화이트와인을 넣는다.

11

꺼낸 고기를 10의 압력솥에 넣어 데
운다. 소스를 잘 끼얹어, 화이트와인의
신맛과 향, 라르도와 토끼의 뼈에서 나
온 육즙의 감칠맛, 양파의 단맛이 감돌
게 한다.

12 완성

단시간 가열해도 넓적다리살은 칼을
넣으면 뼈에서 쑥 빠질 정도로 부드럽
다. 그러나 고기의 내부에 국물이 스며
들지 않아, 고기 자체의 감칠맛을 머금
은 상태다.

POINT 2 **압력솥은 퍼석한 식재료를 삶는 데도 적합하다**

압력솥을 사용한 찜이라고 하면 소고기 볼살이나 소꼬리가 떠오른다.
하지만 이번 토끼고기처럼 보통 가열하면 퍼석해지기 쉬운 흰 살 육류를 연하게 삶는 데도 압력솥이 제격이다.
다양한 식재료를 시도해보면 메뉴의 변화도 꾀할 수 있다.

찜기

찜기는 끓는점 100℃의 수증기가 방출하는 열로 식재료를 가열하는 조리도구다. 식재료의 형태를
유지하며 촉촉하게 마무리할 수 있기 때문에 맛과 향을 잃지 않고 전달하는 데 적합하다. 일정한
공간에 고온의 증기를 대량으로 발생시키는 것이 특징으로 가스식 찜기, 중국식 나무찜기(바닥에
정그레를 낸 것), 스팀컨벡션오븐 등 종류가 다양하다. 여기서는 증기를 이용한 중국 요리와 식재료
를 튀김옷이나 잎에 싸서 찌는 요리 두 가지를 소개한다.

찜기 ①

담당 _ 니이야마 시게지(라이카 세이란쿄)

연잎에 싼 다이센 닭고기 찜

연잎에 싸서 찐 그대로 접시에 담아 내놓아 손님이 직접 연잎을 열고 뿜어 나오는 향을 즐기도록 한다. 부드럽게 쪄진 닭 넓적다리살을 입속에 넣으면 연잎 향과 양념의 감칠맛과 단맛, 매운맛이 어우러져 풍부한 풍미가 느껴진다.

마무리

연잎에 싼 다이센 닭고기 찜을 그대로 접시에 담아 손님이 직접 연잎을 열고 먹도록 권한다.

담백한 닭고기에 양념옷을 입히고 연잎으로 싸서
가스식 찜기에 넣고 천천히 가열해
연잎 향이 가득하고 촉촉한 일품요리를 만든다

니이야마 시게지 셰프는 닭고기처럼 그 자체에 강한 풍미가 없는 식재료를 찔 때는 "가열하기 전의 양념과 그 양념이 가열 중에 고기에서 유출되지 않도록 하는 것이 중요하다"고 말한다.

여기서는 섬유질이 복잡하게 뒤얽혀 있고 껍질과 기름도 붙어있는 닭 넓적다리살을 사용했다. 고기를 손질할 때 껍질과 지방을 과도하게 제거하면 맛이 너무 담백해지므로 고기에서 비져나온 부분만 잘라내는 정도에 그친다. 그리고 양념이 고기 속까지 균일하게 스며들도록 칼로 가볍게 고기의 표면을 두드려준다.

양념장은 발효된 감칠맛이 나는 푸루(부유)와 두반장, 춘장, 간장 등의 조미료와 생강과 마늘, 파 등의 고명, 그리고 쌀가루를 합쳐 복잡한 맛을 낸다. 이 양념장에 고기를 30분 재워두는 마리네이드 과정에서 고기에 양념장 맛이 목표의 50% 정도까지 배도록 한다.

쌀가루는 쌀과 찹쌀을 같은 분량으로 섞어 적당한 찰기가 있기 때문에 고기에 잘 달라붙는다. 사전에 물기를 없애기 위해 식재료를 볶아 조리하는 동안 수분을 충분히 흡수할 수 있게 해두는 것이 좋다. 쌀가루는 양념장의 맛을 고기에 입힐 뿐만 아니라 가열할 때 고기에서 빠져나오는 육즙을 흡착하는 역할도 하기 때문이다.

이것을 다시 연잎에 싸서 고기에 연잎 향이 배게 하는 동시에 고기와 양념의 풍미가 밖으로 나가지 않게 한다. 니이야마 셰프는 "이렇게 하면 고기의 감칠맛, 양념장의 복잡한 맛, 연잎 특유의 싱그러운 향이 혼연일체가 된 풍부한 풍미가 생긴다"고 말한다.

찜기에는 40분 가열한다. 중국의 찜 요리는 식재료의 맛과 모양을 유지하는 데 목적을 둔 단시간 가열법과 양념을 배게 하고 식재료를 부드럽게 하는 데 목적을 둔 장시간 가열법을 이용할 수 있는데, 여기서 찜 요리를 하는 목적은 후자다. 비교적 장시간 동안 쪄서 고기에 양념장의 맛이 잘 배게 하고 촉촉하고 부드러운 식감으로 마무리하기 위해서다.

니이야마 셰프가 사용하는 찜기는 타니코㈜의 가스식 찜기다.
2개로 나누어진 본체 내부에 48.5×44.5㎝ 선반을 총 8장 넣을 수 있어.
딤섬 등을 대량으로 찌는 데 적합하다.

1 고기를 손질한다

닭(돗토리현산 다이센 닭)의 넓적다리살 2장(총 550g)을 사용한다. 고기에 남은 연골과 여분의 지방을 제거한다. 이때 껍질은 벗기지 않고 지방도 고기에서 비져나온 부분을 가볍게 제거하는 정도에 그친다.

2 한입 크기로 썬다

넓적다리살 내부까지 양념이 배도록 표면을 칼날로 가볍게 두드린다. 고기를 씹을 때 풍부한 육즙을 느낄 수 있도록 큼지막한 한입 크기로 자른다.

3 쌀가루를 만든다

같은 양의 쌀과 찹쌀을 섞어 약불에서 볶는다. 찹쌀뿐이면 찰기가 너무 많고, 멥쌀뿐이면 양념장을 고기에 묻히기에는 찰기가 부족하므로 절반씩 섞는다.

4

주걱으로 저으면서 팬을 까부르듯이 하며 볶는다. 그동안 화력은 약불을 유지한다. 쌀과 찹쌀에 투명감이 없어지고, 같은 색이 되면 익었다는 신호다. 접시에 담아 열을 식힌다.

5

4의 쌀을 푸드 프로세서에 넣어 큰 알갱이가 군데군데 남아있을 정도로 분쇄한다. 오향분(산초, 팔각, 회향, 정향, 계피 등의 분말을 섞어 만든 중국의 대표적인 혼합 향신료-옮긴이)을 넣어 섞는다. 이 상태에서 밀폐용기에 넣으면 상온에서 2주일간 보관할 수 있다.

6 양념옷을 완성한다

부유, 두반장, 춘장, 설탕, 노주老酒. 진간장, 물, 참기름을 섞는다. 잘게 썬 생강과 마늘, 파, 5의 쌀가루를 넣고 다시 잘 섞는다.

POINT **향을 연잎에 가둬 자연의 정취를 연출한다**

양념옷(양념장과 쌀가루를 섞은 것)을 입힌 닭고기를 다시 연잎으로 싼다.
잎에 식재료를 싸서 가열하면 향이 증폭해 정취 있는 요리로 완성할 수 있다.

7 고기에 맛이 배게 한다

양념옷에 넓적다리살을 넣고 잘 버무린다. 그대로 랩을 씌워 냉장고에 30분간 두어서 양념장이 고기에 배게 하고, 쌀가루에도 충분히 흡수시킨다.

8 연잎으로 싼다

물에 불린 연잎(건조) 표면에 붙은 먼지를 닦아낸다. 중앙의 딱딱한 부분을 칼로 제거하고 부채꼴이 되도록 4등분한다. 잎 1장에 넓적다리살을 5~6개 올려놓는다.

9

남은 양념장을 고기에 끼얹는다. 연잎을 앞, 왼쪽, 오른쪽, 안쪽 순서로 접어 사각형 형태로 만든다. 이때 고기끼리 겹치거나 틈이 생기지 않도록 주의한다.

10 찐다

9를 트레이에 나란히 놓는다. 여러 개인 경우 겹쳐지지 않도록 간격을 둔다. 증기가 올라온 찜기에 넣는다. 라이카세이란쿄에서는 가스식 찜기를 사용한다.

11

찌는 시간은 40분이다. 중국식 나무찜기를 사용하는 경우는 화력을 중불~강불로 한다. 비교적 장시간 쪄서 속까지 잘 익고, 양념장의 맛과 연잎 향이 고기에 스며들게 한다.

12 완성

찜기에서 꺼내면 연잎 향이 뿜어져 나온다. 고기의 중심부까지 잘 익었으나 퍼석하지 않고 많은 육즙을 머금은 상태다. 식감은 젓가락으로 눌러도 떼질 정도로 부드럽다.

찜기 ②

담당 _ 미나미 시게키(이완스이)

녹두 묻힌 돼지갈비 찜

고기와 지방이 층을 이루고, 육즙의 감칠맛을 즐길 수 있는 뼈가 붙은 돼지갈비에 양념옷을 입혀 찜으로써
고기 자체의 감칠맛을 가두고 양념의 맛이 스며들게 만든 일품요리다. 양념옷에는 당면의 원료인 녹두를
사용하여 씹는 식감이 있는 고기에 소박한 단맛과 부드러운 식감을 더했다.

마무리

접시에 녹두 묻힌 돼지갈비 찜을 담고 소스를 뿌린다. 위에 고수로 장식한다.

충분히 증기가 오른 찜기에 넣어 단숨에 가열하고
뼈가 붙은 돼지 갈빗살의 맛을 최대한 살린다

중국 요리 중에는 찜기를 이용한 찜 요리가 많다. 찜 요리는 에너지가 큰 증기를 사용하기 때문에 식재료 전체를 효율적으로 익힐 수 있다는 점이 그 큰 이유다. 감칠맛이 유출되지 않아 식재료의 맛을 고스란히 맛볼 있는 점도 찜 요리의 특징이다. 증기를 이용한 중국 요리 중에는 식재료에 거칠게 빻은 쌀과 조미료를 묻혀 찌는 펀정粉蒸이 있다.

펀정의 식재료는 풍미가 강한 양념옷으로 덮여 있는데, 이 양념옷이 식재료에 새로운 맛과 향을 더하는 동시에 식재료에서 스며 나오는 감칠맛을 흡수해준다. 미나미 시게키 셰프는 여기서 펀정의 쌀을 껍질 벗긴 녹두로 바꿔, 보다 풍미 있게 마무리했다. 그는 "다른 콩이나 쿠스쿠스 등을 사용하면 서양 요리를 하는 사람도 활용할 수 있다"고 말한다.

먼저 녹두는 전통적인 방법에 따라 빻기 전에 향신료와 함께 볶아 풍미를 높이고, 조미료의 종류를 줄여 녹두 맛이 돋보이도록 했다. 또한 쌀에 비해 콩은 고기에 잘 묻지 않기 때문에 곱게 빻은 것과 거칠게 빻은 것을 섞어 고기에 잘 묻으면서도 콩의 존재감이 돋보이게 했다.

미나미 셰프는 "쌀은 찰진 식감과 양념과 육즙을 흡수한 농후한 맛이 매력으로, 고기에 잘 맞는다. 반면 녹두는 맛의 침투력은 약하지만, 콩의 풍미와 폭신폭신한 식감이 있어 고기와 녹두를 모두 즐길 수 있다"고 말한다.

뼈가 붙은 고기에서는 가열 중 뼈에서 감칠맛이 우러나기 때문에 뼈가 있는 돼지 갈빗살을 사용한다. 찔때는 충분히 증기가 오른 찜기에서 강불로 단숨에 가열한다. 여러 고기를 동시에 가열할 때는 전체적으로 고르게 증기가 가해지도록 간격을 두고 나란히 놓는 것이 좋다. 찌는 시간은 약 40분이다. 미나미 셰프는 "20~30분 가열하면 고기는 어느 정도 익는다. 하지만 건조시킨 콩이 부드러워지기까지는 수십 분이 더 필요하다"고 말한다. 충분히 쪄서 양념옷은 차지고 고기는 뼈에서 쑥 빠져나올 만큼 부드럽게 마무리한다.

1 뼈가 붙은 돼지갈비를 손질한다

붉은 살코기와 지방이 층을 이루고 있어 살코기와 지방의 감칠맛을 동시에 즐길 수 있는 돼지갈비를 사용한다. 가열하면 뼈에서 감칠맛이 나온다. 밑 손질로 뼈를 덮는 막을 모두 제거한다.

2 뼈째 자른다

뼈를 1대씩 잘라, 가열할 때 균일하게 익도록 길이를 맞춘다. 고기 일부를 잘라 뼈를 드러낸다. 고기가 익어 다소 수축할 때 고기가 갈라지지 않도록 하기 위해서다.

3 녹두를 빻아 양념옷을 만든다

본래는 쌀가루 양념옷을 사용하지만, 여기서는 식감과 풍미를 높이기 위해 녹두(건조)로 바꿨다. 껍질을 벗긴 녹두를 사용함으로써 특유의 냄새가 너무 강하지 않도록 했다.

4

냄비에 녹두와 팔각, 화초(화자오), 진피, 계피, 타카노츠메라고 하는 건조시킨 붉은 고추를 넣고 볶는다. 향이 나고 콩이 다소 볶은 빛깔을 띠면 불을 끄고 식힌다.

5

4의 녹두만 믹서에 갈아 분말을 만든다. 절반은 곱게 갈고 나머지는 분쇄를 도중에 그만두어 거친 입자를 만든다. 고기에 잘 묻으면서 콩의 식감을 살린 형태로 만들기 위해서다.

6

그릇에 빻은 녹두 두 종류와 칭탕, 소금, 후추, 노주, 간장, 설탕을 넣고 섞어 약간 촉촉하게 만든다. 찐 후 퍼석거릴 때는 양념옷에 기름을 넣으면 좋다.

POINT 1 **고기에 양념옷을 입혀 감칠맛을 흡수시킨다**

고기에 양념옷을 입혀 찌면 많은 양념의 감칠맛과 고기에서 흘러나오는 감칠맛도 모두 흡수시킬 수 있다.

7 고기에 양념옷을 입힌다

양념옷이 들어있는 그릇에 2의 돼지갈비를 넣고 손으로 버무려 양념옷을 입힌다. 1~2시간 정도 재워 고기에 맛이 배게 한다.

8 중국식 찜기에 찐다

7의 고기를 증기가 잘 올라오는 중국식 찜기에 찐다. 고기에 고르게 증기가 가해지도록 고기를 일정한 간격으로 놓고 뼈를 아래로 향하게 해서 양념옷과 고기가 부풀어 오르게 마무리한다.

9

중국식 찜기에 뚜껑을 덮고 강불로 찐다. 이완스이에서는 찜기를 몇 단 겹쳐서 사용하는데, 아래쪽일수록 다소 물기가 생기므로 여기서는 맨 윗단에 넣어 찐다.

10 완성

20~30분간 찌면 고기가 다 익지만, 녹두는 아직 단단하다. 전체적인 균형을 보고 총 40분간 찐 뒤 트레이에 고기를 꺼낸다. 고기는 아주 부풀어 오른 상태다.

11

충분히 찌면 고기 가운데 부분까지 잘 익는다. 뼈가 잘 분리되고, 고기를 씹는 식감과 지방의 부드러운 식감을 느낄 수 있게 한다.

12 소스를 만든다

트레이에 남은 양념옷을 냄비에 넣고 불에 올린 뒤 칭탕과 소금을 넣어 소스를 만든다. 이것을 고기에 끼얹어, 양념옷의 풍미를 강조하는 동시에 요리 전체를 촉촉하게 완성한다.

POINT 2 **지방의 감칠맛이 살아있는 부위를 사용한다**

찜은 살코기로 만들어도 좋지만, 돼지갈비처럼 지방이 많은 부위를 사용하면 쪘을 때 고기가 더 촉촉하게 완성된다.
또한 표면에 입힌 양념옷에도 지방의 감칠맛이 스며들기 때문에 더욱 풍미가 생긴다.

· CHAPTER 3 ·

고기 요리에 관한
Q & A

Q1
작은 부위의 고기를 구우려면?

담당 _ 야스오 히데아키(콘비비아리테)

A
두께 있는 고기를 사용한다

두께가 있으면 익는 스트라이크 존이 넓어진다. 단면이 작은 부위를 사용하면 소량이라도 두께가 있는 고기를 사용한다.

3단계로 가열하고 모든 방향에서 서서히 익힌다

프라이팬에 넣고 표면을 굽는다. 오븐에 넣고 전체를 가열한다. 남은 열로 속까지 익힌다는 식으로 3단계로 나눠 가열하고,
가열 중에는 고기를 자주 뒤집어준다. 이렇게 하면 너무 구워지는 것을 막고 모든 방향에서 부드럽게 골고루 익힐 수 있다.

고기의 크기에 따라 익히는 법이 크게 다르지는 않다. 하지만 작은 고기는 구워지는 스트라이크 존이 좁아 수정하기가 어렵다. 그 때문에 신경을 써서 섬세하게 익혀야 한다. 우선 고기는 최대한 두껍게 썰어야 한다. 얇으면 단단해지기 쉽고 씹을 때 육즙의 맛을 느끼기도 어렵다. 여기서는 향미 채소와 레드와인에 하룻밤 재워둔 사슴고기의 바깥 넓적다리살을 4cm 두께로 잘랐다. 재워두면 질긴 고기도 부드럽고 풍미가 좋아진다. 특히 여기서 사용한 사슴고기는 수분이 많은데 가열하면 퍼석해지기 때문에 수분을 머금게 함으로써 표면을 촉촉하게 완성하는 데 신경을 썼다.

익힐 때는 3단계로 나누어 천천히 열을 가해, 표면은 고소하고 안은 촉촉한 로제 빛깔의 상태로 마무리했다. 처음에는 프라이팬에 고기를 넣어 표면을 풍미 있고 구운 빛깔이 나게 굽는다. 약불에서는 익히는 데 시간이 걸리고 수분이 빠지기 쉬운데다 사슴고기는 찐 듯한 냄새가 나므로 강불에서 단번에 굽는 것이 좋다. 구웠을 때 육즙이 많은 것을 원한다면 철제 프라이팬을

사용하는 것이 좋다. 그런데 여기서는 잘 타지 않게 수지 가공한 프라이팬을 사용했다. 올리브오일을 두르고 자주 뒤집어주면서 구운 뒤 버터를 무스 상태로 가열해 끼얹어준다. 이 단계에서는 20~30% 정도만 익힌다. 그 다음에는 200℃ 오븐에 고기를 넣고 부풀어 오를 정도로 약 80%까지 익힌다. 여기서는 모든 방향에서 균일하게 간접적으로 열을 전달하기 위해 대류열을 얻을 수 있는 컨벡션오븐을 사용했다. 살코기가 노출되어 있기 때문에 고기를 놓은 파이접시에 알루미늄 포일을 깔아 아래에서 올라오는 열을 약화시키는 것이 좋다. 여기서도 가열 중에는 자주 고기를 뒤집어 너무 익는 것을 막고 전면을 고루 익힌다.

마지막에는 휴지시키면서 남은 열로 속까지 익게 한다. 사슴고기는 가열 후 바로 자르면 같은 붉은 살코기인 소고기나 양고기에 비해 육즙이 흐르기 쉽기 때문에 이 휴지시키는 과정은 육즙을 안정시키는 의미도 있다.

산초나무 열매 소스와 멜론 소테를 곁들인 사슴고기 구이

여름 사슴고기는 가을이나 겨울에 비해 산뜻한 풍미가 있다. 그 육질에 맞게, 레드와인을 주로 한 마리네이드에 산초나무 열매를 넣어 상큼하게 로스트했다. 굽는 정도는 육즙을 머금은 로제 빛깔의 상태가 되게 한다. 여기에 졸인 마리네이드액을 베이스로 한 소스를 곁들였다. 한 면만 구운 멜론 소테로 단맛과 고소함을, 야생 루콜라로 쓴맛을, 캐모마일 꽃과 잎으로 달콤한 향을 더했다.

소스

❶ 따로 둔 마리네이드 재료를 채소류와 액체로 나눠 각각 냄비에 넣고 가열한다.

❷ ①의 액체가 끓으면 걸러서 ①의 채소류 냄비에 넣고 끓여 1/3 분량이 될 때까지 졸인다.

❸ ②를 걸러 퐁 드 보, 데친 산초나무 열매, 레드와인 식초를 넣고 끓인 뒤 소금으로 간을 맞춘다.

멜론 소테

멜론의 과육을 적당한 크기로 썰어 버터와 올리브오일을 두른 수지 가공 프라이팬에 한 면만 고소하게 굽는다.

마무리

접시에 소스를 붓고 절반으로 자른 사슴고기 구이를 담는다. 야생 루콜라 퓌레를 끼얹고 멜론 소테를 곁들인다. 고기의 단면에 소금(영국 맬든산)을 뿌리고 캐모마일 잎과 꽃, 야생 루콜라, 아마란서스를 장식한다.

1 고기를 재운다

여름 사슴고기의 바깥 넓적다리살을 향미 채소, 산초나무 열매, 레드와인, 레드와인 식초, 소금과 함께 하룻밤 재운다. 진공 포장하면 고기에 압력이 가해지므로 적당히 공기를 뺀 봉지를 사용해 양념이 잘 스며들게 한다.

2 고기를 자른다

고기의 표면을 살짝 닦아 두껍게 썬다 (여기서는 4㎝ 두께, 100g 분량으로 썰었다). 상온에 두었다가 전면에 고운 소금을 뿌린다. 후추는 굽기 전에 뿌리면 가열 중에 풍미가 없어지기 때문에 손님에게 제공하기 전에 뿌린다.

3 프라이팬에 굽는다

수지 가공 프라이팬에 올리브오일 1큰술을 두르고 잘 달궈진 곳에 고기를 놓은 뒤 표면을 굽는다. 사슴고기는 수분이 많기 때문에 강불에서 단번에 표면의 수분을 날리는 것이 좋다.

4

옆면, 단면 순으로 익힌다. 모든 면에 구운 빛깔이 나면 즉시 고기를 뒤집는다. 재워둔 고기인 만큼, 고기의 표면이 다소 눌어붙을 수 있으므로 주의한다. 한 면을 익히는 시간은 20초 정도면 된다.

5

열로 인해 기름이 열화할 수 있으므로 고기의 풍미가 떨어지지 않도록 도중에 프라이팬 안의 달궈진 기름을 닦고 올리브오일을 새로 넣는다. 전체적으로 구운 색이 나면 버터를 넣어 무스 상태로 만든다.

6 버터로 아로제한다

뜨거운 버터 거품으로 고기를 감싸듯이 아로제하면서 버터의 풍미를 입힌다. 뒤집어주면서 전체적으로 진한 구운 빛깔이 나게 익힌다. 여기서 가열하는 시간은 2분 정도면 된다. 20~30% 정도만 익혀둔다.

7 컨벡션오븐에 굽는다

200℃ 컨벡션오븐에 넣고 모든 방향을 고루 익힌다. 고기를 파이접시에 직접 놓으면 접시와의 접촉면만 열이 강하게 전달되므로 알루미늄 포일을 깔고 고기를 올린다.

8

옆면, 단면 순으로 면을 바꿔가며 굽는다. 여기서는 9분 정도 익혔다. 고기는 대체로 6면이므로 각 면을 익히는 시간은 1~2분이라는 계산이 나온다. 이 단계에서는 80% 정도 익힌다.

9 휴지시킨다

파이접시째 가스레인지 위의 선반 등 따뜻한 곳에서 오븐에 가열한 시간의 2/3 정도인 6분 정도 휴지시킨다. 야스오 셰프는 남은 열로 속까지 익히고, 동시에 "끓는 육즙이 안정되게" 하기 위해서라고 말한다.

10 완성

휴지시켰으면 완성이다. 고기의 표면이 부풀어 올라 있고 누르면 탄력이 있다. 자르면 안은 육즙이 가득하고 부드러운 로제 빛깔의 상태다. 한편 표면은 고소하게 완성되었다.

POINT **효율적으로 균일하게 익힌다**

본체 내부에 송풍기가 설치된 컨벡션오븐은 공기의 움직임이 빨라지기 때문에 열이 전해지는 속도가 올라간다. 그 결과 조리 시간이 보통 오븐보다 단축되고, 또한 열이 체류하기 때문에 식재료 전체가 고루 익는다.

Q2
작은 부위의 고기를 구우려면?

담당 _ 스기모토 게이조(레스토랑 라 피네스)

A
소금과 그래뉴당에 재워서 고기의 수분을 제거한다

작은 고기는 굽는 동안 수분과 육즙이 빠져나오기 쉽다. 스기모토 게이조 셰프는 "그래서 소금과 그래뉴당을 고기에 뿌리고
탈수시트에 끼워 여분의 수분을 제거함으로써 가열할 때 육즙이 빠져나가는 것을 막는다"고 한다.

저온에서 중심부까지 익힌다

고기를 비닐봉지에 넣어 공기를 빼고 온도 60℃, 습도 100%의 스팀컨벡션오븐에서 온화하게 가열한다.
이 단계에서 고기 중심부까지 익혀두면 프라이팬에서 가열하는 시간을 최대한 단축시켜 고기가 퍼석해지는 것을 막을 수 있다.

작은 부위의 고기를 구울 때 실패하기 쉬운 점은 부피가 작기 때문에 육즙이 빠져나와 고기가 퍼석해지기 쉽다는 것이다. 특히 돼지고기나 닭고기 같은 흰 살코기는 지방이 적기 때문에 붉은 살코기에 비해 퍼석해지기 쉽다. 그래서 나는 조리 전에 고기의 수분 함량을 조절하는 일에 신경을 쓴다. 구체적으로는 고기에 탈수 작용이 있는 소금과 보습 효과가 있는 그래뉴당을 뿌리고, 탈수시트에 싸서 3시간 정도 둠으로써, 여분의 수분을 제거하면서 표면을 촉촉한 상태로 만든다. 여분의 수분을 남기면 가열 과정에서 수분과 함께 감칠맛의 근원인 육즙도 유출되기 때문이다.

두 번째로는 사전에 저온에서 고기를 익혀둔다. 여기서는 고기를 봉지에 넣고 공기를 뺀 뒤 60℃ 스팀컨벡션오븐에서 1시간 가열하여 중심부까지 균일하게 익

혀두었다. 돼지고기의 경우 안전성을 고려하여 중심부까지 완전히 익힐 필요가 있다. 먼저 속까지 확실히 익혀두면 프라이팬에서 굽는 시간을 단축할 수 있어, 고기가 퍼석해지는 것을 막을 수 있다.

또한 이번 고기는 두꺼운 껍질이 있는 새끼 돼지 등심이라서, 껍질은 튀기듯 구워 바삭하게 마무리하지만 고기는 촉촉하게 구워 내놓고 싶었다. 그래서 고기 부분은 무스 상태의 버터를 부드럽게 끼얹으며 가열했다. 작은 부위의 고기일 경우, 메일라드 반응을 일으킬 때까지 표면을 고온에서 구우면 고기 전체가 너무 익어 퍼석해지기 쉬우므로 대신 이 과정에서 버터의 고소함을 입혀 풍미를 살렸다. 제공하는 접시에는 새끼 돼지 안심도 함께 담았는데, 이 안심은 껍질이 붙어있지 않은 데다 아주 작아서 버터의 거품 속에 넣고 익혔다.

샤퀴티에르를 곁들인 새끼 돼지고기 등심 로스트

샤퀴티에르는 볶은 양파와 피클, 화이트와인 등과 돼지고기를 함께 가열하여 육즙을 소스로 사용하는 프랑스 전통 요리다. 스기모토 셰프는 그 요소를 고기와 곁들이는 채소, 소스로 나누었다. 새끼 돼지의 껍질 있는 등심과 안심에 피클과 양파 시오가마야키(소금 또는 소금과 달걀흰자를 섞은 것으로 식재료를 싸서 가열 조리한 것-옮긴이)를 곁들이고, 양파를 버터에 볶다가 약간의 전분을 넣은 슈비즈 소스와 파슬리 소스, 새끼 돼지 육즙 등을 곁들였다.

곁들이는 채소

❶ 소금(프랑스 게랑드산)과 달걀흰자를 섞는다.

❷ ①로 양파(껍질째)를 통째로 싸서 180℃ 오븐에 넣어 부드러워질 때까지 굽는다. 껍질을 벗겨, 세로로 2등분한다.

마무리

❶ 새끼 돼지고기 등심 로스트의 껍질째 로스트한 등심과 안심을 접시에 담는다. 안심 위에 새끼 돼지고기와 함께 구워 마무리한 양파를 조각으로 나누어 올리고 나뭇잎을 장식한다.

❷ ①의 고기 주위에 파슬리 소스*를 가늘고 둥글게 뿌린다. 원 모양의 파슬리 소스 위에 동그랗게 자른 코니숑을 놓고 슈비즈 소스**를 짠다. 슈비즈 소스 위에 나뭇잎과 산초나무 열매***를 교대로 장식한다.

❸ 양파에 새끼 돼지 육즙을 붓는다. 고기 주위에 검은 후춧가루를 뿌린다.

* 이탈리안 파슬리 퓌레, 감자 퓌레, 퐁 블랑을 합친 것.

** 볶은 양파를 부용으로 끓이다가 전분과 버터를 넣은 것.

*** 파란 산초나무 열매를 수십 번 데친 것.

1 고기의 물기를 제거한다

젖을 먹고 자란 새끼 돼지(캐나다산) 등심(100g)을 사용한다. 뼈를 제거하고 소금과 그래뉴당을 뿌린 뒤 탈수시트로 싼다. 3시간 정도 두고 여분의 수분을 제거한다.

2 진공 상태로 만든다

탈수한 고기를 비닐봉지에 넣고 진공 포장기로 공기를 뺀다. 스기모토 셰프는 "고기에 손상을 줄 수 있으므로 진공 포장은 하지 않고 이 기계를 사용한다"고 한다.

3

밀봉한 봉지째 온도 60℃, 습도 100%의 스팀컨벡션오븐에 넣고 1시간 정도 가열한다. 고기의 중심부까지 균일하게 익히고 촉촉한 상태를 유지한다.

4 껍질에 칼집을 넣는다

봉지에서 고기를 꺼내 수분을 닦고, 껍질 표면에 8㎜ 간격으로 격자 모양의 칼집을 넣는다. 칼집은 지방이 잘 빠지도록 칼이 살코기에 닿을 정도로 깊게 넣는다.

5 껍질째 고소하게 굽는다

프라이팬에 엑스트라 버진 올리브오일을 두르고 고기의 껍질이 아래로 향하게 놓는다. 프라이팬을 비스듬히 하여 기름에 깊이가 생기게 해서 껍질과 비계 층을 튀기듯 노릇노릇하게 굽는다.

6

가끔 고기 위에 누르는 것 대신 냄비를 올려놓거나 껍질을 프라이팬에 강하게 누르거나 해서 여분의 지방을 빼고 고소하게 굽는다. 살코기 부분에는 열을 가하지 않도록 한다.

POINT **버터로 고기에 고소함을 입힌다**

고기는 본래 표면을 고소하게 구워 메일라드 반응을 일으켜야 맛있다.
그러나 작은 고기의 경우는 고온에서 표면을 구워버리면 살이 오그라들어 퍼석해지기 쉽다.
따라서 메일라드 반응을 일으키는 대신 버터 거품 속에서 서서히 부드럽게 익혀서 고소함을 낸다.

7

껍질은 씹으면 바삭할 정도로 고소하고 노릇노릇하게 구워졌다. 한편 살코기는 부드러운 상태를 유지한다. 프라이팬에서 꺼내 기름기를 뺀다.

8 발효 버터 속에서 익힌다

프라이팬에 발효 버터와 마늘을 껍질째 넣어 가열한다. 버터는 약간 넉넉하게 넣고 갈색 빛이 나지 않도록 천천히 가열해 무스 상태로 만든다.

9

껍질이 아래로 향하게 고기를 넣고 버터 향을 입힌다. 스기모토 셰프는 "산화한 기름을 씻어내는 느낌으로 한다"고 말한다. 그런 다음 뒤집어 고기 부분에도 버터 향을 입힌다.

10

미리 시오가마야키로 온화하게 익혀둔 곁들이기용 양파를 2등분해 고기와 함께 굽는다. 총 3분 정도 가열한 뒤 고기를 꺼내 10분간 휴지시킨다.

11 안심을 가열한다

등심과 양파를 꺼낸 뒤 프라이팬에 새로운 발효 버터를 넣고 녹인다. 젖을 먹고 자란 새끼 돼지 안심(40g)을 넣고 버터 거품 속에서 익힌다.

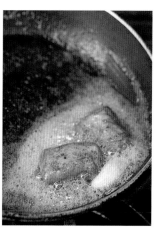

12 완성

등심과 마찬가지로 버터 거품 속에서 천천히 구워 표면을 고소하게 만든다. 등심과 안심의 기름기를 잘 빼고, 칼로 잘라 모양을 정리한다.

Q3
두께가 얇은 고기를 구우려면?

담당 _ 나카무라 야스하루(비스트로 데자미)

A
얇은 소고기는 단시간에 가열하고,
녹아내린 기름을 입혀 지방의 감칠맛이 감돌게 한다

고기가 퍼석해지지 않도록 고온에서 단시간 가열하는 것이 기본이다.
그때 녹아 나온 지방을 고기에 묻혀가며 구워 건조를 막고, 단맛과 감칠맛이 감돌게 한다.

여기서는 두께가 얇은 고기를 퍼석해지지 않게 굽는 방법을 소개한다. 오스트레일리아산 소고기 꽃등심을 사용했으며, 동네 정육점에서 1.5cm 두께로 잘라 진공 포장한 것을 구입했다. 필요한 만큼 살 수 있고, 항상 신선한 상태로 사용할 수 있으며, 보관할 때 장소를 차지하지 않아 매우 편리한 제품이다. 그러나 고기의 두께가 얇기 때문에 겉은 고소하고 안은 촉촉한 스테이크로 만들려면 몇 가지 사항을 알아두어야 한다.

우선 조리기구는 잘 눌어붙지 않으며, 가볍고 취급이 간편한 수지 가공 프라이팬을 사용한다. 하지만 수지 가공 프라이팬은 철제 프라이팬만큼 축열성이 높지 않기 때문에 고기가 차가우면 구운 빛깔이 먹음직스럽게 나지 않는다. 따라서 고기는 반드시 30분간 상온에 두었다가 구워야 한다.

얇은 고기를 장시간 동안 구우면 당연히 퍼석해지기 때문에 최대한 짧은 시간에 굽기 위해 강불~중불로 익힌다. 이때 지방을 집게로 프라이팬에 누르며 녹여 그 기름을 고기에 입히면서 굽는 것도 중요하다. 이렇게 하면 고기가 건조해지는 것을 막고, 가열 시간을 단축할 수 있으며, 살코기 위주의 오스트레일리아 소고기에 지방의 단맛과 감칠맛을 입힐 수 있다.

고기 두께가 2cm 정도 되는 경우에는 버터를 넣어 아로제하면 더욱 확실하고, 두께가 3cm 이상인 경우에는 오븐을 함께 사용하는 것이 좋다. 참고로 고기는 제공할 때 겉면이 되는 면부터 굽는 것이 정석이다. 하지만 두께가 얇은 고기는 힘줄과 지방의 상태를 보고 휘어질 것 같은 경우에는 뒷면을 살짝 굽고 나서 표면을 굽도록 한다. 고기의 상태는 각기 다르므로 그 특징을 잘 파악하여 적합한 방법을 선택하는 것이 무엇보다 중요하다.

소고기 꽃등심 소테

프라이팬에 양면을 고소하게 굽고, 안은 미디엄 레어로 완성한 꽃등심에 녹후추와 함께 퐁 드 보를 졸인 뒤 생크림을 넣은 농후한 소스를 곁들였다. 표면을 소테하고 나서 오븐에 넣고 노릇노릇하게 구운 양파와 순무, 감자를 곁들여, 비스트로다운 다이내믹한 한 접시를 만들었다.

녹후추 소스

❶ 녹후추를 물에 끓인 것(시판상품)과 버터를 냄비에 넣고 주걱으로 으깨면서 볶는다.

❷ ①의 녹후추가 으깨져 버터와 잘 섞이면 코냑과 퐁 드 보를 넣고 1/4 분량이 될 때까지 졸인다. 생크림을 넣어 섞고 소금으로 간을 한다.

곁들이는 채소

❶ 소금물에 감자를 껍질째 넣고 부드러워질 때까지 삶은 뒤 반으로 자른다. 올리브오일을 두른 프라이팬에 감자를 넣고 구운 색이 날 때까지 굽는다. 200℃ 오븐에 감자를 넣고 속이 익을 때까지 구운 뒤 소금을 뿌린다.

❷ 순무를 줄기와 껍질이 있는 채로 세로로 절반으로 자르고, 올리브오일을 두른 프라이팬에 구운 색이 날 때까지 굽는다. 200℃ 오븐에 순무를 넣고 씹는 맛이 남을 정도로 구운 뒤 소금을 뿌린다.

❸ 햇양파의 껍질을 벗겨 4등분하고 올리브오일을 두른 프라이팬에 구운 색이 날 때까지 굽는다. 양파에 소금과 후추를 뿌린 뒤 올리브오일을 넣고 200℃ 오븐에 넣어 속이 익을 때까지 굽는다. 소금을 뿌리고 엑스트라 버진 올리브오일을 떨어뜨린다.

마무리

❶ 냄비에 녹후추 소스를 넣고 물을 부으며 농도를 조절하면서 따뜻하게 데운다.

❷ 접시에 곁들이는 채소를 담는다. 소고기 꽃등심 소테를 담고 녹후추 소스를 뿌린다. 잘게 썬 차이브를 뿌린다.

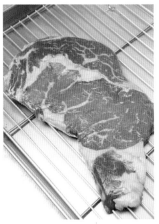

1 얇게 자른 고기를 사용한다

두께 1.5㎝, 무게 250g으로 잘려 판매되는 소고기(오스트레일리아산) 꽃등심을 사용한다. 진공 포장되어 있어 사용하기가 편리하다.

2 고기를 밑 손질한다

그대로 구우면 고기가 휘어 균일하게 익기 어려우므로, 살코기와 지방의 경계선에 5~6곳 칼집을 넣어 힘줄을 잘라낸다.

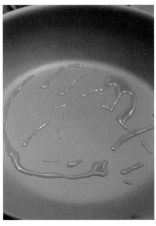

3 수지 가공 프라이팬에 굽는다

수지 가공 프라이팬을 강불에 달군 뒤, 올리브오일을 두른다. 흰 연기가 나면 일단 기름을 버리고 다시 올리브오일 1작은술을 넣고 가열한다.

4

굽기 직전에 소금, 후추를 뿌리고, 그릇에 담았을 때 겉면이 되는 쪽을 아래로 향하게 해서 강불에 가열한다. 첫 10초 동안은 고기를 움직이지 않고 가열하여 지방을 녹여서, 표면에 구운 빛깔을 낸다.

5 기름을 입힌다

살짝 구운 빛깔이 나면 고기를 들어 올리고 프라이팬을 기울여 녹아내린 기름이 고기 아래로 흘러가게 한다. 골고루 기름이 닿도록 프라이팬을 흔들며 굽는다.

6

잘 익지 않는 지방은 집게로 프라이팬 가장자리에서 누르며 구운 색을 내는 동시에 지방을 녹인다.

POINT **밑 손질을 할 때 칼집은 작게 넣는다**

굽기 전에 고기에 칼집을 너무 많이 넣으면 가열하는 동안 육즙이 빠져버린다.
칼집은 5㎜ 길이를 기준으로 한다.

7 뒷면도 굽는다

굽기 시작한 지 1분 정도 지나 고기 표면에 수분이 배어 나오면 뒤집는다. 뒷면도 같은 방식으로 굽고, 녹아내린 기름을 고기 아래에 흘려놓는다.

8 휴지시킨다

고기의 표면이 부풀고, 만졌을 때 약간 탄력이 느껴지면 튀김망 트레이로 옮긴다. 5분간 휴지시키고 육즙을 안정시키면서 남은 열로 익힌다.

9 완성

중심부까지 익었지만 퍼석하지 않다. 겉은 바삭하고 속은 촉촉하게 구워졌다.

왼쪽 나카무라 셰프는 3mm 두께의 알루미늄에 불소 수지 가공한 프라이팬을 애용한다. 잘 눌어붙지 않아 고기뿐만 아니라 생선도 고소하고 바삭하게 구울 수 있기 때문이다.

오른쪽 여기서는 잘라서 판매하는 오스트레일리아산 소고기를 사용했다. 1장씩 진공 포장되어 있다.

Q4
큰 덩어리 고기를 구우려면?

담당 _ 사카모토 켄(첸치)

A
지방을 먼저 구운 뒤 급랭하여 열이 고기에 전해지지 않도록 한다

지방 부분을 구운 직후에 영하 25℃ 급속냉동고에 넣어 열이 고기 부분에 전해지지 않도록 한다.
그러나 고기가 얼면 세포가 파괴되기 때문에 지방이 냉각되면 즉시 꺼낸다.

고기를 굽는 방법은 다양하다. 하지만 보다 확실하고 적절하게 익히려면 고기의 크고 작음에 상관없이 '온도를 급격하게 높여서는 안 된다'는 것과 '고기를 건조시켜서는 안 된다'는 것을 알아야 한다. 여기서 소개하는 굽는 방법도 이를 기반으로 생각한 것이다.

고기는 나가노현산 양고기 등심을 사용했으며, 뼈가 붙은 것으로 1kg이 조금 넘는다. 지방이 많기 때문에 우선 1단계로 달궈진 프라이팬에 넣고 지방이 적당히 빠져나가게 하면서 굽는다. 여기서 중요한 점은 구운 직후에 급속냉동고로 옮겨 급랭해야 한다는 것이다. 고기에 열이 전해져, 나중에 본 가열을 할 때 고루 구워지지 않는 원인이 되는 것을 막기 위해서다.

2단계는 본 가열 전에 고기를 따뜻하게 하는 과정인데, 이때가 가장 중요하다. 가열한다기보다는 상온에 두는 작업에 가깝다. 고기를 65℃ 온장고에 넣어 중심온도가 50℃가 될 때까지 천천히 올린다. 본 가열 전에 표면과 내부의 온도 차를 가급적 최소화하여 균일하게 익게 하기 위해서다. 이 과정은 이번 고기에서 1시간 이상 걸리지만, 결코 조급하게 생각해서는 안 된다. 여기서 충분히 시간을 들여 해두면 최종적으로 익힐 때 실패할 가능성을 최소화할 수 있다.

고기가 충분히 따뜻해지면 건조하지 않을 정도의 온도인 100℃ 스팀컨벡션오븐에 넣어 약한 바람을 맞게 하면서 30분간 가열한다. 90% 정도 익으면 온장고에 넣고 95% 정도 익게 한다. 마지막으로 숯불에 구워 완성한다.

여기서는 다소 특수한 장비를 사용했지만, 냉동실에서 급속냉동해도 괜찮고, 온장고도 다른 기기로 대체할 수 있다. 앞서 이야기한 기본 규칙만 지키면 고기의 종류와 크기에 관계없이 안정적으로 구울 수 있다. 사실 여기서 사용한 양고기는 친분이 있는 목장에서 갑자기 보내준 것으로 코리데일종은 나도 처음 취급하는 품종이었다(웃음). 이럴 때도 안심하고 익힐 수 있다.

포르치니버섯을 곁들인 뼈가 붙은 양고기 로스트

13개월령 양의 뼈 있는 등심을 1kg 이상 되는 덩어리로 굽고, 같은 식으로 구운 등심 바깥쪽 살과 함께 담았다. 간단하게 숯불에 구운 포르치니버섯만 곁들였다. 안초비와 마늘오일 소스가 기름기가 많고 육질은 섬세한 코리데일종 양고기의 맛을 돋보이게 한다.

소스

❶ 냄비에 안초비오일*, 케이퍼(식초 절임), 쌀 식초를 넣고 끓인다.

❷ ①에 레몬즙을 넣고 불을 끈 뒤 올리브오일에 튀긴 타임을 넣는다.

* 안초비의 기름을 빼서 엑스트라 버진 올리브오일과 함께 믹서에 돌려 거른 것.

곁들이는 채소

포르치니버섯을 손질해 0.8mm 두께로 자른다. 숯불에 굽는다.

마무리

접시에 뼈가 붙은 양고기 로스트와 같은 방법으로 구운 양고기 등심 바깥쪽 살을 담고 곁들이는 채소를 담는다. 소스를 끼얹는다.

1 고기를 손질한다

양(나가노현 다보스 목장산 13개월령 코리데일종)의 뼈 있는 등심(1.2kg)을 냉장고에서 꺼내 여분의 지방과 힘줄을 잘라낸다. 등심 바깥쪽 살을 따로 뗀다.

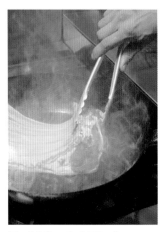

2 지방을 고온에 굽는다

프라이팬을 강불로 달군 뒤 손질한 고기의 지방 쪽을 살짝 굽는다. 여분의 지방을 줄여 고소하게 굽는 것이 목적이므로 고기는 익지 않도록 주의한다.

3 영하 25℃에서 급랭한다

트레이에 고기의 지방 부분이 위로 향하게 놓고 영하 25℃ 급속냉동고에 넣어 5~10분간 급랭한다. 지방이 얼어 단단해지면 꺼낸다. 고기는 얼지 않도록 주의한다.

4 고기에 기름을 발라 보호한다

급속냉동고에서 고기를 꺼낸다. 그 후 가열에 의한 건조를 막기 위해 고기가 노출된 부분에 올리브오일을 바른다.

5 온장고에 넣어 온도를 올린다

트레이의 네 모서리에 세르클(밑 없는 둥근 틀)을 놓고 그 위에 튀김망을 걸친 뒤 지방이 아래로 향하게 고기를 올린다. 65℃ 온장고(급속냉동고의 모드를 바꾸어 사용)에 넣고 중심온도를 50℃로 올린다.

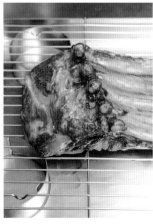

6

1시간 정도 지나면 중심온도가 50℃가 된다. 고기는 전체적으로 얇은 구운 색이 나고 구운 냄새가 나지만 아직 중심부까지 익지는 않았다. 이 시점에서는 60% 정도만 익힌다.

POINT **본 가열 전에 중심온도를 50℃까지 올린다**

본 가열을 하기 전에 65℃ 온장고에 넣고 중심온도가 50℃가 될 때까지 데운다.
충분히 중심온도가 오르기 전에 스팀컨벡션오븐에 넣으면 고루 익지 않을 수 있다.

7 스팀컨벡션오븐에 익힌다

고기를 트레이째 100℃ 스팀컨벡션오 븐에 넣는다. 바람은 약하게 설정하고 스팀은 넣지 않는다. 30분간 가열하 여 고소함을 내는 동시에 90% 정도 익혀둔다.

8

스팀컨벡션오븐에서는 이 정도로 마 친다. 가열 전에 비해 구운 색이 다소 진하며 고기의 탄력이 생긴다. 천천히 중심온도를 높이기 때문에 가열 후에 도 트레이에 육즙이 떨어지지 않는다.

9 다시 온장고에 넣는다

고기를 트레이째 65℃ 온장고에 넣고 20분간 휴지시키면서 남은 열로 익힌 다. 여기서 95% 익힌다.

10 소금을 뿌린다

여기서 처음으로 소금을 뿌린다. 소금 은 고치현산 천일염 다노야엔지로田野屋 塩二郎사 제품을 사용한다. 이 회사에서 는 40여 종의 소금을 생산하는데, 사카 모토 셰프는 섬세한 육질에 맞춰 입자 가 고운 타입을 사용했다.

11 숯불에 굽는다

강불에 고기를 살짝 굽는다. 각 면을 석쇠에 살짝 눌러 구워 고소한 향을 입 히면 완성이다. 익히는 시간은 총 1시 간 45분 정도다.

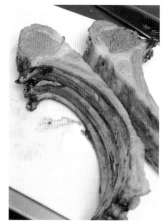

12 완성

뼈를 따라 2등분해서 그릇에 담는다. 자른 면은 로제 색이고 촉촉한 식감이 다. 뼈에 붙은 살까지 균일하게 익었다.

85℃~영하 35℃까지 온도를 설정할 수 있는 이리눅스의 '멀티 프레쉬'를 급속냉동고 겸 온장고로 사용했다. 사카 모토 켄 셰프는 "온장 기능은 물을 가득 채운 디시워머로도 대신할 수 있지만, 1대로 급속 냉각과 해동 등에 사용 할 수 있는 것은 큰 장점"이라고 말한다.

Q5
두꺼운 덩어리 고기를 구우려면?

담당 _ 요코자키 사토시(오구르망)

A
온도가 다른 2대의 오븐을 활용해
따뜻하게 데우는 느낌으로 천천히 가열한다

덩어리 고기를 고루 익히려면 데우듯이 천천히 가열하는 것이 효과적이다.
먼저 100℃ 오븐에 넣고 고기의 표면을 데운 뒤 50℃ 오븐에 옮겨 고기에 부담을 주지 않고 열을 가한다.

고기의 최종 중심온도를 정하고 중심온도계로 확인한다

요코자키 셰프는 흑모화우 등심은 최종 중심온도로 마블링이 녹아 살살 녹는 듯한 맛이 되는 "55℃가 이상적"이라고 말한다.
최종 마무리는 중심온도계의 수치로 확인하면 실수가 없다.

오구르망 손님 중에는 고기를 마음껏 먹고 싶어 하는 사람이 많다. 그러한 요청에 응하기 위해 디너 정식에서는 메인으로 300g 정도의 와규와 돼지고기, 어린 양고기 등 볼륨 있는 고기 요리를 선택할 수 있게 했다.

하지만 큰 덩어리 고기는 고루 익히기가 어렵다. 전체가 균일하게 원하는 온도에 접근하는 것이 이상적인데, 그러려면 육질을 파악하여 적절한 온도에서 고기에 부담을 주지 않고 천천히 가열하는 것이 중요하다. 그래서 현실적인 시간과 주방 시설을 고려하여 생각해낸 것이 100℃ 오븐과 불만 켜놓은 50℃ 전후의 오븐을 함께 활용하는 방법이다.

예를 들어 두께가 6cm 정도 되는 소고기 등심의 경우에는 다음과 같은 과정을 거친다. 오구르망에서 사용하는 것은 A4~5 등급의 마블링이 잘 들어간 흑모화우다. 원하는 중심온도는 이 마블링이 알맞게 녹아 입에서 살살 녹는 맛을 즐길 수 있고, 게다가 육즙이 빠져나오지 않는 52~55℃가 기준이다. 냉장고에서 막 꺼낸 고기를 서서히 데워 이 중심온도에 맞춰간다.

구체적으로는 먼저 100℃ 오븐에 넣고 중심온도를 40℃까지 높인 뒤 70℃ 정도로 가열한 파이접시에 놓고 50℃ 오븐에 넣는다. 본체 내부의 대류열과 파이접시의 전도열을 이용해 두 방향에서 따뜻하게 데우고 고기를 뒤집을 때마다 열이 균일하게 확산된다. 말하자면 따뜻하게 데우면서 휴지시키는 것이다. 그리고 마지막에는 숯불에 구워 고소하게 마무리한다.

이 방법은 온도 상승이 완만해서 고기가 익으면서 수축하는 일이 거의 없고 육즙이 빠져나가지 않는 것이 장점이다. 돼지고기나 양고기를 지방이 붙은 채로 구울 경우에는 먼저 상화식 그릴에서 표면의 지방을 구워 여분의 지방을 줄이고 고기 전체의 온도를 높이면 그 후 오븐에서 가열하기가 순조롭다. 익히는 시간은 1시간이 채 안 걸리지만 덩어리 고기를 고르게 익힐 수 있고 촉촉하게 마무리하는 데도 효과적이다.

와규 안심 숯불구이

겉은 고소하고 안은 육즙이 가득하게 구운 6cm 두께의 와규 안심이다. 자르면 얇게 육즙이 번지지만 빠져 나가지는 않아 씹는 순간 감칠맛이 번진다. 소스는 에샬롯의 풍미를 더한 마데라와인에 퐁 드 보를 섞고, 닭 고기 육수를 넣어 만들었다. 여기에 마늘과 로즈마리로 향을 낸 계절 채소 볶음을 곁들였다.

소스

❶ 잘게 썬 에샬롯에 소금을 뿌리고 냄비에 넣 어 소량의 버터로 볶는다. 버터 향이 번지면 마데라와인을 넣어 졸인다.

❷ ①에 퐁 드 보와 치킨부용을 1:1의 비율로 넣는다. 뚜껑을 닫고 끓을 때까지 약불로 가열한다.

❸ ②를 걸러 2/3 분량이 될 때까지 졸인다.

곁들이는 채소

❶ 꼬투리째 먹는 강낭콩을 반으로 자른다. 주 키니를 2cm 두께로 둥글게 자르고, 우엉을 1cm 두께로 비스듬히 자른다. 빨강 파프리카 와 노랑 파프리카의 꼭지와 씨를 제거하고 세로로 6등분한다. 석쇠에 표면만 구워 물 기를 제거하고 껍질을 깔끔하게 벗긴다.

❷ ①의 채소에 가볍게 암염(이탈리아산)을 뿌리 고 올리브오일로 볶는다.

❸ 올리브오일에 마늘, 로즈마리를 합친 마리 네이드액에 ②를 담가서 냉장고에 넣어 하 룻밤 재운다.

마무리

접시에 소스를 흘려놓고 와규 안심 숯불구이 를 담은 뒤 소금과 후추를 뿌린다. 안쪽에는 곁들이는 채소를 담는다.

1 고기를 자른다

마블링이 촘촘한 소고기(A5 등급의 흑모화우) 안심을 사용한다. 손질한 뒤 냉장 보관해둔 1.3kg 덩어리에서 고기의 섬유질과 평행으로 칼집을 넣고, 6cm 두께(370g)로 잘라낸다.

2 소금을 뿌린다

고기에 골고루 소금을 뿌린다. 천천히 온도가 올라가므로 냉장고에서 막 꺼낸 고기도 상온에 둘 필요는 없다. 튀김망 트레이에 얹어 오븐에 넣는다.

3 100℃ 오븐에 넣는다

100℃ 오븐에 굽는다. 오븐에 넣는 목적은 차갑고 단단해진 고기를 천천히 따뜻하게 데우기 위해서다. 요코자키 셰프는 "고기가 부드러워지면 열이 가해지는 속도가 가속돼 이후에는 원활하게 익힐 수 있다"고 말한다.

4 뒤집는다

표면에 구운 색이 나면 굽기 시작한 지 7분을 기준으로 고기를 뒤집어준다. 그리고 7분 뒤 다시 고기의 앞뒤를 돌려준다. 이것을 2~3회 반복한다. 그때마다 표면의 소금 농도를 확인하고 부족하다 싶으면 소금을 얇게 뿌린다.

5 중심온도를 확인한다

100℃ 오븐에 넣어 20~30분이 지나면 중심온도를 확인한다. 쇠꼬치를 꽂아 입술 아래에 대어보고 약 40℃가 되면, 70℃ 정도로 가열한 파이접시에 담아 미리 불을 켜둔 50℃ 오븐에 넣는다.

POINT **2대의 오븐을 사용한다**

사진의 오른쪽이 100℃로 설정한 오븐이고, 왼쪽이 불만 켜서 본체 내부온도를 50℃ 전후로 유지한 오븐이다. 기존 설비를 구분해 사용함으로써 두 가지 온도대에서 가열할 수 있었다.

6 50℃ 오븐에 넣는다

2~3분 간격으로 고기를 뒤집는다. 불만 켜놓은 본체 내부의 열(50℃)과 파이접시의 표면(70℃)으로부터 고기의 접착 면에 전해지는 열로 익힌다. 뒤집을 때마다 고기 전체의 온도가 균일하게 올라간다.

7 소금을 뿌린다

익히는 중에도 표면의 소금 농도를 확인하고 부족하면 소금을 얇게 뿌린다. 요코자키 셰프는 이 과정을 "천천히 고기가 따뜻해지면서 내부에 스며드는 소금을 보충하는 식이다"라고 말한다.

8 중심온도계로 측정한다

50℃ 오븐에 넣고 40분 정도 지나면 고기를 꺼내 중심온도계로 측정한다. 52~53℃일 때 꺼낸다. 직감에 의존하지 않고 중심온도계로 측정하여 정확성을 높인다.

9 숯불에 굽는다

내놓기 직전에 고온의 숯불로 표면을 굽는다. 표면 전체를 굴리면서 굽고, 특히 접시에 담아 제공할 때 겉면이 될 부분은 고소하게 구운 빛깔을 내 뜨겁게 마무리한다.

10 완성

완성된 안심이다. 고루 익은 고기의 단면은 밝은 분홍색이며, 얇게 육즙이 번지지만 빠져나오지는 않는다.

Q6
L본 스테이크를 뼈에 붙은 부분까지 잘 구우려면?

담당 _ 다카야마 이사미(카르네야 사노만스)

A
뼈 주위는 화력이 강한 곳에서
고기가 얇은 부분은 화력이 약한 곳에서 굽는다

뼈가 붙은 고기는 뼈 주위와 얇은 고기 부분을 균일하게 구워내는 것이 가장 중요하다.
잘 익지 않는 뼈 주위는 화로의 화력이 강한 곳에, 고기의 얇은 부분은 화력이 약한 곳에 배치해 굽는다.

수축을 막기 위해 바깥쪽 힘줄은 남겨두고 굽는다

고기를 성형할 때 뼈 주위의 힘줄을 모두 제거하면 굽는 동안 수축하기 쉽다.
굽기 전에는 안쪽의 작은 힘줄만 제거하고 바깥쪽 큰 힘줄은 굽고 난 뒤 제거한다.

두껍게 자른 뼈가 붙어있는 소고기 스테이크는 볼륨이 있어 소고기 본래의 맛과 향을 있는 그대로 느낄 수 있다. 붉은 살코기, 지방, 뼈 주위의 단단한 고기 등 다양한 육질을 한 번에 즐길 수 있는 것도 매력으로, 손님에게 고기를 먹는 즐거움을 마음껏 느낄 수 있게 해준다.

여기서는 L본 설로인을 숯불에 구웠다. 나는 고기를 구울 때는 대부분 숯불을 사용한다. 그 이유는 고기의 종류와 두께에 따라 숯의 배치와 굽는 판의 높이, 고기를 놓는 위치를 바꾸어 화력을 조절할 수 있고 불이 닿지 않는 면을 휴지시키면서 구울 수 있기 때문이다. 앞에서 언급한 것처럼 뼈가 붙은 고기는 구조가 복잡하기 때문에 숯불의 이런 이점을 더욱 살릴 수 있다.

뼈가 붙어있는 고기를 구울 때는 불이 닿기 어려운 뼈 주위의 고기가 너무 익지 않거나 반대로 고기의 얇은 부분이 너무 익는 일 없이 마무리하는 것이 중요

하다. 그렇기 때문에 화로의 화력이 강한 곳에서 뼈 주위를 굽고, 화력이 약한 곳에서 고기가 얇은 부분을 굽도록 한다.

고기를 화로에 올린 뒤에는 2분마다 뒤집으면서 익힌다. 단번에 열을 가하면 열이 고기 속에서 균일하게 순환하지 않고 수축하는 경향이 있다. 그러므로 고기 안에 얇은 열 층을 조금씩 쌓아가는 느낌으로 굽는다. 화로의 높이는 '멀지만 강불'이 되도록 20cm 높이로 설정한다. 약 700g의 뼈가 붙은 고기를 미디엄 레어로 구울 경우 굽는 시간은 17분 정도다.

참고로 뼈가 붙은 고기는 구워도 잘 수축되지 않는데, 그 이유는 뼈와 살이 힘줄로 연결되어 있기 때문이다. 힘줄이 없으면 수축하기 쉬우므로 갈비뼈 주변의 큰 힘줄은 구운 뒤 제거하도록 한다.

미국산 초이스 등급 소고기로 만든 L본 스테이크

미국산 뼈가 붙은 설로인 소고기(L본)를 숯불로 굽고 구운 채소와 매시트포테이토를 곁들였다. 심플하고 고기의 매력을 있는 그대로 느낄 수 있다. 숯 놓는 방법으로 화력을 조절한 화로에서 불이 닿기 어려운 뼈 주위와 고기의 얇은 부분을 모두 최적의 상태로 구워냈다.

곁들이는 채소

❶ 영콘, 브로콜리, 미니 무, 미니 당근, 고구마, 줄기 브로콜리를 각각 먹기 좋은 크기로 썰어 소금물에 살짝 데친 뒤, 올리브오일을 두르고 달군 프라이팬에 굽는다.

❷ 매시트포테이토를 만든다. 감자(잉카의 메자메)를 삶아 으깬 뒤 소금, 후추, 우유, 생크림, 사프란을 넣어 가볍게 섞는다.

마무리

❶ 접시에 미국산 초이스 등급 소고기로 만든 L본 스테이크를 뼈와 함께 담고, 플뢰르 드 셀과 거칠게 빻은 검은 후추를 뿌린다.

❷ 곁들이는 채소와 매시트포테이토를 담는다.

1 고기를 성형한다

뼈가 붙은 설로인(L본) 소고기(미국산 초이스 등급). 갈비뼈 왼쪽에 안심살이 붙어있으면 T본이 된다. 약 3kg 덩어리를 거즈에 싸서 0~2℃ 냉장고에 보관한다.

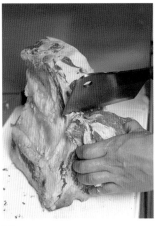

2

등뼈를 아래로 향하게 해서 수직으로 놓고 두께 7cm 정도 되는 부분에 칼을 넣어 고기를 벌린다. 고기의 단면이 상하지 않도록 뼈 부분에만 손도끼 날을 대고 두드려 자른다. 상온에 둔다.

3

여분의 지방과 안쪽의 힘줄을 제거하고 고기를 성형한다. 구울 때 수축되는 것을 막기 위해 뼈 주위의 힘줄은 남긴다. 지방에 격자 모양으로 칼집을 넣어 열이 지나는 통로를 만든다. 소금은 뿌리지 않는다.

4 숯불에 굽는다

불이 닿기 어려운 뼈 주위를 굽는 안쪽은 강불이, 앞쪽은 약불이 되도록 화로를 정돈한다. 화로의 높이는 '멀지만 강불'이 되도록 20cm 높이로 설정하고 굽는다.

5

표면의 지방을 화로에 문질러 바르고 뼈가 붙은 부분은 안쪽의 강불에, 고기가 얇은 부분은 앞쪽의 약불에 닿도록 배치한다. 고기 안에 열이 지나는 층을 고루 만들어가는 식으로 굽는다.

6 뒤집는다

2분간 구운 뒤, 고기 표면에 살짝 물기가 생기면 뒤집는다. 불의 상태를 보고, 고기의 위치를 바꾸면서 2분간 굽는다. 이것을 세 번 반복하여 균일한 상태로 굽는다.

POINT **화로에 설탕을 뿌려 고소한 풍미를 입힌다**

뼈가 붙은 미국산 소고기처럼 지방이 적은 고기의 경우, 구울 때 풍미를 입히면 더 맛있다.
숯 바닥에 설탕을 뿌렸을 때 피어오르는 달콤하고 고소한 풍미를 담백한 고기에 입히면 맛이 깊어진다.

7 숯에 설탕을 뿌린다

고기를 굽는 도중에 숯 바닥에 설탕을 뿌려 연기를 일으킨다. 이렇게 해서 고기에 달콤하고 고소한 캐러멜 같은 풍미를 입힌다.

8

고기의 표면에 붉은 부분이 없어지면 60% 정도 익은 것이다. 이때 처음으로 소금을 뿌린다. 다카야마 셰프는 "소금이 선탠오일과 같은 역할을 해서 깔끔한 구운 빛깔이 난다"고 말한다.

9

불이 잘 닿지 않는 등뼈 쪽을 화로에 밀어붙이듯이 하면서 굽는다. 뼈 쪽이 확실히 구워지면 숯 바닥을 고르게 해서 화력을 일정하게 한 뒤, 고기를 자주 뒤집으면서 5분간 굽는다.

10 뼈와 힘줄을 잘라낸다

미디엄 레어의 경우 굽는 시간은 총 17분 정도다. 직접 숯불에 닿지 않은 면을 휴지시키면서 구웠기 때문에 다 구워지면 즉시 잘라도 된다. 고기에서 뼈를 발라낸다.

11

남겨놓은 바깥쪽 힘줄을 제거한다. 먹을 때 씹는 맛이 느껴지도록 섬유질을 잘라내듯이 두껍게 잘라, 발라낸 뼈와 함께 따뜻하게 데운 접시에 담는다.

Q7
T본 스테이크를 레어로 구우려면?

담당 _ 야마자키 나츠키(엘 비스테카로 데이 마냐쵸니)

A
고기의 두께가 4㎝ 정도 되게 자른다

T본은 약 1kg으로 자른 것을 사용한다. 야마자키 셰프는
"고기의 두께가 4㎝ 정도는 돼야 고소한 표면과 중심부의 레어 상태가 대비되도록 만들 수 있다"고 말한다.

차가운 고기를 고온의 그릴 팬에서 불길에 노출시키며 굽는다

차가운 상태의 고기를 고온의 그릴 팬에 올려 구운 자국을 만든다. 기름이 적당히 빠지는 동시에 그 기름에 불이 옮겨 붙어
불길이 일기 때문에, 직화로 굽는 것 같은 상태가 된다. '비스테카 같은' 진한 구운 자국과 와일드한 향을 낸다.

엘 비스테카로 데이 마냐쵸니가 비스테카로(이탈리아어로 '멋진 장인'이라는 의미)를 레스토랑 이름으로 내걸었듯이, 이곳의 간판 메뉴는 비스테카 중에서도 설로인과 안심이 뼈 좌우에 붙은 T본을 레어로 구워 내놓는 스테이크다. 여기서는 영업 중에 다른 요리와 병행하면서 스테이크 몇 장을 동시에 굽는 방법을 소개한다.

뼈가 붙어있거나 육질이 다른 부위를 동시에 레어로 구우려면 저온으로 천천히 가열하는 방법이 최고지만, 오븐에서 몇 시간을 굽는 것은 현실적으로 어렵다. 그래서 생각한 것이 먼저 고온에서 전체에 열을 가하고 그 열을 활용하면서 저온에서 익히는 방법이다. 서서히 열을 가하면서 가열 시간을 단축하는 것이다. 고온과 저온으로 각각 설정한 2대의 오븐을 사용하며, 먼저 그릴 팬에서 기름기를 빼면서 진한 구운 빛깔과 향을 낸다. 고기는 차가운 상태에서 굽기 때문에 속까지는 익지 않고 상온이 되는 정도에 그친다. 이것을

300℃ 오븐에 넣고 전체에 강한 열을 가한다. 고기가 40~50% 익을 때쯤(여기서는 5분 뒤) 120℃ 오븐으로 옮긴다. 고기 속의 습도를 어느 정도 유지하면서 천천히 열을 가해 육즙을 안정시키는 느낌으로, 고온의 오븐에서 익힌 시간의 3배 가까운 시간을 들여 90% 정도 익힌다. 그다음에는 마무리로 살짝 데우기만 해도 뜨거운 접시의 열로 레어 상태가 된다. 여기서는 30분 만에 안심은 부드럽고, 설로인은 지방의 감칠맛이 번지는 육즙 가득한 스테이크를 완성했다.

이 T본 스테이크는 1kg에 8,000엔 이상 받는데, 고기는 가격과 육질의 균형을 생각해서 미국산 블랙앵거스 초이스 등급을 사용한다. 적당히 기름기도 있고, 촉촉한 살코기의 감칠맛과 부드러운 육질을 즐길 수 있는 균형이 좋은 고기라서 일본인의 기호에 적합하다고 생각하기 때문이다.

T본 스테이크

미국산 블랙앵거스 소고기 T본 스테이크다. 뼈가 붙은 상태 그대로 구운 설로인과 안심을 함께 담았다. 입자 크기가 다른 두 종류의 시칠리아산 천일염과 듬뿍 뿌린 토스카나산 엑스트라 버진 올리브오일로 소스를 대신했다. 한쪽에는 레몬과 야생 루콜라를 곁들였다.

마무리

❶ 따뜻하게 데운 나무 접시에 T본 스테이크를 담고 엑스트라 버진 올리브오일을 뿌린다.

❷ 반으로 자른 레몬과 야생 루콜라를 곁들인다.

1 두께가 있는 고기를 사용한다

소고기(미국산 블랙앵거스, 초이스 등급) T본으로, 뼈의 오른쪽에 설로인, 왼쪽에 안심살이 붙어있다. 여기서는 두께 4*cm*, 무게 1.2*kg* 되는 고기를 굽는다.

2 그릴 팬에 전면을 굽는다

고기가 흐트러지면 다루기 어렵기 때문에 냉장고에서 막 꺼낸 차가운 상태로 굽는다. 고기에 올리브오일을 바르고 잘 달군 그릴 팬에 올린다.

3

구운 빛깔이 나면 뒤집고 각 면에 차례대로 구운 색을 낸다. 그릴 팬에 떨어진 고기 기름에서 불길이 일면 이 불꽃에 고기를 노출시키며 굽는다.

4

전면을 대충 구웠으면 다시 단면과 옆면을 굽는다. 이때 구운 자국이 격자 모양이 되도록 고기 놓는 방향을 90도 돌린다. 굽는 시간은 총 5분 정도다.

5 소금을 뿌린다

이후 오븐에 넣어 익히는데, 그때는 구운 빛깔이 강하게 나지 않으므로 이 과정에서 구운 자국과 구운 색을 확실히 낸다. 충분히 구웠으면 단면에 밑간으로 굵은 소금을 뿌린다.

6 2대의 오븐에서 가열한다

이후 고온과 저온에서 쉬지 않고 굽는다. 이 음식점에서는 2대의 오븐을 하나는 300℃로 설정하고, 다른 하나는 120℃로 설정하여 목적한 대로 오차 없이 굽는다.

POINT **고온과 저온으로 설정한 2대의 오븐을 사용한다**

300℃ 오븐에서 전체를 단번에 굽고 고기가 흡수한 열을 유지한 상태에서 서서히 익히기 위해 120℃ 오븐에 넣는다. 뼈에 붙은 부분까지 충분히 익히면서 다른 육질의 부위를 동시에 레어로 굽기 위해 야마자키 셰프가 고안한 방법이다.

7 고온의 오븐에 굽는다

굽는 동안 여분의 지방이 빠져나오고, 고기의 표면이 마른 상태로 마무리될 수 있도록 튀김망 트레이에 올려 고온의 오븐에 넣는다. 5분간 구워 전체적으로 고기에 열이 있게 한다.

8 저온의 오븐에 굽는다

고기를 트레이째 120℃ 오븐에 옮긴다. 고기를 휴지시키면서 남은 열로 천천히 익힌다. 이때 고기를 담을 나무 접시도 함께 따뜻하게 데운다.

9

15분 정도 지난 뒤 고기를 눌러 익은 상태를 살펴본다. 야마자키 셰프는 "안심 한가운데에 초점을 맞추면 전체를 목표한 대로 완성하기 쉽다"고 말한다.

10 고온의 오븐에서 뜨겁게 데운다

누른 고기에 부풀어 오를 것 같은 탄력이 있으면 고기가 90% 정도 익었다는 증거다. 트레이째 300℃ 오븐에 다시 넣어 5분간 전체를 뜨겁게 데운다.

11 완성

고기 중심부까지 열이 가해지지 않도록 익히는 시간을 짧게 했기 때문에 중심부까지는 뜨거워지지 않았다. 하지만 표면은 기름이 부글부글 끓는 것 같은 매우 뜨거운 상태다.

12 두 종류의 소금을 뿌린다

뼈를 발라내고 2cm 폭으로 썰어 뼈와 함께 접시에 담는다. 첫입부터 짠맛을 느낄 수 있도록 입자가 고운 천일염을 단면에 뿌리고, 거친 천일염을 악센트로 뿌린다.

Q8
드라이 에이징 비프를 구우려면?

담당 _ 다카라 야스유키(긴자 레캉)

A

장시간 가열에 의한 건조를 막고, 수분의 유출을 최소화한다

수분 함량이 적은 드라이 에이징 비프는 장시간 가열하면 육즙이 손실된다. 하지만 "고온에서 단숨에 구우면
감칠맛을 끌어낼 수 없다"고 말하는 다카라 야스유키 셰프는 110℃ 스팀컨벡션오븐에 넣고 익힌 뒤 휴지를 반복하면서 굽는다.

마무리로 넉넉한 기름에 구워 숙성고기 특유의 향을 높인다

내놓기 직전에 올리브오일과 버터로 아로제하면서 굽는다. 그러면 견과류 향과 비슷한 숙성 향이 생긴다.

냉장고 안에 바람을 보내 표면을 건조시키면서 숙성시키는 드라이 에이징 비프는 부드러운 육질과 응축된 감칠맛, 견과류와 비슷한 향이 나는 것이 특징이다. 긴자 레캉에서는 4~6주 정도 숙성시킨 고기를 사용한다. 그 이상 숙성된 것은 숙성고기 특유의 냄새가 너무 많이 나기 때문에 붉은 살코기다운 풍미가 느껴지지 않는다. 그래서 먹는 사람들의 취향도 엇갈린다.

웻 에이징wet aging(고기를 진공 포장하여 공기와의 접촉을 차단하고 수분을 유지하면서 숙성시키는 습식 숙성 방법-옮긴이) 비프를 구울 때는 1시간 이상 천천히 저온에서 익힌 뒤 고기에서 나온 기름을 끼얹으면서 마무리하는 것이 좋다. 그러나 드라이 에이징 비프는 수분 함량이 적은 데다, 여기서 사용한 고기는 붉은 살코기 위주이기 때문에 장시간에 걸쳐 가열하면 더욱 건조해져 퍼석해지기 쉽다. 이를 피하기 위해 총 40분 정도 익힌다.

우선 넉넉하게 기름을 두른 프라이팬에 고기를 넣고 식어 단단해진 섬유질을 풀어가는 느낌으로 고기의 표면온도를 점차 올린다. 그러면 이후에 익히기가 수월해진다. 그러고 나서 스팀컨벡션오븐에 넣고 가열한 뒤 따뜻한 곳에서 휴지를 반복한다. 이때 스팀컨벡션오븐의 온도는 110℃로 설정한다. 나는 웻 에이징 비프는 90℃ 전후에 굽는 일이 많다. 하지만 드라이 에이징 비프는 가능한 빨리 굽기 위해 20℃ 정도 높은 온도로 굽는다. 가열 중 표면에 떠오른 육즙을 고기 안에 되돌리는 듯한 느낌으로 고기의 위아래를 뒤집어주고 나서 휴지한다. 이 가열과 휴지를 2~3회 반복하면 거의 완성된다.

마무리로 올리브오일과 버터를 두른 프라이팬에 익혀 구운 색을 내고, 표면을 뜨겁게 달군다. 고기의 향은 구워야 생기기 때문이다. 드라이 에이징 비프 특유의 견과류 향을 기름에 구워 더욱 드러내준다.

크레송 쿨리와 레드와인 소스를 곁들인 단각화우 로스트

붉은 살코기답게 씹는 맛이 있는 고기 속에 응축된 감칠맛을 느끼게 하는 설로인 로스트다. 드라이 에이징 비프(홋카이도산)의 견과류 향과 궁합이 좋은 버섯 프리카세, 구운 에샬롯을 곁들였다. 여기에 목초를 떠올리게 하는 크레송 쿨리를 흘려놓고, 진한 레드와인 소스로 전체를 정리했다.

크레송 쿨리

❶ 소금물에 크레송을 살짝 데친 뒤 얼음물에 담근다.

❷ ①의 물기를 잘 뺀 뒤 반숙 달걀, 엑스트라 버진 올리브오일과 함께 믹서기에 돌린다.

❸ ②에 소금을 뿌리고 거른다. 강판에 간 서양 고추냉이를 넣고 간을 맞춘다.

레드와인 소스

❶ 냄비에 버터를 두르고 잘게 썬 에샬롯을 익힌다.

❷ 향이 나기 시작하면 레드와인 식초와 레드와인을 넣고 수분이 없어질 때까지 끓인다. 퐁 드 보를 첨가한 뒤 다시 가볍게 끓여 소금으로 간을 한다.

❸ ②의 맛이 잘 섞이면, 버터를 소량 넣는다.

에샬롯 로스트

❶ 프라이팬에 올리브오일과 버터를 넣고, 살짝 데친 에샬롯을 굽는다.

❷ 소금과 후추를 뿌리고, 에샬롯에 갈색 빛이 날 때까지 익힌다.

버섯 프리카세

❶ 프라이팬에 올리브오일을 두른 뒤 따뜻해지면 버터를 넣는다. 적당한 크기로 자른 잎새버섯과 꾀꼬리버섯을 넣고 중불로 볶는다.

❷ 프라이팬을 흔들지 않고 ①의 버섯을 뒤집어 전면에 고르게 구운 색을 낸다.

❸ ②에 잘게 썬 에샬롯을 소량 넣고 마데라와인을 뿌린다. 알코올 성분을 날리고 화이트와인을 넣는다. 퐁 드 보를 넣는다.

❹ ③에 생크림을 첨가하여 혼합한다.

마무리

❶ 접시에 크레송 쿨리를 깔고 에샬롯 로스트와 버섯 프리카세를 담는다.

❷ 단각화우 로스트를 2㎝ 두께로 잘라 접시에 담는다. 레드와인 소스를 몇 군데에 떨어뜨리고 잎새버섯 파우더*를 뿌린다.

* 잎새버섯을 채소 건조기에 건조시켜 푸드 프로세서로 간 것.

1 고기를 자른다

소고기(홋카이도산 단각화우, 드라이 에이징 비프) 설로인을 상온에 두지 않고 두께 4cm, 무게 150g으로 잘라낸다. 미리 곰팡이를 손질한 고기를 공급하기 때문에 여기서는 여분의 지방을 떼어내는 정도로 손질한다.

2 지방에 칼집을 넣는다

3mm 두께로 자른 지방에 격자무늬로 칼집을 낸다. 지방과 살코기 사이에 힘줄이 있는데, 숙성에 의해 씹히는 식감으로 변화한다. 이 힘줄을 잘 익히는 것이 목적이다.

3 소금과 후추를 뿌린다

고기 무게의 1% 정도 되는 소금을 표면 전체에 골고루 뿌린다. 곱게 빻은 검은 후추도 약간 뿌린다. 이후 과정에서는 고기에 양념을 하지 않는다.

4 프라이팬에 굽는다

넉넉하게 올리브오일을 두르고 달군 프라이팬에 고기를 굽는다. 중불에서 튀기듯 구워 전체적으로 노릇한 빛깔을 낸다.

5 스팀컨벡션오븐에 굽는다

튀김망 트레이에 고기를 얹어 온도 110℃, 스팀 30%로 설정한 스팀컨벡션오븐에 넣고 6분간 굽는다. 도중에 본체 내부의 고기 모습을 확인하고 표면이 건조하면 6분이 지나기 전에 꺼낸다.

6 휴지시킨다

가열 시 아랫면에서 육즙이 스며 나온다. 다카라 셰프는 "이 육즙을 고기의 중심부에 되돌려주는 느낌"으로 뒤집어주고 따뜻한 곳에서 12분간 휴지시킨다.

 **POINT** 취향에 맞는 숙성고기를 구입해, 10일 이내에 모두 사용한다

드라이 에이징 비프는 ㈜마루요시상사에서 들여오는 기타토카치 농장(홋카이도 아쇼로초)의 단각화우를 사용한다. 다카라 셰프는 '숙성 향이 너무 강하지 않은 것' 등의 조건을 이야기하고, 4∼6주 숙성시킨 설로인을 구입한다. 고기가 도착하면 깊이가 있는 용기에 거즈를 깔고 고기를 얹은 뒤 뚜껑을 덮어 냉장고에 보관한다. 숙성된 고기는 10일 이내에 모두 사용한다.

7 다시 스팀컨벡션오븐에 굽는다

고기를 뒤집어 스팀컨벡션오븐에 넣고 3분간 구운 뒤 꺼낸다. 고기를 뒤집은 뒤 3분간 휴지시킨다. 이렇게 2회 반복한다. 가열할 때는 항상 같은 면이 위로 향하게 놓는다.

8 따뜻한 곳에 둔다

고기의 건조를 막기 위해 알루미늄 포일을 가볍게 덮고 플라크 옆 등 따뜻한 곳에 둔다. 고기에 쇠꼬치를 꽂았다 빼서, 입술로 온도를 확인하고 목표로 하는 중심온도(65~68℃)가 되게 한다.

9 프라이팬에서 마무리한다

올리브오일과 버터를 프라이팬에 넉넉하게 넣고 중불에 아로제하면서 고기를 굽는다. 드라이 에이징 비프 특유의 풍미를 높임과 동시에 고소하게 구워지도록 고기에 향을 입힌다.

10 완성

전체적으로 구운 빛깔이 나면 완성이다. 다카라 셰프는 "감칠맛이 농축된 드라이 에이징 비프에는 데친 채소보다 로스트한 채소를 곁들이는 것이 좋다"고 말한다.

Q9
마블링이 많은 고기를 느끼하지 않게 구우려면?

담당 _ 데지마 준야(오텔 드 요시노)

A
강불로 표면을 아주 고소하게 굽는다

고기를 아주 고소하고 바삭한 식감이 나게 구워, 지방으로 인한 무거운 느낌을 완화시킨다.

마지막에는 숯불에 기름을 떨어뜨려 훈제 향을 낸다

마지막에 살짝 숯불에 구워 기름이 빠져나가게 하는 동시에 떨어진 기름이 숯에 닿아 피어오르는 연기를 입혀
고기에 훈제 향이 배게 한다. 이 훈제 향이 지방의 느끼함을 덜어준다.

고기의 지방은 감칠맛도 있으므로 줄이는 것만 생각할 것이 아니라 어떻게 하면 지방이 강하게 느껴지지 않도록 할 것인가를 생각해야 한다. 여기서는 지방을 적당히 줄인다, 잘 구워 아주 고소한 풍미와 식감을 낸다, 훈제 향을 낸다 등 이 세 가지를 중심으로 마블링이 많은 고기를 느끼하지 않게 굽는 방법을 설명한다.

여기서 사용한 고기는 A4 등급의 흑모화우 설로인이다. 고기에 따라 지방의 양이 다르기 때문에 고기 상태를 잘 살펴볼 필요가 있다. 우선 지방이 빠져나가도 씹는 맛이 나도록 두께는 2.5㎝ 정도로 자른다. 그리고 먼저 프라이팬에 굽는다. 프라이팬에 굽는 목적은 지방을 줄이기 위한 것으로, 표면에 고소한 구운 빛깔과 풍미, 바삭한 식감을 만든다. 고기에서 기름이 나오므로 기름은 두르지 않고 고온에서 굽는다.

그런 다음 오븐과 살라만더에 넣어 익힌다. 오븐에서는 전체를 서서히 데우고, 살라만더에서는 고온에

서 고기의 위아래 양면을 번갈아 익힌다. 살라만더에서 가열하면 다소 수분이 있는 고기의 표면을 단숨에 바짝 건조시킬 수 있다. 그리고 그 남은 열로 따뜻한 곳에서 휴지시키면서 속까지 익힌다.

이렇게 오븐, 살라만더, 남은 열을 이용해 고기 전체를 서서히 익혀 고기 속에 육즙이 가득하도록 마무리한다. 이 과정에서도 고기의 지방을 조금 줄이기 위해, 튀김망 트레이에 올려놓고 익힌다. 그리고 마지막에는 숯불에 올려놓고 기름이 떨어져 발생한 연기를 입혀, 훈제 향으로 지방의 느끼함을 잡는다.

표면은 건조시켜 아주 고소하고 바삭하게 마무리한다. 이 표면의 강한 존재감도 지방의 느끼한 느낌을 덜어준다. 가열에 의해 빠져나가는 지방은 그리 많지 않지만, 다른 요소의 힘으로 지방의 느끼함을 느끼지 않게 해주는 것이다. 여기서처럼 소스에 신맛을 가미하는 것도 중요한 연출이다.

레드와인 소스를 곁들인 구마노 와규 등심 스테이크

흑모화우 지방의 감칠맛을 느끼함 없이 즐길 수 있도록 소고기 스테이크에 제격인 레드와인 소스를 조합했다. 레드와인 소스는 레드와인 식초로 신맛을 살려 산뜻하게 만들었다. 여기에 스테이크와 잘 어울리는 식재료인 감자를 곁들였다. 그리고 그라탕 도피누아, 로스트, 퓌레, 칩 등 4종을 곁들여 고전적인 맛을 전한다.

감자 퓌레

❶ 감자를 삶아 껍질을 벗긴 뒤, 고운체에 내린다.

❷ ①을 냄비에 넣고 버터, 생크림, 우유를 더해 농도를 조절하면서 가열한다. 소금으로 간을 맞춘다.

아리코 베르

삶은 껍질콩과 잘게 썬 에샬롯에 뵈르 바뛰 beurre battu*를 넣고 가열한다. 다진 파슬리를 넣어 무친다.

---

* 버터에 졸인 퐁 드 볼라유를 넣은 것.

감자 로스트

❶ 자그마한 감자를 껍질째 버터와 함께 230℃ 오븐에 넣어 로스트한다.

❷ ①의 감자를 녹인 버터 안에 넣고 다진 마늘과 에샬롯, 이탈리안 파슬리로 무친다.

마무리

❶ 구마노 와규 등심 스테이크를 2cm 폭으로 자르고 단면에 잘게 썬 차이브, 소금(프랑스 게랑드산), 거칠게 빻은 검은 후추를 늘어놓는다.

❷ 접시에 레드와인 소스를 둥글게 흘려놓고, ①을 올린다. 감자 퓌레를 몇 군데에 놓고, 아리코 베르와 감자 로스트를 담는다. 반으로 자른 그라탕 도피누아, 오라크** 브리또, 감자 고프레트, 비네그레트 트뤼프로 버무린 크레송을 곁들인다.

** 명아주과 식물로 잎이 녹색과 적색의 품종이 있다. 새싹은 생식하기도 하지만 성숙한 잎은 시금치처럼 가열해 조리하기도 한다.

1 고기를 자른다

A4 등급의 흑모화우(와카야마현산 구마노 와규) 설로인은 마블링이 촘촘해 육질이 섬세하고 부드럽다. 데지마 준야 셰프는 "A5 등급은 프랑스 요리다운 소스를 곁들이기에 지방이 너무 강하다"고 말한다.

2 상온에는 두지 않는다

2.5㎝ 두께로 자른 뒤, 주위의 지방을 떼어내고 2등분한다. 10분 정도 시간을 들여 미디엄으로 구울 생각이므로 상온에는 두지 않는다. 하지만 레어로 구울 경우에는 가열 시간이 짧아지므로 상온에 둔다.

3 프라이팬에 굽는다

달궈진 팬에 소금과 후추를 뿌린 200g의 고기 덩어리를 올려놓고 옆면, 단면의 순으로 강불에서 단번에 굽는다. 고기에 흑모화우 특유의 기름기가 있으므로 기름은 두르지 않아도 된다.

4

고기의 표면에서 서서히 기름이 스며나와 프라이팬의 표면을 얇게 덮으므로 이 기름으로 고기를 굽는다. 구운 빛깔이 나면 고기를 뒤집는다(각 면을 익히는 시간은 약 15초가 기준이다).

5

강불에서 확실히 구워 기름기가 빠져나오게 하면서 전면에 진한 구운 색과 고소한 풍미, 바삭한 식감을 낸다. 프라이팬에서 익히는 시간은 총 1분 정도며, 30~40%를 익힌다.

6 오븐에 굽는다

230℃ 오븐에 넣어 3분간 가열한다. 튀김망 트레이에 올려놓아 가열 도중에 고기에서 나오는 기름이 떨어지게 한다. 여기까지 50~60%를 익힌다.

POINT **지방을 떨어뜨리면서 3단계로 익힌다**

고기를 튀김망 트레이에 올려서 기름이 떨어지게 하면서
오븐, 살라만더, 남은 열 등 3단계로 천천히 익혀 육즙이 가득하게 마무리한다.

7 살라만더에 굽는다

트레이째 살라만더에 넣는다. 고기의 표면에 기름이 스며들면 뒤집어 같은 방식으로 익힌다. 1~2분간 약 70%를 익힌다. 70%가 익지 않은 경우에는 다시 오븐에 넣는다.

8 휴지시킨다

오븐에 넣는 경우도 1분 미만으로 하고, 트레이째 플라크 옆의 따뜻한 곳에서 3~4분간 휴지시켜 약 80%를 익힌다. 남은 열로 안까지 익으면 고기 표면에 기름기가 번진다.

9 숯불에 굽는다

비장탄을 잘 지펴 화로에 넣고 석쇠를 세팅한다. 석쇠 위에 고기를 놓고 구우며 기름을 떨어뜨린다. 그 기름이 숯에 닿아 피어오르는 연기를 입혀 훈제 향을 내기 위해서다.

10

숯불에 달군 석쇠 위에 고기를 놓고 굽는다. 고기 표면의 기름이 지글거리면 뒤집어주고 몇 번 더 반복한다. 어디까지나 표면을 살짝 굽는 정도로 하고, 익히는 시간은 1분 정도로 한다.

11 완성

적당히 기름이 빠져나가, 표면은 풍미와 식감 모두 아주 고소하다. 한편 안은 육즙이 갇혀 있어 지방과 고기의 감칠맛을 강하게 느낄 수 있다. 양끝을 잘라 내놓는다.

Q10
붉은 살코기를 베리 레어로 구우려면?

담당 _ 고바야시 구니미츠(레스토랑 고바야시)

A

우지에 감아 구움으로써 급격하게 익는 것을 막는다

우지에 감아 구우면 고기에 직접 불이 닿지 않기 때문에 부드럽게 익어서 중심부까지 균일한 베리 레어로 구워진다.
또한 건조를 막아 부드러움을 유지하고, 탄 지방의 고소한 풍미를 적당히 입히는 효과도 있다.

단시간 가열한 뒤 남은 열로 천천히 익힌다

그릴 팬(1분 30초), 오븐(2분), 남은 열(15분 이상), 살라만더(30초) 순으로 4단계로 익힌다.
가열하는 시간은 4분여지만 남은 열로 15분 이상 익힘으로써 소고기다운 진한 살코기 맛을 표현한다.

소고기 살코기의 특징은 소고기다운 진한 맛과 강한 감칠맛, 그리고 부드러운 식감이다. 이 매력을 살리려면 지나치게 익혀서는 안 된다. 여기서는 우지를 사용하여 붉은 살코기를 베리 레어로 굽는 방법을 소개한다. 내가 요리 수업을 받을 때 배운 이후로 수많은 시행착오를 거듭한 끝에 체득한 방법이다.

고기를 본격적으로 익히기 전에 미리 준비할 것이 두 가지 있다. 고기의 수분을 제거하여 감칠맛을 응축시키는 것과 익히는 시간을 단축할 수 있도록 상온에 두는 것이다. 익힐 때는 그릴 팬, 오븐, 남은 열, 살라만더 등 4단계로 한다. 조금이라도 너무 익으면 식감이 단단해질 뿐 아니라 고소한 고기 맛을 잃어버리는 등 붉은 살코기 본래의 맛을 표현할 수 없다. 따라서 고기에 우지를 감아 간접적으로 열을 가해 온화하게 익히는 것 외에도 가열 시간을 단축해 소고기 본래의 맛을 잃지 않도록 해야 한다.

우선 우지로 감은 고기를 강불의 그릴 팬에 불길

을 일으키며 익힌다. 우지가 완충재가 되어 고기가 급격하게 익지 않고, 건조해지는 것도 막기 때문에 촉촉하게 마무리된다. 또한 전체를 우지로 빈틈없이 감싸는 것이 아니라, 몇 군데 간격을 두고 고기의 표면이 직접 불에 닿는 부분을 만듦으로써 고기에 고소한 풍미와 살짝 쓴맛을 입히도록 한다.

그런 다음 오븐에 넣고 2분간 가열한다. 이것은 고기를 익히는 것보다, 이후의 남은 열로 익히기 위한 준비다. 오븐에서 꺼낸 뒤에는 알루미늄 포일로 싸서 따뜻한 곳에서 15분 이상 휴지시켜 중심부까지 천천히 익힌다. 고기 표면에 가까운 부분과 중심부를 균일하게 익히려면 이 작업이 중요하다. 휴지시킨 뒤에는 표면온도가 낮아지기 때문에 마지막에 살라만더에 넣고 2분간 가열하여 표면온도를 다시 올려서 내놓는다. 고소하고 따뜻하기 때문에 "레어는 싫어하지만 이건 좋다"고 말하는 손님이 적지 않다.

각종 채소 절임과 여주 쿨리를 곁들인 소고기 우둔살 로스트

베리 레어로 구운 우둔살 스테이크다. 소스는 쥐 드 비앙드만 곁들여 붉은 살코기의 진하고 강한 풍미를 강조했다. 여기에 뿌리채소를 클래리파이드 버터나 각종 식초에 절인 '뿌리채소 절임'을 곁들여 신맛과 감칠맛을 더했다.

쥐 드 비앙드

❶ 식용유를 넉넉하게 넣은 냄비를 달구고, 소 힘줄 토막을 넣는다. 연기가 날 정도의 강불로 구워 구운 빛깔을 확실하게 낸다.

❷ 네모나게 자른 마늘, 거칠게 다진 에샬롯과 타임을 넣는다.

❸ 다른 냄비에 식용유를 두르고 소 아킬레스건 토막을 연기가 날 정도의 고온에서 구워 표면을 바삭하게 건조시킨다.

❹ 껍질을 벗겨 가로로 3등분한 양파를 플라크에서 탈 때까지 굽는다.

❺ 물을 넣은 큰 냄비에 ②, ③, ④, 클로브를 넣고 강불로 가열한다. ③을 넣을 때 냄비 속의 기름은 버린다.

❻ ⑤가 끓으면 약불로 2시간 졸인다. 3시간 삶은 족발을 넣어 4시간 정도 끓여 거른다.

❼ ⑥을 걸쭉해질 때까지 졸인 뒤 코냑을 소량 넣는다.

채소 절임

❶ 비트, 골든 비트, 파란 무, 콜라비의 껍질을 벗기고 세로로 2등분한다. 소금과 설탕을 듬뿍 뿌린 뒤 물기를 빼고 키친타월로 닦는다.

❷ ①의 비트를 클래리파이드 버터, 꿀, 셰리 식초에 절여 전용 봉지에 넣고 진공 상태를 만든다. 마찬가지로 골든 비트는 클래리파이드 버터, 꿀, 머스터드에, 파란 무는 클래리파이드 버터, 꿀, 그린 머스터드에, 콜라비는 클래리파이드 버터, 꿀, 화이트와인 식초에 각각 절여 진공 상태를 만든다. 냉장고에 하루 동안 넣어둔다.

❸ ②를 80℃ 스팀컨벡션오븐에 넣고 10분간 가열한다. 남은 열을 식히고 냉장고에 3주일간 둔다.

여주 쿨리

❶ 여주 껍질을 벗기고 두껍게 썬 뒤, 부드러워질 때까지 삶는다.

❷ ①을 포도씨오일, 그린 머스터드와 함께 믹서에 돌린다.

마무리

❶ 채소 절임을 얇게 썰어 접시의 왼쪽에 세워두고 여주 쿨리를 올린다. 해바라기 꽃잎과 이삭으로 된 꽃을 장식한다. 트뤼프를 작은 원형으로 도려내 콜라비 절임에 올린다.

❷ ①에 적절하게 자른 소고기 우둔살 로스트를 놓고 굵은 소금을 뿌린다. 쥐 드 비앙드를 흘려놓는다.

1 고기를 자른다

소고기(흑모화우) 우둔살의 가장자리를 삼각기둥 모양으로 잘라 표면의 기름기를 제거한다. 긴 변의 길이가 10cm (약 200g) 이상이면 익히기 좋다.

2 소금을 뿌려 물기를 뺀다

고기에 골고루 소금을 뿌리고, 키친타월에 싸서 상온에 1시간 둔다. 도중에 몇 번 키친타월을 바꿔준다. 여기서 수분을 확실히 제거하여 소금이 잘 스며들게 한다.

3 우지를 감는다

소 넓적다리살 주위의 지방을 두드려 얇게 편다. 우선 큰 우지로 고기를 싸고 다 싸지 못한 부분에는 작은 우지 조각을 몇 장 붙인다.

4 연실로 묶는다

우지가 벗겨지지 않도록 연실로 묶는다. 고기 전체를 빈틈없이 싸는 것이 아니라, 작은 우지 조각을 붙인 부분에는 몇 군데 고기가 보이게 틈새를 만드는 것이 중요하다.

5 그릴 팬에 굽는다

강불에 달군 그릴 팬에서 우지가 탈 때까지 전체를 굽는다. 고바야시 구니미츠 셰프는 작은 구멍이 열린 그릴 팬을 사용한다. 구멍에서 불꽃이 일어나 단시간에 고소한 풍미가 생긴다.

6

우지는 완전히 타고 안에 있는 고기는 표면만 익은 상태다. 우지 사이로 고기 표면이 들여다보이는 부분도 타서 고기에 적당한 고소함과 살짝 쓴맛이 생긴다.

POINT **냉장고에 1주일 둔 고기를 사용한다**

여기서 사용한 흑모화우 우둔살은 음식점에 도착한 뒤 키친타월에 싸서 1주일간 냉장고에 둔 것이다. 이렇게 하면 불필요한 수분을 제거하는 동시에, 고기의 풍미를 응축시키고 감칠맛을 높일 수 있다.

7 오븐에 굽는다

200℃ 오븐에 넣고 고기 전체의 온도
를 올리는 느낌으로 2분간 가열한다.
이후에 남은 열로 익히기 위해 이 단계
에서는 30% 정도만 익힌다.

8 온도를 확인한다

고기를 손으로 만져 표면이 뜨거운지
확인한다. 온도가 그리 높지 않으면
오븐에 넣고 다시 1분씩 가열을 반복
한다.

9 따뜻한 곳에서 휴지시킨다

고기에 알루미늄 포일을 씌워 따뜻한
곳에서 15분 이상 휴지시키고 남은 열
로 익힌다. 참고로 레스토랑 고바야시
에서는 플라크 위에 마련한 선반에서
휴지시킨다.

10 살라만더에 굽는다

휴지시키는 동안 고기의 표면온도가
내려가기 때문에 내놓기 전에 살라만
더 열원과 가까운 곳에서 가열하여 다
시 표면온도를 올린다.

11

고기를 휴지시키는 단계에서 고기 안
쪽은 이미 익은 상태이기 때문에 살라
만더에 넣고 가열할 때는 30초 정도로
짧게 한다. 손으로 만져봐서 뜨겁다는
것을 확인하고 가열을 마친다.

12 우지를 제거한다

우지를 떼어내고 1인분으로 잘라낸다.
고기를 휴지시키는 시간을 포함해 익
히는 시간은 총 19분 정도다.

Q11
붉은 살코기를 촉촉하게 구우려면?

담당 _ 아리마 구니아키(팟소 아 팟소)

A

프라이팬에서 약불로 1분만 익힌다

지방이 적은 비둘기 가슴살은 고온에서 가열하면 급속하게 단단해지기 쉽다.
1분간 구웠으면 알루미늄 포일로 싸서 60℃ 컨벡션오븐에 넣고, 휴지시키면서 열을 전달한다.

먼저 살코기 부분을 살짝 구워 형태의 변형을 막는다

껍질 부분부터 구우면 껍질이 수축하면서 부드러운 비둘기 가슴살이 휘어버린다.
우선 살코기 부분을 아래로 향하게 놓고 5초간 살짝 구운 자국을 낸 뒤 껍질을 구우면 휘는 것을 막을 수 있다.

일반적으로 붉은 살코기는 근섬유가 강하고, 빈번하게 움직인 부위라서 단단하기 때문에 열을 가하면 수분이 빠져나가기 쉬운 경향이 있다. 그래서 촉촉하게 구워내기가 어렵다. 물론 붉은 살코기도 여러 가지가 있다. 예컨대 소고기나 사슴고기, 멧돼지 등심 등 주위에 지방이 단단히 붙어있는 경우는 고온의 오븐에 넣어도 손상이 적고, 촉촉하게 구울 수가 있다.

하지만 힘줄이 노출된 조류의 넓적다리살이나 가슴살은 '저온에서 천천히' 익히는 것이 철칙이다. 그중에서도 비둘기 가슴살은 육질이 부드럽고 매우 섬세하다. 강하게 열을 가하면 순식간에 퍼석해진다. 여기서는 맛을 응축시키기 위해 사전에 흡수시트와 탈수시트로 싸서 여분의 수분을 제거해 익기 쉬운 상태로 만들었기 때문에 더욱 주의가 필요하다.

비둘기고기를 프라이팬에 구울 때, 나는 살코기 부분을 먼저 5초간 구워 형태가 변형되는 것을 막은 뒤, 껍질 면을 약불로 1분간 익힌다. 그 후 알루미늄 포일에 싸서 60℃ 컨벡션오븐이나 따뜻한 곳으로 옮긴다. 남은 열로 차분하게 전체를 익히고, 중심온도를 50℃까지 올려 마무리한다. 또한 굽기 전에 반드시 고기를 상온에 두는 것이 중요하다. 그렇지 않으면 육질이 섬세해서 중심부에 열이 전해지기 전에 바깥쪽이 즉시 굳어버린다.

이렇게 해서 완성된 고기는 탄력 있게 부풀고 단면은 로제 색깔을 띠며 촉촉한 상태다. 나는 비둘기는 이 정도로 익혀야 맛있다고 생각한다. 하지만 육즙이 넘치는 레어 상태로 먹고 싶어 하는 사람도 있기 마련이다. 그럴 때는 고기를 탈수하지 않고, 익히는 시간을 조금 길게 잡으면 된다.

일 피아또 디 피쵸네

비둘기의 모든 부위를 각각 조리하여 담은 '비둘기고기 한 접시'다. 아주 단시간에 구운 가슴살은 육즙이 많으면서 촉촉한 육질로 응축된 맛을 즐길 수 있다. 넓적다리살은 오일 절임과 커틀릿으로, 간은 파테로 만들고, 자투리 고기는 삶은 뒤 양파를 넣어 졸인다. 비둘기 육즙이 베이스인 소스로 다양한 요소를 정리한다.

넓적다리살 소토 올리오

❶ 비둘기의 넓적다리살을 잘라, 가슴살과 같은 과정으로 탈수한다.

❷ ①에 허브 소금을 넉넉하게 뿌려 1시간 정도 두고, 스며 나온 물기를 잘 닦는다.

❸ 아시아흑곰의 지방을 80℃로 데워 ②를 담근다. 지방이 끓는 상태를 유지하면서 30분간 가열한다.

커틀릿

❶ 넓적다리살 소토 올리오의 일부를 발라낸다.

❷ 삶은 감자를 으깨고 ①과 갈아서 잘게 만든 파르메산 치즈, 달걀노른자를 섞어 농도를 조절한다. 납작한 원통형으로 성형한다.

❸ ②에 밀가루 박력분, 달걀물, 클로브(분말)와 갈릭 파우더를 섞은 빵가루를 차례대로 묻혀 170℃ 올리브오일로 파삭하게 튀긴다.

햇양파 라구 졸임

❶ 비둘기의 내장(심장, 간, 모래주머니, 폐)과 손질할 때 생긴 자투리 고기를 잘게 썬다.

❷ ①에 소프리토(채소를 기름에 볶은 것), 토마토, 레드와인을 넣고 푹 끓인다. 소금과 후추로 간을 맞춘다.

❸ 껍질 있는 햇양파에 클로브를 몇 개 꽂아 160℃ 오븐에 넣고 30분간 굽는다. 구워지면 세로로 반을 잘라, 가운데 부분을 조금 꺼내고 빈 공간에 ②를 채운다.

❹ ③에 타임 가지를 얹고 알루미늄 포일에 가볍게 싸서 180℃ 오븐에 굽는다.

레드와인 소스

❶ 넓적다리살 소토 올리오를 만들 때 기름 아래에 쌓인 젤라틴 육즙을 꺼낸다.

❷ 비둘기 자투리 고기와 향미 채소에서 취한 브로도와 레드와인을 합쳐 끓인다.

❸ ②에 ①과 양매주를 합쳐 다시 졸여 거른다. 소금과 후추로 간을 맞춘다.

마무리

❶ 접시에 따뜻하게 데운 레드와인 소스를 흘려놓은 뒤 두 조각으로 자른 비둘기 가슴살 로스트를 담고 날개를 곁들인다.

❷ ①의 안쪽에 햇양파 라구 졸임과 커틀릿을 놓는다. 햇양파 라구 졸임에는 살라만더에서 가볍게 데워 소금과 후추를 뿌린 넓적다리살 소토 올리오를 올려놓고, 커틀릿에는 크넬(서양식 완자) 모양으로 만든 비둘기 간 파테를 올려놓는다. 타임을 장식한다.

1 고기의 수분을 제거한다

비둘기 가슴살과 넓적다리살을 잘라
낸다. 이후 과정에서 수분이 너무 빠지
지 않도록 날개는 붙인 채로 해서 자
른 단면을 작게 한다. 흡수시트 사이에
고기를 놓고 냉장고에 1시간 넣어둔다.

2

흡수시트를 제거하고 탈수시트로 다
시 감싼다. 냉장고에 1시간 두고, 다시
고기의 수분을 제거한다. 넓적다리살
은 따로 두고 소토 올리오를 만드는
데 사용한다(187쪽 참조).

3 가슴살에서 날개를 잘라낸다

가슴살에서 날개를 잘라낸다. 날개는
정제하지 않은 설탕과 가름(이탈리아 생
선 소스)으로 절인다. 소금은 육즙이 빠
져나오기 때문에 뿌리지 않는다. 가슴
살은 그대로 상온에 둔다.

4 소금과 후추를 뿌린다

굽기 직전에 가슴살에 허브 소금과 후
추를 뿌린다. 허브 소금은 건조 허브와
향신료, 소금을 그라인더로 갈아서 만
든다.

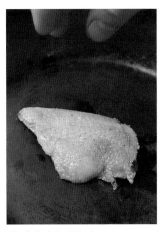

5 가슴살을 굽는다

중불로 따뜻하게 달군 철제 프라이팬
에 올리브오일을 소량 두른다. 가슴살
의 살코기 부분이 아래로 향하게 놓고
5초간 구운 뒤 바로 뒤집는다. 이 과정
은 고기의 변형을 막기 위해서 한다.

6

약불로 1분간 껍질에 천천히 열을 가해
여분의 지방이 빠져나오게 한다. 비둘
기고기는 단단해지기 쉬운데다 탈수했
기 때문에 잘 익으므로 이후에는 항상
약불을 유지한다.

POINT 고기의 수분을 제거한다

흡수시트와 탈수시트를 사용해 고기에 있는 수분을 제거하면 풍미가 응축되고 단맛도 늘어난다.
아리마 셰프는 우선 흡수시트를 끼워 물기를 제거한 뒤 탈수시트로 여분의 수분을 빼낸다.
탈수시트는 탈수력의 강도에 따라 세 종류가 있는데, 고기의 종류와 목적에 따라 구분해 사용하는 것이 좋다.

7

껍질에 구운 빛깔이 나면 다시 뒤집어 살코기 부분을 2~3초간 따뜻하게 데운다. 즉시 튀김망 트레이에 옮겨 여분의 지방을 떨어뜨린다. 이 단계에서는 60% 정도 익은 상태다.

8 저온의 오븐에 넣는다

가슴살을 알루미늄 포일에 싸서 60℃ 컨벡션오븐에 넣는다. 그대로 10분간 휴지시키고 남은 열로 익힌다.

9 완성

중심온도가 50℃까지 오르면 완성이다. 고기를 세로로 반을 자른다. 미리 수분을 제거했기 때문에 단면은 촉촉하지만 육즙이 흘러나올 정도는 아니다.

10 날개를 굽는다

수지 가공 프라이팬을 달군 뒤, 3에서 떼어낸 날개를 기름을 두르지 않고 굽는다. 뼈 주위에 열이 가해져 설탕이 캐러멜화되어 노릇노릇하게 구운 색이 나면 꺼낸다.

Q12
붉은 살코기를 제대로 구우려면?

담당 _ 호리에 준이치로(리스토란테 이 룬가)

A
이탈리아 피에몬테주의 전통에 따라, 그릴 팬과 컨벡션오븐을 병용해서 '구운 피를 맛보는' 느낌으로 마무리한다

고치현산 '도사적우(아카우시)'의 피 냄새와 싱겁지 않은 풍미를 '제대로 익힌 로제'로 돋보이게 해서
고기 요리의 야성적인 면과 이탈리아다움을 표현한다.

내 요리의 베이스는 요리 수업을 받은 이탈리아 피에몬테주의 향토 요리다. 현지 사람들의 지혜가 담긴 향토 요리를 이곳 나라 지역에서 리스토란테 요리로 어떻게 표현할 것인가? 이것이 요리의 출발점이 되었다. 그래서 나는 식재료를 선택할 때 피에몬테를 연상시키는 식재료인지 아닌지를 따지는 편이다.

이러한 기준으로 선택한 소고기가 바로 갈모화종(황소)인 도사±牝적우다. 결정적인 이유는 도사적우가 "냄새를 맡으면 피에몬테의 기억이 떠오르는 고기(웃음)"이기 때문이다. 살코기 특유의 피 냄새와 싱겁지 않은 맛, 로즈마리나 마늘 같은 향미 식재료와 궁합이 좋은 점도 이탈리아 소고기와 공통된 특징이라 할 수 있다.

여기서 소개한 탈리아타는 피에몬테를 대표하는 소고기 요리다. 그런데 현지에서 선호하는 굽는 방법에는 특징이 있다. 바로 '구운 피를 맛보는' 느낌으로 마무리한다는 점이다. 일본의 감각으로 말하는 '로제'는 현지에서는 '생고기'다. 어느 정도 피가 익은 로제를 연상해서 확실히 익힌다. 하지만 완전히 익히는 것이 아니라 고기를 잘랐을 때 단면에 희미하게 피가 스며 나오고 공기에 접촉되어 새빨갛게 되는 것이 기준이다. 이렇게 구우면 인간이 가진 '원시의 기억'이 되살아나는 것 같은, 어딘가 야성적인 측면을 표현할 수 있다.

조리법은 매우 간단한다. 우둔살 고기를 1인분(약 150g) 크기로 썰어 그릴 팬에 표면을 구운 뒤 컨벡션오븐에 넣는다. 여기서 4분간 가열한 뒤 15분간 휴지시켰다가 마지막에 다시 한 번 오븐에 따뜻하게 데워 두툼하게 썰어내면 완성이다. 단면은 진홍색이고 씹으면 고기의 맛이 입안에 넘치는 그런 마무리가 이상적이다.

피에몬테풍의 도사적우 우둔살 탈리아타

호리에 셰프가 "피에몬테 소고기처럼 풍부한 미네랄 향이 난다"고 말하는 고치현산 도사적우 우둔살을 그릴 팬과 오븐에서 구워 베어 썰기 한다. 피에몬테 전통에 따라 '구운 피를 맛보는' 느낌으로 마무리했다. 향초오일과 토마토 소스로 심플하고 직접적으로 붉은 살코기의 맛을 표현한다.

소스

허브오일*, 마늘오일, 뜨거운 물을 부어 껍질을 벗기고 네모나게 썬 토마토를 합친다. 소금과 후추로 간을 맞춘다.

* 엑스트라 버진 올리브오일에 다진 이탈리안 파슬리, 세이지, 타임, 로즈마리, 셀러리 잎을 담가 절인 것.

마무리

❶ 도사적우 우둔살 탈리아타를 접시에 담고 소스를 흘려놓는다.

❷ 샐러드(겨자채, 갓, 트레비스, 시금치 등)와 얇게 썬 여름 트뤼프를 곁들인다.

1 고기를 4㎝ 두께로 자른다

소고기(고치현산 도사적우) 우둔살을 4㎝ 두께(약 150g)로 잘라 상온에 둔다. 로즈마리, 마늘(껍질째)과 함께 올리브오일을 두른다. 아직 소금은 뿌리지 않는다.

2 그릴 팬에 굽는다

그릴 팬을 연기가 날 때까지 가열한다. 충분히 달궈지면 온도를 유지하도록 불을 조절한다. 우둔살, 로즈마리, 마늘을 넣는다. 고기에 소금과 흰 후추를 뿌린다.

3 격자무늬를 낸다

그릴 팬에 있는 고기를 90도 회전시켜 격자무늬를 만든다. 고기를 뒤집은 뒤, 소금과 흰 후추를 뿌리고 마찬가지로 격자무늬를 만든다. 마늘도 뒤집어준다.

4 컨벡션오븐에 가열한다

고기가 부풀며 수분이 증발하는 소리가 들리지 않게 되면 마늘, 로즈마리와 함께 파이접시에 담아, 180℃ 컨벡션오븐에 넣고 4분간 가열한다.

5 휴지시킨다

고기를 컨벡션오븐에서 꺼내 마늘, 로즈마리와 함께 알루미늄 포일로 감싼다. 50℃ 정도의 따뜻한 곳에 10분간 둔다.

6 따뜻하게 데워 완성한다

고기를 180℃ 컨벡션오븐에 넣어 다시 따뜻하게 데운 뒤 8㎜ 두께로 베어 썬다. 단면에서 피가 스며 나와 즉시 붉어지는 것이 이상적이다.

POINT **맛이 진한 도사적우를 이용한다**

피에몬테 소고기를 연상시킨다는 고치현에서 생산되는 도사적우다.
진공 포장하여 3주일간 습식 숙성한 웻 에이징 우둔살을 3㎏ 정도 덩어리로 구입하여,
4~5개로 잘라 보관한다. 1개월 정도면 다 사용한다.

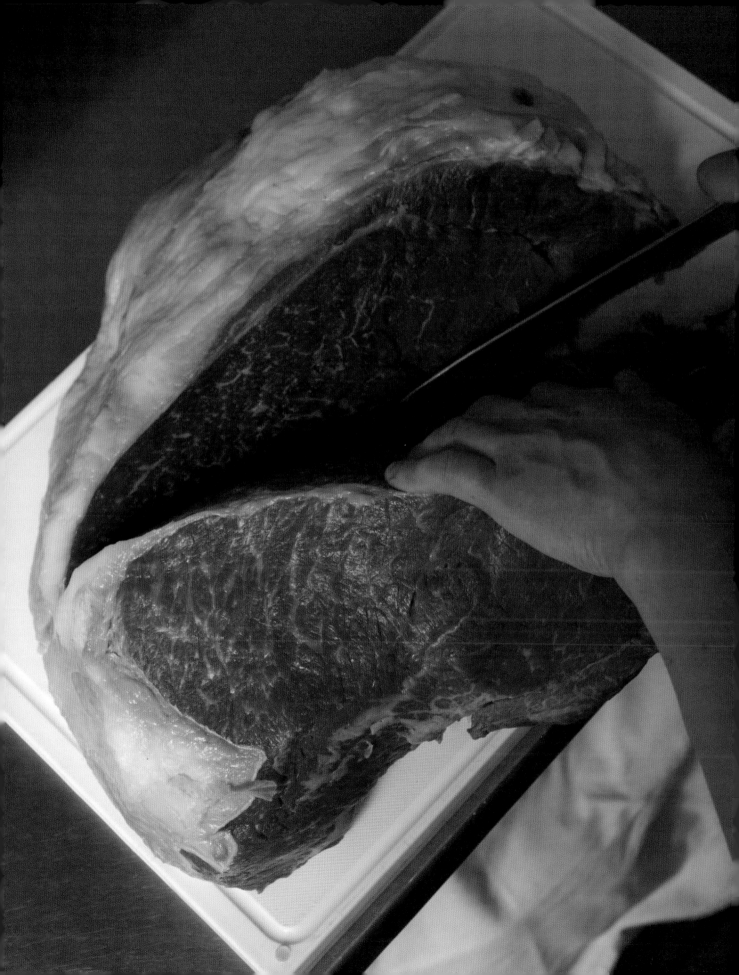

Q13
고기를 상온에 놔둘 시간이 없을 때는? ①

담당 _ 다카야마 이사미(카르네야 사노만스)

A

프라이팬 바닥에 근섬유가 평행이 되도록 고기를 자른다

냉장고에서 막 꺼낸 고기를 구울 때 급격하게 열을 가하지 않고 차분히 구우면 고기가 수축하지 않는다.
고기의 근섬유가 프라이팬 바닥과 수직이면 단번에 익으므로 근섬유의 방향을 확인하여 평행이 되도록 자른다.

근육질이며 수분이 많은 살코기와
지방이 많은 고기는 굽는 방식이 다르다

급격하게 온도를 올리지 않는다는 기본은 모두 같다. 하지만 접근 방법은 고기의 성질에 따라 달라진다. 수분이 많은 붉은 살코기는
유분을 보충하면서 차분하게 익히고, 지방이 많은 육류는 표면을 프라이팬에 직접 대지 않고, 지방의 산화를 막으면서 굽는다.

굽기 전에 고기를 상온에 두는 것이 가장 좋다. 고기의 표면과 내부의 온도 차가 적으면 균일하게 익힐 수 있기 때문이다. 그러나 실제 영업을 할 때는 그럴 시간이 없을 때가 많다. 여기서는 냉장고에서 막 꺼낸 소고기를 굽는 요령을 소개한다.

차가운 고기를 급격하게 익히면 고기가 수축하는 경향이 있기 때문에 서서히 부드럽게 익히는 것이 중요하다. 특히 여기서 사용한 단각우 안쪽 넓적다리살처럼 근육질이고 붉은 살코기가 강한 고기의 경우에는 구울 때 온도를 너무 올리지 않도록 주의해야 한다. 열을 부드럽게 가하기 위해 여기서는 숯불이 아니라 가스레인지를 사용하고 두꺼운 철제 프라이팬에서 버터로 아로제하면서 가열했다.

또한 고기에 서서히 열이 가해지도록 근섬유의 방향을 의식하는 것도 중요하다. 고기의 섬유질이 열원에 세로 방향이 되면 섬유질을 따라 열이 전달되기 쉬워 단시간에 단단해지므로 프라이팬 바닥에 섬유질이 평행이 되도록 고기를 자른다.

구울 때는 넉넉하게 기름을 두르고 전체를 조금씩 따뜻하게 데우듯이 아로제하면서 양면을 굽는다. 3~4분간 구운 뒤 60~70℃ 되는 따뜻한 곳에서 같은 시간 휴지시키기를 3~4번 반복해 천천히 고기에 열 층을 끼워 넣는 느낌으로 익힌다. 그러면 고기가 수축하지 않고 촉촉하게 완성된다. 또한 기름의 온도가 너무 상승해 튀겨지는 듯한 느낌이 나지 않도록 버터에 올리브오일을 섞는 것이 좋다. 고기를 휴지시킬 때는 구울 때와는 반대로 고기의 섬유질이 수직이 되도록 트레이에 놓고 육즙이 전체에 돌 수 있게 한다. 휴지시킬 때마다 고기의 위아래를 뒤집어주는 것도 중요하다. 이렇게 하면 육즙이 효율적으로 고기의 중심부에 도달하게 된다.

단각우 안쪽 넓적다리살 푸알레

붉은 살코기의 맛이 강하고 적당히 씹는 맛이 있는 일본 단각종 경산우(송아지를 낳은 경험이 있는 암소) 안쪽 넓적다리살을 두꺼운 프라이팬에 구웠다. 고기를 잘라서 구운 면과 안쪽의 붉은 살코기가 보이도록 접시에 담고, 한쪽에는 그라나파다노 치즈를, 다른 한쪽에는 흰 후추 알맹이를 올린다. 고기와 함께 구운 마늘과 야생 루콜라를 곁들여 심플하게 마무리했다.

마무리

❶ 단각우 안쪽 넓적다리살 푸알레의 섬유질을 자르지 않도록 옆으로 2등분해서 고기를 구운 면과 안쪽의 붉은 면이 모두 보이게 접시에 담는다.

❷ ①의 고기를 구운 면에 갈은 그라나파다노 치즈를, 다른 한쪽 면에는 거칠게 부순 흰 후추 알맹이를 올리고, 야생 루콜라와 고기와 함께 구운 마늘을 곁들인다.

❸ 고기와 접시에 엑스트라 버진 올리브오일을 흘려놓는다.

1 고기를 자른다

소고기는 맛이 매우 강한 이와테현산 단각종 경산우(74개월령)를 사용한다. 붉은 살코기가 강한 안쪽 넓적다리살 덩어리(약 11kg)의 지방을 제거하고 가장 안쪽에 있는 중심 부분을 잘라낸다.

2

한 접시당 250g(두께 6cm) 분량으로 자른다. 구울 때 고기가 수축하는 것을 막기 위해 힘줄은 일부를 남겨둔다. 소금은 육즙의 유출을 촉진하기 때문에 굽기 전 단계에서는 뿌리지 않는다.

3

급격하게 익지 않도록 하려면 구울 때 근섬유 방향을 잘 확인해야 한다. 근섬유가 프라이팬의 바닥에 평행이 되도록 자르면 익는 속도를 늦출 수 있다.

4 아로제하면서 굽는다

두꺼운 철제 프라이팬에 버터를 넣고 중불로 가열한다. 큰 거품이 사라지고 빛깔이 바뀌면 같은 양의 올리브오일을 넣는다. 프라이팬을 기울여 앞쪽에 기름을 모아놓고 고기를 넣는다.

5

아로제하면서 고기 전체를 따뜻하게 데운다. 단면의 붉은 빛이 없어지면 고기를 뒤집어 반대 면도 마찬가지로 아로제한다.

6 휴지시킨다

양면 합쳐 3~4분간 굽는다. 그런 다음 튀김망 트레이에 고기의 섬유질이 수직이 되도록 세우고 그릇을 덮어 60~70℃ 되는 곳에 3~4분간 둔다. 이 단계에서는 5% 정도 익은 상태다.

POINT **두꺼운 철제 프라이팬을 사용한다**

고기를 서서히 익히려면 두꺼운 프라이팬이 적합하다.
다카야마 이사미 셰프는 두께가 2.3mm인 가마아사쇼텐에서 만든 프라이팬을 사용한다.
구울 때는 버터에 올리브오일을 섞음으로써 급격한 온도 상승과 눌어붙는 것을 막는다.

7

프라이팬의 기름을 그대로 사용하면
서 5~6의 과정을 두 번 반복한다. 위
아래 두 면만 프라이팬에 닿게 굽고,
옆면은 숟가락으로 기름을 끼얹으면서
익힌다.

8 위아래를 돌려 휴지시킨다

고기를 휴지시킬 때는 언제나 고기의
섬유질이 수직이 되도록 트레이에 놓
는다. 그리고 휴지시킬 때마다 고기의
위아래를 뒤집어 육즙이 균일하게 순
환하도록 한다.

9

세 번째 고기를 휴지시키는 동안에, 고
기를 구웠던 프라이팬에 으깬 마늘(껍
질째)을 넣어 향을 낸다. 휴지시켜둔 고
기를 다시 아로제하면서 굽는다.

10 소금을 뿌린다

마지막으로 고기 표면에 소금(시칠리아
산 천일염)을 얇게 골고루 뿌린다. 트레
이에 올려놓고 그릇을 씌워 제공하기
전까지 60~70℃ 되는 곳에서 휴지시
킨다.

11 강불로 마무리한다

내놓기 직전에 마늘을 꺼낸 프라이팬
에 고기를 넣고 강불에서 표면을 데운
다. 다 구워지기까지 고기를 굽는 시간
과 휴지하는 시간은 20~22분 정도 걸
린다.

여기서는 붉은 살코기 위주의 고기를 사용했다. 하지만 지방이 많고 수분이 적은 흑모화우 등의 고기를 구울 때는 고기에 직접 불이 닿
지 않도록 해서 수분의 유출을 막는 것이 중요하다. 다카야마 셰프는 고기에 소금누룩을 바르고 신선한 허브로 덮거나 지방을 방석처
럼 프라이팬에 깔고 그 위에 고기를 올려 간접적으로 열을 가하는 방식으로 고기를 굽는다.

Q14
고기를 상온에 놔둘 시간이 없을 때는? ②

담당 _ 가와이 겐지(앙드세쥬르)

A

프라이팬과 살라만더를 병용해 온화하게 익힌다

프라이팬에서 고기가 수축하는 현상이 일어나지 않을 정도로 단시간(양면 약 1분씩)만 표면을 구워 고소함을 낸 뒤
살라만더에 넣어 익힌다. 5분간 익힌 뒤 10분간 휴지시켜 고기에 부담을 주지 않도록 중심부까지 열을 전달한다.

두꺼운 프라이팬을 사용하여 완만하게 열을 전달한다

고기를 완만하게 익히려면 열 전달이 완만한 두꺼운 프라이팬을 쓰는 것이 좋다.
가와이 겐지 셰프는 두께가 5mm 되는 수지 가공 프라이팬을 사용한다. 그는 "철제보다 가벼워 취급하기 쉽고,
수지가 벗겨져 있기 때문에 노릇노릇하게 구운 빛깔을 낼 수 있다"고 말한다.

앙드세쥬르처럼 추천 코스가 아니라 손님이 요리 방식을 정하는 영업장에서는 고기를 상온에 놔둘 시간이 없을 때가 많다. 여기서는 그런 경우에 내가 하는 방식을 흑모화우 홍두깨살을 예로 소개한다.

사전 준비 단계에서 주의할 점은 고기의 섬유질 방향을 확인하고 자르는 것이다. 열원에 근섬유가 평행이 되도록 자르면 익는 속도가 느려 고기가 단단해지지 않게 구울 수 있다.

고기를 구울 때는 먼저 프라이팬과 살라만더에 넣고 표면을 익힌다. 이때 프라이팬은 두꺼운 것을 사용해, 열이 전해지는 속도를 조금이라도 완만하게 하는 것이 좋다. 그런 다음 휴지시켜 중심부까지 익히고 난 뒤 마지막에 다시 프라이팬에 구워 고소하게 완성하는 것이 기본적인 흐름이다.

차가운 상태에서 고기를 구울 때는 부드럽게 열을 가해야 한다. 하지만 구운 고기가 바삭하고 고소하기를 원한다면 먼저 고기가 수축되지 않을 정도로 짧은 시간 동안, 버터의 풍미를 입히면서 프라이팬에서 표면을 고소하게 굽는다. 이때의 온도는 170℃ 정도가 적당하다. 온도를 너무 올리면 버터가 눌어붙어 색이 변하기 때문에 버터 색을 보면서 온도를 조절하면 된다. 고기의 양면에 구운 색이 나면, 파이접시에 옮겨 살라만더에서 익힌다. 이 단계에서는 고기의 중심부가 거의 익지 않았다. 살라만더에서는 5분간 가열한 뒤 따뜻한 곳에서 휴지시켜 차분하게 중심부까지 익게 한다. 제공하기 직전에 처음 고기를 구웠을 때 기름을 남긴 프라이팬에 다시 살짝 표면을 구워 버터의 풍미를 강조하고 살라만더에서 다시 데워 뜨거운 상태로 내놓는다.

소고기 홍두깨살 푸알레

적당히 마블링이 들어간 센다이 소고기 홍두깨살을 상온에 두지 않고 굽는다. 흑모화우 특유의 지방에서
유래한 감칠맛에 신맛이 나는 레드와인 소스를 곁들인다. 소테한 그물버섯, 버너에 구운 옥수수, 비네그레
트 소스로 버무린 라디키오를 곁들인다.

레드와인 소스

❶ 레드와인과 포르투와인을 4:1 비율로 냄비
　에 넣고 액체가 없어질 때까지 졸인다.

❷ ①에 퐁 드 볼라유와 소갈비 찜 육즙*을 넣
　어 맛을 내고, 소금과 후추로 간을 맞춘다.

　* 앙드세쥬르에서 제공하는 쥐 드 볼라유 베이스의
　　소갈비 찜 육즙.

곁들이는 채소

❶ 그물버섯을 손질해 한입 크기로 썬 뒤 올
　리브오일을 넣어 달군 프라이팬에 볶는다.
　마늘과 버터를 넣어 향을 입히고 소금을
　뿌린다.

❷ 옥수수를 물에 데친다. 버너에 표면을 구워
　한입 크기가 되도록 끝을 잘라낸다. 소금을
　뿌린다.

마무리

❶ 소고기 홍두깨살 푸알레에서 남겨둔 지방
　을 떼어내고, 고기를 1cm 두께로 자른다. 단
　면에 소금과 후추를 강하게 뿌린다.

❷ 접시에 레드와인 소스를 깔고 ①의 고기를
　담는다. 곁들이는 채소와 라디키오를 담고
　적당히 자른 차이브를 뿌린다. 라디키오에
　비네그레트 소스를 뿌린다.

1 여분의 지방을 제거한다

소고기(흑모화우 센다이 소고기) 홍두깨살을 2cm 두께로 잘라, 100g이 되게 만든다. 지방은 고기가 직접 프라이팬에 닿는 것을 막기 위해 일부는 남겨둔다(내놓기 직전에 제거).

2 강불에 표면을 굽는다

고기에 강하게 소금을 뿌린다. 오래 사용해 테플론이 벗겨진 두꺼운 수지 가공 프라이팬에 식용유를 두르고 강불에 달군 뒤 고기를 넣는다. 고기의 표면을 1분간 고소하게 굽는다.

3 약불~중불로 익힌다

단면에 구운 빛깔을 확실하게 냈으면 향을 입히기 위해 껍질을 벗긴 마늘과 버터를 넣는다. 강불에서 약불~중불로 바꾸고, 버터가 갈색 빛을 띠지 않는 온도에서 가열한다.

4

고기를 뒤집어 버터와 마늘 향을 입히면서 표면을 약불~중불로 1분간 굽는다. 고기를 다시 뒤집어 살짝 구운 뒤 파이접시에 옮긴다. 프라이팬에 남은 기름은 따로 둔다.

5

고기의 표면은 바삭하고 고소하게 갈색으로 물든 상태다. 한편 중심부는 거의 익지 않았다.

6 살라만더에서 가열한다

고기를 파이접시째 살라만더에 넣어 5분간 데운다. 너무 오래 데우면 고기가 퍼석해지므로 주의한다. 50~60% 정도 익으면 살라만더에서 꺼낸다.

7 휴지시킨다

따뜻한 곳으로 옮겨 10분간 휴지시킨다. 이때 남은 열로 고기 속까지 차분하게 익힌다. 최종적으로는 중심온도가 60℃ 정도 되도록 마무리한다.

8 프라이팬에서 마무리한다

4의 프라이팬에 있던 기름을 약불로 따뜻하게 데워, 휴지시켜둔 고기를 넣고 표면을 바삭하고 고소하게 마무리한다. 그런 다음 살라만더에 넣어 가볍게 데워서 내놓는다.

고기를 상온에 둘 것인지 여부를 판단하는 기준은?

차가운 고기를 그대로 가열하면 균일하게 익지 않거나 고기가 수축될 수 있기 때문에 일반적으로는 상온에 두었다가 굽는 것이 이상적이다. 그러나 가와이 셰프는 "고기의 종류에 따라서는 그 방법이 최상이 아닐 수도 있다"고 말한다. 예를 들어, 마블링이 많이 들어 있는 흑모화우 설로인의 경우, 상온에 놔두면 지방이 녹아 감칠맛이 빠져버릴 수도 있다. 또한 마블링이 많고 고기 부위가 작은 경우에는 상온에 두면 극히 단시간에 익어버리기 때문에 오히려 취급하기 어렵다. 가와이 셰프는 "냉장고에서 꺼낸 순간부터 굽기가 시작되었다고 생각하고 상태를 확인하면서 상온에 둘 것인지 여부를 그때그때 판단하는 것이 좋다"고 말한다.

마블링 많은 고기는 상온에 두지 않고 굽는다

흑모화우의 설로인을 2㎝ 두께로 잘라 지방은 제거하고 100g으로 성형한다. 프라이팬에 식용유를 두르고 양면에 강하게 소금을 뿌린 고기를 중불에서 굽는다(사진 왼쪽). 1분 정도 구웠으면 마늘과 버터를 넣고 뒤집어 다시 2~3분간 구운 뒤(중간) 따뜻한 곳에서 4분간 휴지시킨다(오른쪽). 내놓기 전에 다시 프라이팬에 살짝 구워 고소함을 낸다.

Q15
저온의 프라이팬에서 구우려면?

담당 _ 나카하라 후미타카(레느 데 프레)

A
플라크와 프라이팬이 닿는 면을 줄이고
아주 약불로 프라이팬을 천천히 가열한다

플라크와 가스레인지의 작은 높이 차이를 활용해 프라이팬을 비스듬히 걸치고, 플라크와의 사이에 틈을 만든다. 그러면 프라이팬의 일부는 직접 열이 닿지 않는 상태가 된다. 이곳에 고기를 놓고 자주 뒤집으면서 열로 고기를 감싸듯이 시간을 들여 익힌다.

요리 수업을 받은 호텔에서 처음으로 저온에서 장시간 가열한 고기를 맛보았을 때, 강불에 구운 고기와는 다른 부드러운 맛과 실키한 질감에 매료되었다. 그 호텔에서는 전임 스태프가 특별히 주문해서 만든 두꺼운 그릴팬에 구웠는데, 개별 음식점 같은 제한된 환경에서는 이렇게 굽기가 어렵다. 그래서 다용도 프라이팬을 사용하여 이렇게 마무리할 수 있지 않을까 생각한 것이 여기서 활용한 방법이다.

프라이팬은 두께가 있고 보온성이 높아 온도를 일정하게 유지시키는 철제를 사용한다. 그러나 직접 불에 올려놓으면 온도가 너무 올라가기 때문에 열을 완화시켜야 한다. 그래서 플라크와 그 옆에 있는 가스레인지 사이의 1㎝ 정도 되는 높이 차이를 활용하기로 했다. 여기에 프라이팬을 비스듬히 걸치고 플라크와 프라이팬 바닥 사이에 틈을 만든다. 그러면 프라이팬과 플라크가 접하는 부분은 뜨거워지지만, 바닥이 뜬 가스레인지 쪽

은 직접 열이 전달되지 않게 된다. 70℃ 정도 되는 이 위치에 고기를 놓고 자주 뒤집으면서 열로 고기를 감싸듯이 굽는다.

이 조리법의 문제점은 다 구워지기까지 시간이 오래 걸린다는 것이다. 여기서 사용한 사슴고기도 1시간 20분이 걸렸다. 뼈가 붙어있는 비둘기고기라면 2시간 정도가 걸린다. 레느 데 프레 주방에는 나 혼자뿐이어서 추천 코스로 주문을 받는다. 그리고 영업 전에 고기를 굽기 시작함으로써 이 문제에 대응하고 있다. 고객이 몰려오는 18시 30분부터 19시경에는 90% 정도 익혀두고 영업 중에는 따뜻한 곳에서 휴지시켰다가 손님에게 내놓기 직전에 표면을 구워내는 식이다.

같은 저온 가열이라도 진공 조리와 달리 프라이팬에 굽기 때문에 고소하고 육즙이 많이 구워진다. 무엇보다 직접 손으로 고기를 굽는 재미가 있으며, 손님들로부터도 먹어본 적이 없는 식감과 맛이라는 말을 듣고 있다.

고추 퓌레와 올리브 파우더를 곁들인 저온 로스트한 여름 사슴고기

저온 프라이팬에서 1시간 반 정도 구운 사슴고기 등심을 사슴고기 육즙, 만간지고추 퓌레, 올리브 파우더로 맛을 낸 일품요리다. 싱그러운 녹색 고추를 곁들여 여름 분위기를 연출했다.

만간지고추 퓌레

❶ 잘게 자른 만간지고추를 200℃ 식용유에 극히 단시간 가열한 뒤, 기름기를 뺀다. 즉시 끓는 물에 넣어 기름기를 뺀 뒤, 얼음물에 담가 급랭한다.

❷ ①, 강판에 간 고추냉이, 간장, 생크림, 소금, 후추를 믹서에 돌려 퓌레를 만든다.

곁들이는 채소

❶ 저온 로스트한 여름 사슴고기를 2등분하고 자른 면에 소금과 후추를 뿌린다.

❷ ①을 접시에 담고 주위에 구운 만간지고추, 가는 고추, 자줏빛 고추를 장식한다.

❸ ②의 주위에 만간지고추 퓌레, 블랙올리브 파우더, 사슴고기 육즙을 첨가한다.

❹ 래디시 잎, 만간지고추 잎, 무꽃을 군데군데 놓는다.

1 사슴고기를 상온에 둔다

사슴고기(오카야마 미마사카산) 등심을 손질하고 불필요한 힘줄을 잘라낸다. 꽃등심을 120g(2인분) 정도의 덩어리로 잘라낸다. 튀김망 트레이에 놓고 1시간 정도 상온에 둔다.

2 높이 차이로 열을 완화한다

가열할 때는 플라크와 가스레인지의 1cm 높이 차이를 이용한다. 철제 프라이팬의 손잡이 쪽 일부를 높은 곳에 기울여 놓아서 플라크와 프라이팬 사이에 틈을 만든다.

3 극히 약불로 가열한다

플라크를 약불로 데운다. 올리브오일을 두른 프라이팬의 손잡이 쪽 부분에 고기를 놓는다. 소금은 뿌리지 않는다. 프라이팬은 플라크와 닿는 면에만 열이 가해지는 상태다.

4

프라이팬과 플라크가 접하는 곳의 온도는 100℃, 고기를 놓은 곳은 70℃가 되도록 프라이팬과 고기의 위치를 조절한다. 고기가 엷게 구워지면 뒤집는다.

5 반복해서 뒤집는다

2~3분 간격으로 뒤집으면서 구운 색을 낸다. 사진의 상태는 굽기 시작한 지 15분 정도가 되었을 때다. 나카하라 셰프는 "물풍선이 터지지 않도록 조심스럽게 안에 있는 물을 데우는 느낌으로 하면 된다"고 말한다.

6

고기를 놓는 곳은 구운 빛깔이 나는 것을 보고 조절을 반복한다. 항상 플라크와 프라이팬이 직접 닿지 않는 곳에서 굽는다. 그러면 고기가 수축하거나 눌어붙는 것을 막을 수 있다.

 **프라이팬은 축열성이 높은 것을 사용한다**

두꺼운 철제 프라이팬을 사용하여 일정 온도로 유지하면서 가열하는 것이 중요하다.
식재료와 프라이팬의 크기가 맞는 것도 중요하다고 말하는 나카하라 셰프는 직경 20㎝와 24㎝의 프라이팬을 사용한다.

7 단면적이 작은 면을 굽는다

굽기 시작한 지 45분 된 상태다. 단면적이 작은 면을 구울 때는 고기를 집게로 계속 잡고 있을 것이 아니라, 프라이팬 가장자리에 걸쳐놓으면 된다.

8 80% 정도 익은 상태다

굽기 시작한 지 1시간 된 상태다. 여기부터는 너무 빨리 익는 것을 막기 위해 뒤집는 횟수를 늘린다. 전체적으로 고소한 구운 색이 나면 80% 정도 익은 상태다.

9 따뜻한 곳에서 휴지시킨다

프라이팬에서 고기를 꺼내 튀김망 트레이에 올린다. 플라크 위의 선반 등 50℃ 정도 되는 곳에 두고 30분간 휴지시켜 90% 정도 익게 한다.

10 상온에 둔다

고기를 상온의 장소로 옮겨 보관한다. 실제 영업에서는 예약 시간까지 가열을 마쳐두고 따뜻한 전채요리가 나올 때까지 휴지시키고, 생선요리가 나올 때까지 상온에 두는 일이 많다.

11 버터로 최종 가열한다

강불에 달군 프라이팬에 버터를 넣고 눌어붙게 만든다. 휴지시킨 고기를 넣고 전체적으로 버터의 향을 입힌다. 익히는 시간은 10초 정도에 그친다.

12 완성

고소하게 구운 색이 나는 부분의 두께는 아주 얇고, 단면은 균일한 로제 색상이다. 바로 잘라도 육즙은 빠져나오지 않는다. 최종 가열로 바깥쪽은 뜨겁고 속은 좀 따뜻한 상태로 마무리한다.

Q16
통닭을 바삭하고 육즙 가득하게 튀기려면?

담당 _ 미나미 시게키(이완스이)

A

뜨거운 물과 양념장을 끼얹은 뒤 말려 껍질을 바삭하게 만든다

밑 손질한 닭은 먼저 뜨거운 물을 끼얹어 껍질을 팽팽한 상태로 만든다.
맥아당과 식초를 섞은 양념장을 골고루 끼얹은 뒤 반나절 건조시켜 더욱 껍질을 바삭하게 만든다.

기름에 담가 끊임없이 끼얹으면서 서서히 온도를 높인다

120~130℃의 기름에 가슴과 넓적다리 등 일부만 담근 뒤 뒤집어주고 노출 부분에 계속해서 기름을 끼얹으면서 익힌다.
서서히 기름 온도를 높이고 최종적으로는 180℃ 정도까지 올려 좋은 식감이 나게 마무리한다.

중국 요리는 식감이 중시되는 경우가 많다. 특히 중국인은 바삭하게 씹히는 맛을 좋아한다. 통닭을 튀길 때도 껍질을 씹는 식감을 가장 우선시하고, 그다음에 육즙이 많게 마무리하는 것이 기본이다. 익히는 정도는 서양 요리에서 말하는 '로제'와는 달리 중심부까지 완전히 익혀서 씹으면 살짝 번지는 육즙을 맛볼 수 있게 한다.

닭은 껍질이 두꺼우면 좋지만, 일본에서 구할 수 있는 닭은 껍질이 두꺼우면 크기도 크다. 큰 통닭을 튀기는 것은 어렵기 때문에 균형을 보고 속을 뺀 상태에서 1.5kg 정도 나가는 닭을 사용했다. 조리할 때는 우선 튀기기 전에 껍질을 바삭하게 만들기 위한 3단계를 거친다. 첫 단계에서는 껍질에 뜨거운 물을 붓는다. 껍질을 팽팽하게 만들기 위한 것이지만, 피하 지방이 녹지 않도록 지나치게 끼얹지는 말아야 한다. 두 번째 단계에서는 맥아당과 식초를 섞은 다레(일본식 양념장)를 끼얹는다. 이 두 번째 단계와 세 번째 매달아 건조하는 과정

을 거치면 튀겼을 때 껍질이 바삭하게 완성된다.

튀기는 시간은 20분 정도로 길지만, 전반과 후반의 목적이 다르다. 전반은 고기를 천천히 익히는 것이 목적이어서 120~130℃로 가열한다. 그물 국자에 얹어 잘 익지 않는 넓적다리와 가슴을 중심으로 일부를 기름에 담그고 계속해서 기름을 끼얹어 전체에 열을 가하면서 고기 표면에서 나오는 기포의 크기와 양을 확인한다. 기포 양이 줄고 크기가 작아지면서 표면의 색깔이 약간 변하면 속까지 열이 돌기 시작한 것이므로 후반에 돌입한다. 후반은 고기를 마지막으로 익히는 단계로, 서서히 기름 온도를 올려 약 180℃에서 바삭하게 튀긴다.

여기서는 처음부터 끝까지 기름에 튀겨 보다 고기 냄새를 좋게 하는 것이 목적이다. 미리 쪄서 70% 정도 익힌 상태에서 맥아당과 식초를 섞은 양념장을 끼얹어 말린 닭을 사용하면 장시간 튀기지 않아도 껍질이 고소하고 고기는 육즙이 가득하게 마무리할 수 있다.

부유의 풍미가 느껴지는 통닭 튀김

통닭을 반으로 잘라 하나는 덩어리째, 다른 하나는 썰어서 접시에 담는다. 뱃속에 바른 홍부유 소스의 복잡한 풍미가 고기에 스며있어 그대로도 맛있지만 소스를 곁들여 먹으면 보다 맛있다. 여기서도 홍부유를 사용하여 독특한 발효 냄새와 소금기를 악센트로 사용했다.

마무리

통닭 튀김을 반으로 잘라 하나는 덩어리째, 다른 하나는 썰어서 접시에 담는다. 향채를 장식하고 그릇에 담은 홍부유 소스*를 곁들인다.

* 홍부유는 발효시킨 두부를 소금에 절이고 다시 홍국紅麴과 황주黃酒 등을 합한 액체 속에서 발효시킨 것이다. 여기에 다진 마늘, 설탕, 노주, 청탕을 합쳐 가열해 소스를 만들었다.

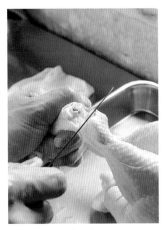

1 통닭을 손질한다

가급적 껍질이 두꺼운 통닭(속을 뺀 것)을 사용한다. 발목을 잘라내고 동시에 힘줄도 뺀다. 엉덩이 주위의 지방을 제거하고 뱃속을 잘 씻는다. 날개의 관절을 꺾어 겨드랑이 부분을 펼친다.

2 양념장을 만든다

적당히 자른 에샬롯, 마늘, 파, 생강을 볶다가 빛깔이 나고 향이 생기면 홍부유, 노주, 소금을 넣고 섞는다. 전체가 잘 섞였으면 남은 열을 식힌다.

3

뱃속에 2를 문지른다. 다리가 붙어있는 부분은 맛이 배기 힘들기 때문에 꼼꼼하게 해야 하지만, 껍질은 찢어지지 않도록 조심한다. 양념장을 뱃속에 바르면 가열 중에 고기에 스며들어 풍미가 생긴다. 표면에 묻은 양념은 닦는다.

4 바늘로 배를 봉한다

엉덩이 부분과 목 주위를 바늘로 꿰매 배를 봉한다. 가열하는 동안 뱃속에 바른 양념장이 나오면 기름이 눌어붙기 때문에 제대로 봉해야 한다. 바늘 대신 대나무 꼬치를 이용해도 된다.

5 뜨거운 물을 끼얹는다

닭의 견갑골을 갈고리에 걸쳐 매달아 놓고 전체적으로 뜨거운 물을 끼얹는다. 겨드랑이 밑에도 꼼꼼히 끼얹는다. 등과 가슴은 각 2회, 다리는 1회, 겨드랑이는 1회가 기준이다.

6 양념장을 끼얹어 건조시킨다

맥아당과 식초를 섞어 가열해 양념장을 만든다. 닭을 매달아 놓은 상태에서 전체적으로 꼼꼼하게 끼얹는다. 양념장으로 인해 튀겼을 때 껍질이 바삭하고 윤기 있게 마무리된다.

POINT **냄새로 익은 상태를 확인한다**

기름을 끼얹으며 열을 가하다 보면 서서히 닭의 색깔이 변하고 뱃속에 바른 홍부유의 냄새가 나기 시작한다. 이것은 닭의 뱃속까지 열이 돌았다는 신호다. 표면을 태우지 않도록 서서히 온도를 올린다.

7 바람에 말린다

주방에서 바람이 잘 통하는 곳에 반나절 매달아 놓고 껍질을 건조시킨다. 온도와 습도가 높은 여름에는 송풍기 바람으로 확실히 말린다. 사진은 건조 후의 모습이다. 껍질이 잘 펴진 상태다.

8 저온의 기름을 끼얹는다

7의 닭을 갈고리가 있는 상태 그대로 가슴을 아래로 향하게 하여 그물 국자에 올린다. 120~130℃ 땅콩기름에 가슴과 넓적다리가 잠긴 상태로 두고, 표면에 기름을 끼얹으면서 전체에 열을 가한다.

9

닭을 매달아 놓고 도중에 기름을 끼얹는 면을 바꾼다. 고기 표면에서 나온 수증기가 기포로 나타나지만 익으면서 양은 줄고 크기는 작아진다.

10 고온의 기름으로 마무리한다

10분쯤 지나 전체의 색이 변하고 배에 바른 홍부유 냄새가 나기 시작하면 표면을 태우지 않도록 주의하면서 180℃까지 온도를 올린다. 그동안에도 끊임없이 기름을 계속 끼얹는다.

11 완성

키친타월에 올려놓고 기름기를 뺀다. 익히는 시간은 총 20분 미만으로, 껍질 전체가 짙은 적갈색이며 바삭하게 마무리한다. 땅콩기름을 사용하면 기름이 잘 빠진다.

12 잘라낸다

몸통을 길이로 반을 자르고 뱃속에 바른 양념장을 닦는다. 절반은 그대로 두고 절반은 머리와 넓적다리살과 날개를 잘라내고 모두 뼈째 적당히 썬다.

Q17
존재감 있는 커틀릿을 만들려면?

담당 _ 기타무라 마사히로(다 오르모)

A

두껍게 썬 레어 상태의 말고기 안심과 튀김옷으로 씹는 맛을 표현한다

생식이 가능한 말고기 안심으로 고기다움을 즐길 수 있는 두꺼운 커틀릿을 만든다.
표면에는 거칠게 빻은 빵가루를 입혀 고소하게 구움으로써 레어 상태의 고기와 대비를 만든다.

고기를 고온의 기름에 노출시키지 않고 익혀
퍼석해지기 쉬운 고기를 육즙 가득하게 굽는다

튀김옷을 완충재로 하여 버터와 엑스트라 버진 올리브오일이 만든 기포 속에서 굴리면서 튀기듯 굽는다.
간접적인 가열로 퍼석해지기 쉬운 말고기 안심을 촉촉하게 마무리한다.

이탈리아 요리에서 커틀릿이라고 하면, 송아지고기를 얇게 두드려 튀기듯 구운 '밀라노풍'이 유명하지만, 여기서는 고기 덩어리를 먹는 듯한 맛을 표현한 커틀릿을 소개한다. 고기는 말고기를 사용하는데, 그 이유는 생고기로도 먹을 수 있는 말고기라면 두껍게 구워서 속을 레어 상태로 마무리할 수 있기 때문이다. 부위는 기름기가 적고 쇠 맛 나는 붉은 살코기의 감칠맛이 고스란히 전해지는 안심으로 했다. 안심은 부위별로 맛이 다른데, 결이 촘촘한 부분은 감칠맛이 보다 강하고 식감도 확실한 반면 한가운데의 가장 연한 부분은 부드러운 맛이 난다. 그래서 다 오르모에서는 전자는 숯불구이로, 후자는 커틀릿으로 만든다.

조리할 때는 우선 말고기 자체의 존재감을 높일 필요가 있다. 구입한 고기는 탈수시트로 싸서 2일간 수분을 제거하고 방수종이로 싸서 5일간 숙성시켜 감칠맛

을 높인다. 사전에 어느 정도 수분을 제거해두면 튀김옷을 입힐 때 질어지지 않고 가열 중에도 수분이 나올 우려가 없다. 그리고 존재감 있는 커틀릿을 만드는 데 중요한 것이 튀김옷의 상태다. 부드러운 고기와의 균형을 생각해 수제 포카치아를 거칠게 빻은 빵가루로 아주 고소하게 튀기듯 구워 바삭하게 마무리했다.

가열은 고기가 기름에 반쯤 잠긴 상태에서 행한다. 버터와 엑스트라 버진 올리브오일을 같은 비율로 합쳐 버터의 향을 튀김옷에 입히는 느낌으로 프라이팬을 흔들면서 180℃를 유지한 상태에서 균일하게 익힌다. 튀김옷이 쿠션이 되어 고기에 간접적으로 열이 가해지기 때문에 퍼석해지기 쉬운 말고기도 촉촉하게 마무리된다. 뜨겁고 바삭하고 고소한 튀김옷에 다소 미지근하고 부드러운 상태의 고기가 대비되는 식감도 매력이다.

말고기 안심 커틀릿

고소한 튀김옷을 입혀 레어로 마무리한 말고기 안심의 촉촉한 부드러움과 씹었을 때 살아있는 육즙을 맛볼 수 있는 붉은 살코기의 감칠맛을 강조한 커틀릿이다. 비네그레트 소스로 갓 등을 버무린 샐러드를 곁들여, 그 쌉쌀한 맛과 매운맛, 신맛으로 고기의 감칠맛을 돋보이게 했다.

마무리

❶ 말고기 안심 커틀릿의 기름기를 빼고, 한쪽 면에만 소금을 뿌려 접시에 담는다.

❷ 적당히 자른 갓, 처빌, 야생 루콜라, 차이브, 딜을 비네그레트 소스에 버무려 곁들이고, 커틀릿에 검은 후추를 뿌린다.

211

1 고기를 1주일간 숙성시킨다

말고기(구마모토현산) 안심을 탈수시트로 싸서 2일간 수분을 제거한다. 그리고 고기나 생선을 보관할 때 사용하는 방수종이로 싸서(사진) 냉장고에 넣고 다시 5일간 숙성시켜 감칠맛을 높인다.

2 3㎝ 두께로 자른다

안심살 중앙 부근의 부드러운 부분을 사용한다. 안을 레어로 마무리하기 위해 2㎝ 두께로 굽고 싶지만, 부드러운 고기에 튀김옷을 입혀 구우면 얇아지기 때문에 3㎝ 두께로 썬다.

3

2를 1인분 분량(약 80g)으로 잘라낸다. 표면에 붙어있는 지방이나 얇은 막, 힘줄 등을 깨끗이 제거하고 육질이 균일한 상태로 만든다.

4 상온에 둔다

나중에 효율적으로 익히기 위해 상온에 두었다가 사용한다. 단, 고기가 건조해지지 않도록 랩에 싸서 둔다(사진은 랩을 벗긴 모습).

5 고기에 튀김옷을 입힌다

밀가루를 전체적으로 얇게 묻혀서 달걀물에 둥글린다. 고기에 직접 소금을 뿌리면 수분이 나와 튀김옷이 질어지므로 소금과 후추는 뿌리지 않는다.

6

고기에 빵가루를 누르듯이 묻힌다. 빵가루는 수제 포카치아를 건조시켜 거칠게 빻은 것으로, 고기의 맛과 함께 튀김옷의 식감과 고소함을 내는 것이 목적이다.

POINT 말고기 자체의 붉은 살코기의 맛으로 개성을 드러낸다

쇠 맛 나는 붉은 살코기의 감칠맛이 특색 있는 말고기는 저칼로리 고단백으로 미네랄과 각종 비타민이 풍부하다.
말고기는 이탈리아 요리나 프랑스 요리에서도 등장하지만, 일본에서는 구마모토와 나가노의 향토 음식으로 사랑받아왔다.
생고기로 먹을 수 있는(산지에 따라 한 번 냉동한다) 고기가 유통되고 있기 때문에 일본에서 생고기의 규제가
엄격해지는 가운데 주목을 받고 있다. 일본에는 구마모토산과 후쿠시마산이 많고 외국에는 캐나다산이 많다.

7 기름에 담가 굽는다

버터의 풍미를 입히면서도 말고기의 풍미를 살리고 동시에 타지 않게 하기 위해 같은 양의 엑스트라 버진 올리브 오일도 프라이팬에 넣어 가열한다.

8

버터 색이 변하면 고기를 넣고 중불을 유지하면서 튀기듯 굽는다. 기름은 고기가 반 정도 잠길 만큼 넣는다.

9

기름에서 거품이 일 정도인 약 180℃를 유지한다. 온도가 과열되지 않도록 프라이팬을 흔들어 온도를 조절하면서 고기를 뒤집어 양면에 구운 빛깔을 낸다.

10 옆면도 굽는다

양면에 고소한 구운 빛깔이 생기면 집게로 고기를 세워 옆면에도 구운 빛깔이 나게 하는 동시에 버터의 풍미를 입힌다.

11 소금과 후추를 뿌린다

겉은 뜨겁고, 속은 레어에 가까운 상태다. 씹었을 때 튀김옷과 소금기, 고기의 감칠맛을 느낄 수 있도록 한 면에만 표면이 약간 희게 될 정도로 소금을 뿌리고, 후추도 뿌린다.

Q18
속을 채운 고기를 잘 구우려면?

담당 _ 후루야 소이치(르칸케)

A
속을 채우는 재료를 적당량으로 맞춘다

메추라기는 크기가 작고 육질과 맛 모두 섬세하다. 그 맛을 살리려면 뱃속을 채우는 재료의 양을 고기 무게의 절반 이하로 해서 메추라기의 존재감을 살리도록 한다. 또한 담백한 고기에 유분과 수분, 감칠맛을 보완할 수 있고 고기를 촉촉하게 구울 수 있는 재료를 합친다.

메추라기는 한 사람당 한 마리를 제공하기에 딱 좋은 크기이기 때문에 르칸케에서 자주 사용한다. 맛은 비교적 담백하기 때문에 속을 채워 넣고 유분을 보충해 촉촉한 육질과 속재료 맛이 잘 어우러지게 만든다.

여기서는 소시지 모양으로 만든 약간 큼지막한 파르스를 채워 넣기 때문에 배를 갈랐지만, 쌀이나 채소로 만드는 부드럽고 섬세한 파르스를 사용하는 경우에는 배를 가르지 않고 내장만 빼내도 된다. 그러나 어쨌든 메추라기가 주인공이기 때문에 그 맛을 해치지 않도록 속에 채우는 재료는 고기 무게의 절반 이하로 한다.

너무 가열하면 단단해지는 경향이 있는 메추라기고기를 촉촉하게 구우려면 아로제와 휴지를 반복하면서 천천히 익히는 것이 중요하다. 가열한 버터를 고기에 끼얹으면서 열을 가하고, 휴지시키는 동안에 남은 열로 익힌다. 아로제하는 버터는 무스 상태를 유지하면 온도를 일정하게 유지할 수 있어, 고기에 부담이 되지 않는다. 또한 일반적으로 고기를 구울 때 가열하는 시간과 휴지시키는 시간이 거의 같은 것으로 알려져 있지만, 메추라기는 휴지시키는 시간을 길게 갖는 것이 좋다.

아로제와 휴지를 반복하는 횟수는 상온에 꺼내둔 고기라면 2~3회, 냉장고에서 꺼낸 지 얼마 안 된 고기라면 3~4회를 기준으로 한다. 중심온도가 60℃ 정도 올라가고 채워 넣은 푸아그라가 스르르 녹아내리는 상태를 목표로 한다. 다만, 동일한 푸아그라라도 여기서처럼 생으로 채워 넣으면 온도가 오르기 쉽고, 한 번 가열한 테린을 채운 경우는 온도가 상승하기 어려운 성질이 있다. 푸아그라를 녹이고 싶지 않을 때는 테린을 사용하거나 생 푸아그라를 리솔레해서 채우는 등 목적과 용도에 맞게 파르스를 생각하는 것도 중요하다.

트뤼프의 풍미가 느껴지는 카이유 파르시*

브르타뉴산 메추라기에 속을 채워 촉촉하게 구웠다. 트뤼프, 푸아그라, 부뎅 블랑boudin blanc(닭, 송아지, 돼지 등 흰 살코기로 만든 소시지)을 섞은 속재료는 향이 좋고, 식감이 살살 녹는 듯하다. 여기에 맞게 칡가루를 넣어 걸쭉하고 투명하게 만든 마데르 소스가 메추라기의 응축된 감칠맛을 한층 돋보이게 한다. 트뤼프를 묻힌 뇨키를 곁들인다.

* 속을 채운 메추라기 요리.

트뤼프 소스

❶ 콩소메에 트뤼프 조각을 넣고 불에 올린 뒤 믹서로 섞는다.

❷ ①에 마데르 소스를 넣어 섞는다. 물에 푼 칡가루를 넣고 가볍게 섞는다.

마무리

❶ 카이유 파르시를 반으로 자른다.

❷ 접시에 트뤼프 소스를 흘려놓고 ①을 담는다.

❸ 다진 검은 트뤼프를 묻힌 뇨키를 곁들인다.

1 속재료를 만든다

랩에 얇게 썬 트뤼프를 펼쳐놓고, 트뤼프가 들어간 부뎅 블랑을 올린다. 생 푸아그라를 얹어 소금과 후추를 뿌리고, 트뤼프로 싸듯이 둥글게 막대 모양으로 만든다.

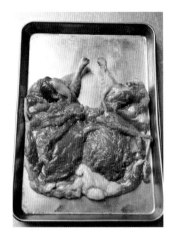

2

메추라기(브르타뉴산)를 벌리고 넓적다리 이외의 뼈를 발라낸다. 연한 가슴살을 잘라내고 가슴살 얇은 부분에 겹쳐서 두께를 균일하게 정돈한다. 소금과 흰 후추를 뿌린 뒤 3시간 이상 둔다.

3 속을 채운다

메추라기의 껍질이 아래로 향하게 놓고 배 중앙에 1을 세로로 올린다. 양쪽에서 고기를 펴면서 씌워 속재료를 숨기듯 감싼다. 목의 껍질을 늘려 펴서 배 부분을 덮고 모양을 정리한다.

4

연실로 목 껍질을 배 부분과 꿰매 붙인다. 같은 실로 그대로 배 부분을 항문 쪽으로 봉한다. 한 가닥의 실로 꿰매기 때문에 마무리할 때 한 번에 실을 뽑아낼 수 있다.

5

넓적다리를 목 쪽으로 기울이고 다리 끝을 교차시켜 실로 묶는다. 이 상태에서 뱃살이 느슨하지 않고 너무 죄지도 않은 상태가 이상적이다.

6 구운 색을 낸다

프라이팬에 식용유를 두르고 강불에 달군 뒤, 소금과 후추를 살짝 뿌린 5를 넣는다. 옆면부터 구운 색을 내고 고기를 굴리면서 모두 골고루 익도록 굽는다.

POINT **휴지시키면서 천천히 속까지 익힌다**

메추라기고기는 육질이 치밀하고 익히면 퍼석해지기 쉽다.
그래서 무스 상태로 만든 버터로 아로제해서 고기가 죄여지기 시작하면 바로 불을 끄고
휴지시키는 과정을 반복한다. 남은 열로 천천히 채워 넣은 속까지 익히는 것이 중요하다.

7 휴지시킨다

기름이 줄면 보충해 전체를 굽는다. 전면에 구운 빛깔이 나면 튀김망 트레이에 옮겨 따뜻한 곳에서 1~2분간 휴지시킨다(80℃ 정도의 플라크 위 선반을 사용).

8 아로제하면서 굽는다

6의 프라이팬에 남아있는 기름을 버리고, 버터 2큰술을 넣어 플라크에서 가열한다. 버터가 옅은 갈색이 되면 메추라기 등 쪽이 아래로 향하게 놓고 가슴살, 넓적다리살을 중심으로 아로제한다.

9

2분간 아로제를 계속해 고기의 표면에 탄력이 생기면 트레이에 옮겨 다시 따뜻한 곳에서 5분간 휴지시킨다. 이 단계에서는 50% 정도 익은 상태다.

10

다시 가열한다. 버터를 무스 상태로 유지하면서 퍼석해지기 쉬운 가슴살이나 접힌 넓적다리살 틈을 중심으로 아로제한다. 하복부에 탄력이 생길 때까지 3분간 계속한다.

11

5분간 휴지시킨다. 이 단계에서는 70% 정도 익은 상태다. 중심온도가 60℃가 되고 푸아그라가 녹기 시작할 때까지 다시 한두 번 같은 과정을 반복하고 마지막에 다시 휴지시킨다.

12 트뤼프를 넣는다

10의 프라이팬에 얇게 썬 검은 트뤼프를 넣어 익힌다. 메추라기의 실을 뽑고 등을 아래로 향하게 놓은 뒤, 트뤼프와 버터를 끼얹어 향을 입힌다.

Q19
실패하지 않는 고기파이를 만들려면?

담당 _ 데지마 준야(오텔 드 요시노)

A

속재료는 풍미와 식감이 좋은 것을 사용한다

씹는 맛이 있는 고기, 육즙이 가득한 다짐육, 깊은 감칠맛이 있는 푸아그라, 바삭하고 고소한 견과류 등
다양한 풍미와 식감의 식재료를 사용하여 색다른 맛이 있는 화려한 요리를 만든다.

잘 익지 않는 식재료는 미리 익혀둔다

잘 익지 않는 덩어리 고기 등은 반죽으로 싸기 전에 미리 익혀, 모든 재료가 동시에 익을 수 있도록 조절한다.
고기와 푸아그라는 구우면 풍미가 더 높아지는 것 외에도 여분의 지방이 빠져서 구울 때 수축도 막을 수 있다.

고기를 파이로 싸서 구우면 감칠맛 있는 속재료의 육즙과 바삭하고 고소한 뛰타주가 잘 어우러진 일체감을 느낄 수 있다는 것이 매력이다. 하지만 덩어리 고기와 다짐육 등을 합친 속재료와 밀가루와 버터를 기반으로 한 반죽이라는, 성질이 전혀 다른 두 가지를 동시에 익히기는 쉽지 않다. 겉은 잘 구워져도 속이 잘 익지 않거나 반죽 안쪽이 잘 익지 않는 경우가 있다.

제대로 익히려면 채우는 속재료용 고기 등을 미리 익혀두고, 다 만든 뒤에 구울 때는 몇 단계로 나눠 반죽과 채우는 속재료를 서서히 익혀야 한다. 여기서는 성형한 어린 비둘기의 쇼송 오 폼므chausson aux pommes를 4단계로 굽는다. 다른 풍미와 식감으로 인한 중층적인 맛을 표현하기 위해, 속재료로 덩어리 고기와 다짐육, 푸아그라 등 여러 요소를 사용한다. 그중 어린 비둘기 가슴살과 푸아그라는 성형 전에 미리 익혀둔다. 이렇게 해서 익히는 타이밍을 맞추는 동시에 채우는 속재료에도 고소함을 내기 위해서다.

다음은 굽기다. 180℃ 컨벡션오븐에 넣고 서서히 가열한 뒤, 230℃ 오븐에서 앞서 가열한 시간의 1/3 만큼 가열하고 휴지시킨다. 그런 다음 280℃ 컨벡션오븐에 넣고 순간적으로 가열한다. 즉, 맨 처음 컨벡션오븐에서 반죽을 바짝 구운 뒤, 오븐에 넣고 전체를 차분하게 가열한다. 그런 다음, 남은 열로 속까지 익게 하고 마지막 컨벡션오븐에 넣고 반죽을 바삭하게 마무리하는 것이다. 속재료에는 두 종류의 다짐육을 섞어 사용했다. 하나는 어린 비둘기고기이고 또 하나는 돼지고기 삼겹살이다. 돼지고기 삼겹살은 그대로 사용하면 기름이 나와 분리되기 쉬우므로 사전에 타기 직전까지 구워 물기를 제거하는 동시에 풍미를 높인다.

파이로 싸기 위한 이러한 작업에는 면밀한 준비가 필요하다. 속재료를 만드는 일부터 성형, 굽기까지 모두 혼자서 하는 것이 실패하지 않는 방법이라고 생각한다.

프랑스 랑드산 어린 비둘기 쇼송 오 폼므

쇼송 오 폼므는 육즙이 있는 어린 비둘기 가슴살을 비롯해 다양한 감칠맛이 있는 속재료와 그것을 싸는 고소한 퓌이타주가 매력이다. 여기에 숯불로 구운 넓적다리살과 연한 가슴살 그리예도 곁들여 어린 비둘기를 통째로 맛볼 수 있게 했다. 어린 비둘기 껍질이나 내장을 사용한 소스는 코냑이나 레드와인 식초로 색다른 맛을 내고, 세 가지 콩으로 부드러운 단맛과 깔끔한 풍미를 더했다.

소스

❶ 어린 비둘기 껍질, 날개, 목을 땅콩기름에 볶은 뒤, 껍질째 거칠게 으깬 마늘과 함께 230℃ 오븐에 넣어 굽는다.

❷ ①을 냄비에 옮겨 강불에서 볶아 구운 빛깔을 낸다.

❸ ②에 코냑, 레드와인을 순서대로 넣고 각각 알코올 성분을 날린 뒤 졸인다.

❹ ③에 레드와인 식초를 넣어 가열한 뒤 퐁 드 보, 쥐 드 피종, 콩소메 드 볼라유를 넣어 푸아그라 테린과 따로 둔 푸아그라를 녹인다.

❺ 어린 비둘기의 폐와 간을 두드려 핏덩어리와 함께 ④에 넣고 가열한다.

❻ 피의 풍미가 생기면 걸러 소금, 검은 후추로 간을 하고, 버터로 몽테(버터 등을 넣고 섞어서 풍미와 윤기를 주는 것–옮긴이)한다. 코냑, 레드와인 식초를 넣어 맛을 살린다.

브렛

❶ 근대를 줄기와 잎으로 나눈 뒤, 줄기를 데친다.

❷ ①을 잎과 함께 프라이팬에 넣고 뵈르 바뛰*로 익힌다. 줄기로 잎을 감는다.

* 버터에 졸인 퐁 드 볼라유를 넣은 것.

꾀꼬리버섯

꾀꼬리버섯을 잘게 썬 에샬롯과 마늘과 함께 버터로 볶는다. 다진 파슬리를 넣어 섞는다.

마무리

❶ 프랑스 랑드산 어린 비둘기 쇼송 오 폼므를 통째로 접시에 담아 고객에게 보여준다.

❷ 어린 비둘기 넓적다리살과 연한 가슴살에 소금과 후추를 뿌린다. 넓적다리살은 숯불에 굽고 껍질은 고소하게 마무리한다. 연한 가슴살은 그리예한다.

❸ 접시에 풋콩 퓌레, 각각 데쳐서 뵈르 바뛰로 가볍게 데운 누에콩, 풋콩, 완두콩, 브렛, 꾀꼬리버섯을 반원 모양으로 늘어놓는다. 소스를 흘려놓는다.

❹ 절반으로 자른 쇼송 오 폼므와 ②를 담는다. 쇼송 오 폼므의 단면에 거칠게 빻은 검은 후추, 소금(프랑스 게랑드산)을 뿌린다.

1 어린 비둘기를 분리한다

어린 비둘기(프랑스산)를 분리한 뒤 가슴살을 잘라낸다(자투리 고기와 간의 일부, 심장, 모래주머니는 속을 채우는 재료로, 넓적다리살과 연한 가슴살은 곁들임용으로, 껍질과 날개, 목과 나머지 간, 폐는 소스를 만드는 데 사용한다).

2 파르스 아 그라탱을 볶는다

땅콩기름을 두른 프라이팬을 강불에 올린다. 파르스 아 그라탱(221쪽 하단 참조)을 고소한 풍미가 나고 프라이팬 바닥에 즙이 생길 때까지 볶는다.

3 비둘기 마리네이드와 합친다

2와 비둘기 마리네이드(221쪽 하단 참조)에서 향초를 제외하고 합쳐 거칠게 간다. 달걀, 글라스 드 비앙드(퐁 드 보나 퐁 드 볼라유를 윤기가 날 때까지 졸인 것), 피스타치오를 섞는다. 사용하기 전에 1의 내장류를 새로 섞는다.

4 가슴살과 푸아그라를 굽는다

어린 비둘기 가슴살과 푸아그라에 소금과 후추를 뿌려 굽는다. 가슴살은 양면에 살짝 구운 빛깔을 낸다. 푸아그라는 여분의 지방을 제거해 고소하게 굽는다. 둘 다 기름을 닦고 식힌다.

5

구운 가슴살 두 조각을 평평하게 잘라 푸아그라와 얇게 썬 검은 트뤼프를 끼운다. 가장자리를 잘라 직육면체로 다듬은 뒤 랩에 싸서 식힌다.

6 반죽으로 싸서 성형한다

두께가 3mm인 푀이타주에 직경 9cm의 세르클을 놓고 1cm 높이까지 3의 파르스를 채운다. 5를 놓고 3을 빈틈없이 채운 다음 세르클을 떼고 둥근 모양으로 다듬는다.

POINT **가열 온도를 단계적으로 올린다**

180℃ 컨벡션오븐에서 반죽을 구운 다음, 230℃ 오븐에 넣고 전체를 차분하게 가열한 뒤 휴지시켜서 남은 열로 속까지 익힌다.
마지막으로 280℃ 컨벡션오븐에 넣어 반죽을 바삭하고 고소하게 마무리한다.

7

둥근 윗부분에 달걀노른자를 바르고 전체를 덮도록 푀이타주를 접어 갠다. 반죽과 둥근 돔을 밀착시켜 테두리를 자른다. 표면에 달걀노른자를 바르고 무늬를 넣는다

8 컨벡션오븐에 굽는다

7을 냉동실에 잠깐 넣어두었다가 구이판에 올리고 180℃ 컨벡션오븐에서 13~14분간 가열해 70% 정도까지 익힌다. 열을 대류시키면 반죽이 부풀어 오른다.

9 오븐에 옮긴다

구이판째 230℃ 오븐에 옮겨 최소 4분간 가열한다. 컨벡션오븐과는 달리 건조하지 않은 환경의 오븐에서 수분을 유지하면서 전체를 가열해 80% 정도까지 익힌다.

10 휴지시킨다

구이판째 가스레인지나 플라크 옆 등 따뜻한 곳에 두고 9의 가열 시간과 동일한 시간 만큼 휴지시켜 남은 열로 속까지 익힌다. 익은 정도를 확인할 때는 꼭대기에 쇠꼬치를 꽂아본다.

11 고온의 컨벡션오븐에 넣는다

휴지시키면 반죽이 말랑말랑해지므로 280℃ 컨벡션오븐에 넣고 1분간 가열한다. 반죽을 바삭하게 만들고 아주 고소한 구운 색을 낸다.

12 완성

클래리파이드 버터를 발라 윤기를 내고 손님에게 보인 뒤 주방에서 잘라 접시에 담는다. 자르기 직전에 280℃ 컨벡션오븐에 10초간 따뜻하게 데운다.

왼쪽 비둘기 마리네이드 _ 껍질을 제거한 어린 비둘기고기, 손질한 어린 비둘기 내장(간, 심장, 모래주머니), 껍질을 제거한 닭 가슴살, 막을 제거한 돼지 삼겹살, 푸아그라 등을 1㎝ 크기로 썬다. 이것을 얇게 썬 마늘, 타임, 월계수 잎(생), 파슬리, 코냑, 포르투 화이트와인, 화이트와인, 소금, 흰 후추와 섞은 뒤 표면을 랩으로 덮어 하룻밤 절여둔다.

오른쪽 파르스 아 그라탱 _ 막을 제거한 돼지 삼겹살, 돼지의 비계 부분, 손질한 닭 간을 1㎝ 크기로 썬다. 이것을 얇게 썬 마늘, 타임, 월계수 잎(생), 아르마냑, 코냑, 포르투 레드와인, 화이트와인, 소금, 후추와 섞은 뒤 표면을 랩으로 덮어 하룻밤 절여둔다.

Q20
가벼운 맛이 나는 고기파이를 만들려면?

담당 _ 고바야시 구니미츠(레스토랑 고바야시)

A
푸아그라의 기름기를 줄여 가벼운 맛을 낸다

속재료에 사용하는 푸아그라는 사전에 익혀 기름기를 줄인다. 달걀이나 빵가루를 사용하지 않고,
소의 아킬레스건과 가열할 때 넣은 버터의 응고 효과를 이용해 속재료를 붙인다. 감칠맛과 한데 어우러진 일체감이 나게 한다.

토끼고기 특유의 냄새와 잡맛을 제거하고 오렌지와 타임으로 향을 입힌다

고바야시 구니미츠 셰프는 "고기 냄새나 잡맛은 무거운 맛으로 이어진다"고 말한다.
그러므로 고기 중에서도 냄새가 적고 섬세한 맛이 나는 토끼고기를 사용하고, 이것을 다시 마리네이드하여 잡맛과 냄새를 뺀다.
마리네이드에는 오렌지와 타임, 파슬리 줄기 등을 사용해 상쾌한 맛과 향으로 청량감을 연출한다.

고기파이의 매력은 파르스의 촉촉한 식감과 파이 속에 갇힌 향, 그리고 파이와 파르스의 잘 어우러진 일체감이다. 하지만 중후한 맛 때문인지 특히 여름에는 레스토랑에서 취급하는 일이 별로 없다. 그래서 여기서는 여름에 어울릴 법한 가벼운 맛의 고기파이를 소개한다.

파르스에는 맛과 향이 부드러우면서 진한 감칠맛이 나는 토끼고기를 사용한다. 등살, 가슴살, 안심을 오렌지 껍질 콩피와 타임으로 마리네이드해서 수분을 제거하는 동시에 냄새를 제거한다. 고기의 잡맛이나 냄새는 먹다가 질리기도 쉽고 무겁게 느껴지기 때문이다. 그 후 버터를 입히면서 구워 고기의 감칠맛을 안에 가둔다. 여기서 50% 정도 익힘으로써 구울 때 모든 재료가 동시에 익도록 한다.

파르스에는 이 외에도 토끼고기와 내장, 송아지 자투리 고기, 소 아킬레스건을 화이트와인과 코냑에 재운 것을 추가한다. 일반적으로 서로 어우러지게 하기 위해 많이 사용하는 달걀과 빵가루는 점성이 있어 쉽게 질릴 수 있으므로 넣지 않고 대신 소 아킬레스건을 소량 넣어 젤라틴 성질을 이용한다.

또 하나 중요한 것은 푸아그라다. 푸아그라의 유분과 감칠맛은 고기파이에 없어서는 안 될 요소이지만, 무거운 느낌이 드는 것이 사실이다. 그래서 미리 가열하여 불필요한 지방을 제거하고 살짝 감칠맛을 느낄 수 있게 한다. 또한 곁들이는 채소에도 가벼운 맛을 의식한다. 남프랑스다움을 연상시키는 식재료인 당근과 회향을 캐러멜화하고, 토끼고기 양념에도 사용한 오렌지와 타임의 풍미를 입혀 맛에 통일감을 갖게 하는 동시에 상쾌한 향이 감돌게 한다. 또한 페르노와 토끼고기 육즙을 혼합한 소스를 흘려놓아 요리 전체를 감칠맛이 있고 새콤달콤한 느낌으로 마무리한다.

오렌지의 풍미가 느껴지는 캐러멜화한 뿌리채소와 토끼 푸아그라 고기파이

오렌지와 타임으로 상쾌한 풍미를 낸 토끼고기와 기름기를 뺀 푸아그라를 푀이타주로 싸서 구워 가볍게 즐길 수 있는 고기파이를 만들었다. 회향과 주황색 등 남프랑스를 연상시키는 맛과 소스, 식재료를 사용해 여름 음식을 표현했다.

페르노 소스

❶ 냄비에 잘게 썬 양파와 에샬롯, 페르노, 화이트와인을 넣고 걸쭉해질 때까지 끓인다.

❷ ①에 토끼고기 육즙, 얇게 썬 버섯, 토마토를 넣어 졸인 뒤 거른다.

곁들이는 채소

❶ 올리브오일을 넉넉하게 두르고 달군 냄비에 잎이 붙은 당근(껍질을 벗긴 뒤 뿌리 부분을 남기고 잎을 쳐낸 것)과 세로로 3등분한 회향 뿌리를 넣고 소금을 뿌린다. 표면에 고소한 빛깔이 날 때까지 약불로 가열한다.

❷ ①의 냄비에 절반으로 자른 그물버섯과 잘게 썬 그물버섯을 넣고 약불로 가열한다.

❸ 당근의 표면이 검게 탔으면 타임, 파슬리 줄기, 월계수 잎, 적당히 자른 오렌지를 넣고 오렌지 과즙과 발사믹 식초, 올리브오일을 뿌린다.

❹ 뚜껑을 덮고 20~30분간 찐다. 냄비에 고인 수분은 오렌지 풍미의 육즙을 만들기 위해 따로 둔다.

크림

❶ 사워크림에 라임 과즙과 카옌페퍼, 소금을 넣고 섞는다. 생크림을 넣고 한데 섞는다.

❷ 달걀흰자에 안정제(말토덱스트린)를 넣고 잘 섞는다.

❸ ①과 ②를 섞고, 강판에 간 오렌지 껍질을 넣는다. 냉동고에 넣어 식힌다.

마무리

❶ 토끼 푸아그라 고기파이를 1인분으로 잘라 접시 한쪽에 놓는다. 곁들이는 채소를 함께 놓고 오렌지 풍미의 육즙을 뿌린다.

❷ 당근 위에 크림을 올리고 강판에 간 오렌지 껍질과 라임 껍질, 딜을 장식한다.

❸ 페르노 소스를 흘려놓는다.

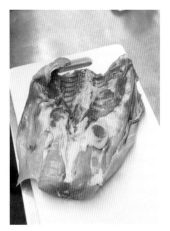

1 토끼고기를 손질한다

맛과 향이 진한 프랑스산 토끼를 사용한다. 간, 신장은 그 풍미가 주위에도 배어 있으므로 고기와 함께 두껍게 잘라낸 뒤 속재료로 쓰기 위해 따로 둔다. 힘줄은 눈에 띄는 부분만 제거한다.

2

등 쪽에서 칼을 넣어 등뼈와 지방을 제거하고 등살, 가슴살, 안심으로 잘라 나눈다. 식감을 살리기 위해 등살은 자르지 않고 그대로 사용한다. 자투리 고기는 속재료로 쓰기 위해 따로 둔다.

3 고기를 재운다

소금, 후추, 포르투 화이트와인, 오렌지 껍질 콩피, 꿀, 타임 등으로 2시간 반 동안 재워 고기의 풍미를 살린다. 꿀을 넣는 것은 고기에 탄력을 주기 위해서다.

4 고기를 미리 50% 익힌다

고기의 수분을 닦아내고 버터를 듬뿍 입혀가며 굽는다. 구운 색이 나지 않도록 주의하면서 50% 정도 익힌다. 여기에서 고기 맛과 향이 안에 스며든다.

5 각 내장을 재운다

토끼 가슴살 주위의 자투리 고기, 간, 신장과 송아지고기 등심, 삶은 소 아킬레스건을 네모나게 잘라 소금, 후추, 화이트와인, 코냑을 넣고 2시간 반 정도 재운다.

6 푸아그라를 익힌다

소금과 후추를 뿌리고 상온에 둔 푸아그라를 본체 내부온도 80℃, 중심온도 41℃로 설정한 스팀컨벡션오븐에 넣고 가열한다. 튀김망 트레이에 놓고 기름을 뺀다. 원기둥 모양으로 만들어 2시간 냉장 보관한다.

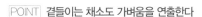 **곁들이는 채소도 가벼움을 연출한다**

캐러멜화한 당근, 회향, 그물버섯에 타임, 파슬리 줄기, 오렌지 과즙, 발사믹 식초 등으로 깔끔한 맛과 향을 더한다. 그런 다음, 냉동한 차가운 사워크림에 라임 과즙 등을 섞어 악센트를 줌으로써 요리 전체에 가벼움을 연출했다.

7 속재료를 만든다

랩에 토끼 가슴살과 안심을 놓고 등살을 올린다. 미리 가열한 고기에 입혀둔 버터가 식으면서 응고해 이후 식재료끼리 잘 붙게 하는 역할을 한다.

8

등살의 양쪽에 5를 깔아놓은 뒤 한쪽에 푸아그라를 놓고 타임을 뿌린다. 랩으로 통 모양으로 싼 뒤 구멍을 뚫어 공기를 빼고 다른 랩 한 장을 감는다. 30분 정도 냉장고에 넣어둔다.

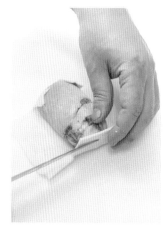

9 푀이타주로 싼다

속재료를 3등분하고 십자형으로 자른 푀이타주로 제각기 싼다. 가벼움을 연출하기 위해 반죽의 양은 최소한으로 한다. 열이 있으면 흐트러지므로 가급적 빨리 만든다.

10 스팀컨벡션오븐에 굽는다

하얗게 구워 보기에도 가벼움을 연출하기 위해 달걀물을 아주 얇게 발라 스팀컨벡션오븐에 넣는다. 달걀물은 달걀노른자, 물, 우유, 소량의 생크림을 혼합한 것이다.

11

본체 내부온도 175℃, 중심온도 54℃, 풍량 3으로 설정하고 중심온도계를 꽂아 굽는다. 15분 정도 지나면 중심온도가 54℃까지 올라간다. 표면에 희미하게 구운 빛깔이 나는 것을 확인한 뒤 꺼낸다.

12 완성

완성된 토끼 푸아그라 고기파이다. 반죽과 속재료가 잘 익어 푸아그라와 소 아킬레스건이 안에서 스르르 녹아내릴 것처럼 마무리했다.

버터를 듬뿍 사용해 풍미 있게 마무리한 푀이타주.
숙성 시간을 포함하여 완성까지 2일 정도 걸리기 때문에
조리하는 날로부터 역산하여 사전에 빚어둔다.

Q21
인상적인 쌈구이를 만들려면? ①

담당 _ 야스오 히데아키(콘비비아리테)

A

싸는 식재료도 풍미 있는 것을 사용한다

싸서 굽는 구이는 안에 향을 가두면서 익힐 수 있기 때문에 싸는 식재료도 풍미 있는 것을 사용하면 좋다.
여기서는 소금에 절인 포도 잎으로 상쾌한 향과 소금기를 더했다.

질이 좋은 다양한 식재료를 채워 넣어 풍미와 식감에 변화를 준다

식재료의 맛을 안에 가두는 쌈구이는 그 질이 중요하다.
풍미와 식감이 다른 식재료를 조합해 끝까지 질리지 않는 맛을 만든다.

쌈구이는 재료를 쌈으로써 향이 갇히고 또한 싸는 재료가 완충재가 되어 부드럽게 익는다. 보다 인상 깊게 조리하려면 풍미와 식감이 다른 식재료를 조합하는 것이 중요하다. 그러나 재료를 싼 뒤에는 식재료에 손을 댈 수 없기 때문에 사전에 '완성된 맛'을 그리고 냄새나 여분의 수분과 유분을 제거하는 작업이 필수적이다. 또한 성형할 때는 단면을 머릿속에 그려 속재료를 빈틈없이 배치하고 잘랐을 때 식재료의 균형이 잘 맞도록 신경 써야 한다.

쌈구이는 싸는 재료에 따라 다채로운 요리로 변화시킬 수 있는 것도 매력이다. 푀이타주나 파테 필로 pate filo(밀가루 혹은 옥수수가루가 주재료인 만두피와 비슷한 반죽-옮긴이) 등의 반죽, 망지網脂(소·돼지 등의 내장 주위에 붙어있는 그물 모양의 지방. 튀김 등의 요리 재료를 싸는 데 사용한다-옮긴이), 종이, 소금과 달걀흰자 또는 소금과 밀가루와 허브를 합친 소금가마塩釜 등 식재료가 다양하다. 여기서는 중국 요리의 통닭 찰흙구이를 변형시켜보

았다. 점토는 불이 잘 통하지 않는 만큼 차분하게 익는다. 점토 외에도 풍미를 입히기 위해 소금에 절인 포도 잎을 사용하고, 가열 중에 식재료에서 나오는 즙을 속에 스며들게 하기 위해 내열 필름을 사용해 손질해 재워둔 닭고기와 다진 고기, 딱새우와 구운 표고버섯을 썼다.

쌈구이는 익은 상태를 알기 힘든 요리다. 그런 만큼 싸는 재료에 따라 가열 온도와 시간을 어떻게 해야 할지 예측하고 이를 토대로 조정해야 한다. 사실 점토는 여기서 처음으로 취급하지만, 질감이 브리제 반죽에 가까워 브리제를 기준으로 하되, 보다 두껍기 때문에 열이 가해지기 어려울 것으로 생각하여 온도를 올리고 시간도 길게 잡았다. 쌈구이는 경험이 중요하다. 하지만 익었는지 살피면서 조정을 거듭하면 된다. 또한 마지막에는 남은 열을 활용한다. 쌈구이는 원래 완만하게 열을 가하는 방법이나 휴지시키면 속이 보다 촉촉하게 완성된다.

랑구스티노 크로메스키와 주키니 카르보나라를 곁들인
히나이도리 쌈구이

육즙이 촉촉한 닭고기를 중심으로 내장, 딱새우, 피스타치오와 여러 부분이 한데 어우러진 쌈구이다. 닭 육수와 말린 표고버섯을 담가둔 물을 끓인 소스와 딱새우의 아메리케느 소스를 곁들였다. 가열 중에 나온 육즙을 따로 곁들여 함께 맛을 보도록 권한다.

치킨 소스

쥐 드 퓌레에 말린 표고버섯 담가둔 물을 넣고 끓여 소금으로 간을 맞춘다.

랑구스티노 크로메스키

❶ 손질한 딱새우, 베샤멜 소스, 딱새우의 머리와 껍질, 꼬리로 만든 아메리케느 소스를 합친다.

❷ ①을 둥글려 작은 공 모양으로 만들고 밀가루, 달걀물, 빵가루 순으로 묻힌다. 180℃ 올리브오일로 고소하게 튀긴다.

❸ ②를 딱새우에 꽂는다.

주키니 카르보나라

❶ 수지 가공 프라이팬에 버터를 넣어 달군 뒤 국수처럼 가늘고 길게 자른 주키니를 넣고 소금을 뿌린다. 약간 숨이 죽으면 퐁 드 볼라유를 소량 첨가하여 살짝 익히듯이 볶는다.

❷ ①에 소량의 쥐 드 트뤼프, 네모나게 자른 훈제 스카모르차*를 넣어 섞는다.

❸ ②에 달걀노른자를 넣고 가볍게 데운다.

* 스카모르차 치즈를 벚나무 가지로 훈제한 것.

마무리

❶ 히나이도리(주로 아키타 북부 지역에서 사육해왔던 토종닭-옮긴이) 쌈구이를 포도 잎째 1.5cm 두께로 둥글게 자른다. 내열 필름에 고인 육즙은 유리잔에 넣는다.

❷ 접시 중앙에 치킨 소스를 둥글게 흘려놓고 주위에 아메리케느 소스를 활 모양으로 흘려놓는다. 치킨 소스 위에 ①을 올리고, 곁들이는 것을 담는다. 주키니 카르보나라 위에는 다진 생 후추 소금절임과 소금(영국 맬든산)을 뿌리고 얇게 썬 여름 트뤼프를 곁들인다.

❸ ①의 유리잔을 받침대와 함께 세팅해 ②의 접시에 올려놓고 요리와 함께 맛볼 수 있도록 권한다.

1 싸는 재료를 준비한다

포도 잎(1주일 염장한 것, 소금기는 빼지 않는다), 내열 필름, 점토(소독한 흙에 밀가루와 물을 섞어 이겨 반죽을 귓불 정도의 굳기로 조절한 것) 등 3가지를 준비한다.

2 고기와 마리네이드를 준비한다

통닭을 손질하고, 연한 가슴살과 넓적다리살 일부를 거칠게 갈아 파르스를 만든다. 가슴살과 나머지 넓적다리살, 심장, 모래주머니, 간, 껍질은 딱새우와 함께 포르투 레드와인, 소금, 설탕을 넣고 하룻밤 재워둔다.

3 식재료를 나란히 싼다

내열 필름을 펼쳐놓고 표면을 닦은 포도 잎의 깨끗한 면이 아래로 향하게 놓는다. 속재료를 빠짐없이 쌀 수 있게 잎을 빈틈없이 늘어놓아 가로 40×세로 25cm 크기의 면을 만든다.

4

3에 닭 껍질을 펼쳐놓고 가슴살 2장을 나란히 놓은 뒤, 파르스 일부를 올리고 표면을 고르게 한다. 그런 다음 파르스에는 에샬롯과 버섯 볶음, 달걀, 피스타치오를 섞는다.

5

넓적다리살을 앞쪽과 안쪽에 2개 늘어놓고 사이에 2의 심장과 모래주머니를 올린다. 서로 밀착되기 쉽게 모두 파르스의 일부를 휘감는다. 심장과 모래주머니 위에 간을 놓는다.

6

안쪽에 2의 딱새우를 놓고, 중앙에 물기를 제거하고 약간 두껍게 자른 표고버섯 조림을 놓은 뒤, 앞쪽에 다시 넓적다리살을 겹쳐놓는다. 나머지 파르스로 표면을 덮고 빈틈도 메운다.

POINT **싸는 재료의 재질과 두께에 따라 가열 온도와 시간을 정한다**

싸는 재료가 완충재 기능을 하기 때문에 식재료에 열이 온화하게 전달되지만, 남은 열로 더욱 육즙이 가득하게 마무리한다.
싸는 재료의 재질과 두께에 따라 익는 상황이 다르기 때문에 남은 열도 계산한 뒤 가열 온도와 시간을 정한다.

228

7 원통형으로 만다

내열 필름째 원통형으로 감아 양끝과 중간중간에 내열 끈으로 묶는다. 이음매와 퍼석해지기 쉬운 가슴살이 윗면에 오도록(가열 중에 아래의 구이판에서 열이 전해지기 때문에) 조절한다.

8

오븐시트 위에 점토를 두께 1×가로 50×세로 30cm 정도로 깔고 7을 놓는다. 오븐시트를 사용하여 점토를 위에서 씌우고, 이음매를 손가락으로 눌러 두께를 고르게 한다.

9 컨벡션오븐에 굽는다

오븐시트에 잘 싼 뒤 7과 마찬가지로 내열 끈으로 묶는다. 구이판에 올려놓고 220℃ 컨벡션오븐에 넣어 40분간 가열한다. 도중에 앞쪽과 안쪽을 반대로 해서 고르게 익힌다.

10 휴지시킨다

9의 오븐에서 80~90% 익힌 상태다. 구이판째 가스레인지 위의 선반 등 따뜻한 곳에서 10분간 휴지시켜 남은 열로 속까지 익힌다.

11 완성

오븐시트를 벗겨내고 손님에게 내보인다. 점토는 오랫동안 가열하면 돌처럼 딱딱해지는데, 여기서는 바싹 마르지는 않았다. 주방에서 칼로 칼집을 넣어 연다.

12

점토에 의해 열이 온화하게 가해져 속은 찜 상태가 되기 때문에 식재료는 촉촉하다. 내열 필름에 고인 육즙은 요리에 곁들인다.

싸서 구우면 속에 어떤 음식이 들어있을까 궁금해지는 기대감과 열었을 때 피어오르는 향이 먹는 재미를 더해준다.
손님 자리에서 개봉하기 어려울 때는 싼 것을 손님에게 보인 뒤 주방에서 잘라 각각의 접시에 나눠주고 나머지 덩어리도 함께 내놓으면 된다.

Q22
인상적인 쌈구이를 만들려면? ②

담당 _ 기시모토 나오토(람베리 나오토 기시모토)

A
잎으로 싼 어린 양고기를 콩소메와 함께 스팀컨벡션오븐에 넣어 쪄서 향이 풍부하고 전체가 잘 어우러지게 마무리한다

표면을 구운 양고기 어깨살을 무화과 잎에 싼 뒤 콩소메를 담은 그릇에 넣고 종이 뚜껑을 덮어 스팀컨벡션오븐에 가열한다. 고기는 망에 올려놓았기 때문에 액체에 잠겨 있지는 않지만, 가열 과정에서 서로 향이 잘 어우러진다.

고기를 다른 식재료로 싸서 익히면 풍부한 향과 고기의 부드러움을 표현할 수 있어 좋다. 여기서는 양고기와 무화과 잎을 사용했다.

우선 원통형으로 만 어린 양고기 어깨살을 구운 빛깔이 나게 구운 뒤 무화과 잎으로 싼다. 이것을 그릇에 담아 종이 뚜껑을 덮은 뒤 스팀컨벡션오븐에 넣고 가열하는데, 이 요리의 특징은 그릇에 무화과와 트뤼프로 향을 낸 콩소메를 붓는다는 것이다. 고기는 망에 올려져 있기 때문에 콩소메에 잠기지 않지만, 밀폐된 그릇 속에서 쪄지기 때문에 무화과 잎과 콩소메 풍미가 고기에 스며든다.

콩소메에 고기를 담그지 않는 것은 공기 중에서 가열해야 온화하게 익고 마무리가 안정되기 때문이다. 액체에 담가 가열하면 조림처럼 퍼석한 식감이 나오는 경향이 있고 마무리도 일정하게 완성되지 않는다.

찐 그릇째 손님 앞에 내놓고 종이 뚜껑을 열어 피어오르는 향을 즐기게 해준다. 이런 연출도 쌈구이의 묘미이기도 하다. 일단 주방에 가져와서 무화과 잎을 제거한 뒤 마무리로 고기를 숯불에 구워 고소함을 더한다. 고기를 담은 접시에 그릇에 남은 콩소메를 부어 완성한다. 양고기의 감칠맛과 무화과의 달콤함, 트뤼프의 농밀한 향이 한데 어우러진 콩소메를 부드러운 고기와 함께 즐길 수 있다.

람베리 나오토 기시모토에서는 이러한 오븐 요리는 모두 스팀컨벡션오븐을 사용한다. 온도와 시간을 엄격하게 관리할 수 있기 때문에 여러 번 반복하여 데이터를 파악해두면, 항상 일정하게 마무리할 수 있기 때문이다. 하지만 이 경우에도 여기서처럼 사전에 리솔레하거나 마무리로 숯불에 굽는 등 레스토랑이기 때문에 가능한 작업을 추가하여 인상 깊은 요리를 만들어내는 것이 중요하다.

트뤼프 향의 콩소메를 곁들인
어린 양고기 어깨살 무화과 잎 쌈구이

홋카이도산(차로멘 양 목장) 어린 양고기 어깨살을 원통형으로 감아 무화과 잎으로 싼 뒤 스팀컨벡션오븐에 구웠다. 이때 고기를 넣은 그릇의 바닥에 무화과와 트뤼프 풍미의 콩소메를 넣고, 종이 뚜껑으로 밀폐하여 냄새가 좋은 찜구이로 완성한다. 손님 앞에서 뚜껑을 열어 피어오르는 향을 즐길 수 있게 한다. 자른 고기에는 거른 육즙을 붓는다.

마무리

❶ 어린 양고기 어깨살 무화과 잎 쌈구이 그릇에 남은 콩소메를 걸러, 소금과 후추로 간을 한다.

❷ 자른 어린 양고기 어깨살을 그릇에 담고 여름 트뤼프와 무화과를 얇게 썰어 곁들인다. 고기에 거칠게 빻은 검은 후추를 뿌리고, 마이크로 허브를 장식한다.

❸ ②를 손님 자리에 내놓고 ①을 붓는다.

1 고기를 성형한다

어린 양고기 어깨살을 잘라 뼈를 발라
내고 힘줄을 손질한다. 직경 4cm의 원
통형으로 말아, 연실로 묶는다(400g).
소금과 후추를 뿌리고, 마늘을 문질러
향을 낸다.

2 구운 색을 낸다

철제 프라이팬에 올리브오일과 마늘을
넣고 가열한다. 향이 나면 고기를 넣고
전체에 구운 빛깔을 낸다. 여기서는 표
면만 살짝 익혔기 때문에 10%도 익지
않은 상태다.

3 휴지시킨다

고기에 고루 구운 빛깔이 나면 튀김망
트레이에 옮기고, 상온에 둔다. 여분의
지방을 떨어뜨리면서 10분간 휴지시
킨다.

4 그릇에 콩소메를 붓는다

내열 유리 그릇에 무화과 껍질, 트뤼
프, 오렌지 껍질, 타임, 백리향, 포와브
르 티뮤(감귤 향이 나는 네팔산 후추)를
넣은 콩소메를 붓는다.

5

그릇의 직경보다 작은 둥근 망을 준비
하고 무화과 잎 몇 장을 겹친 뒤 3의
고기를 올린다. 위에서도 무화과 잎을
씌워 고기를 빈틈없이 감싼다.

6 고기를 그릇에 넣는다

4의 그릇에 5의 고기를 망째 넣는다. 그
러나 고기가 콩소메에 잠기지 않도록
어느 정도 망이 떠 있게 한다.

POINT **콩소메 향을 입힌다**

그릇에 부은 콩소메는 무화과 껍질, 트뤼프, 오렌지 껍질, 타임, 후추 등을 넣어 향이 풍부하다.
이것을 고기와 함께 찌면 더욱 복합적인 향이 생긴다.

7 스팀컨벡션오븐에 굽는다

그릇에 오븐시트를 씌워 밀폐한 뒤 190℃ 스팀컨벡션오븐에 넣고 5분간 가열한다. 그 후, 따뜻한 곳에서 5분간 휴지시켜 남은 열로 80% 정도까지 익힌다.

8

그릇을 210℃로 올린 스팀컨벡션오븐에 넣고 2분 뒤 꺼낸다. 연출용으로 종이 뚜껑 표면을 살라만더를 이용해 탄 자국을 낸다. 테이블에 내놓고 손님 앞에서 뚜껑을 연다.

9

일단 손님 자리에서 주방에 가져와 고기를 마저 익혀 마무리한다. 종이 뚜껑을 벗겨 무화과 잎을 열고 고기를 꺼낸다. 콩소메는 따로 둔다.

10 숯불에 굽는다

고기를 숯불에 살짝 굽는다. 이렇게 하면 더욱 고소할 뿐 아니라 동시에 여분의 지방을 떨어뜨릴 수 있다. 고기를 묶었던 실을 제거하고 1.5*cm* 두께로 썬다.

기시모토 셰프는 준비부터 마무리까지 다양한 상황에서 스팀컨벡션오븐을 활용한다. 그는 "문을 열어 열기가 새어도 닫는 즉시 원래 온도로 돌아가기 때문에 여러 가지 요리를 동시에 할 때도 편리하다"고 말한다.

Q23
빵까지 맛있게 먹을 수 있는 빵구이를 만들려면?

담당 _ 가와이 겐지(앙드세쥬르)

A

반죽 자체에 풍미를 내고 가벼운 식감으로 마무리한다

강력분 밀가루에 병아리콩가루, 생크림, 올리브오일 등을 첨가한 반죽으로 만든 빵은 식감이 바삭하다.
빵만 먹어도 맛있을 뿐만 아니라, 강한 풍미의 양고기 못지않게 풍부한 맛을 내는 것을 목표로 했다.

오븐에 넣어 가열하기 전에 프라이팬에서 고기의 표면을 고소하게 굽는다

어린 양고기는 빵 반죽에 싸서 오븐에 넣기 전에 지방으로 덮인 면을 구운 뒤 다시 전체에 기름을 끼얹으며 아로제한다.
이렇게 하면 고기의 풍미가 높아질 뿐만 아니라 풍미가 높게 완성한 빵 반죽과 잘 어우러진다.

고기를 싸서 굽는 조리법의 매력은 반죽으로 고기를 쌈으로써 향을 가둘 수 있고, 찌듯 구움으로써 중심부까지 부드럽게 익힐 수 있다는 점이다. 하지만 반죽이 완충재 역할밖에 하지 못한다면 아깝다는 생각이 든다. 나는 반죽과 속에 채운 고기가 한데 어우러진 맛이야말로 싸서 굽는 조리법의 매력이라고 생각한다. 여기서는 그 점에 중점을 두고, 뼈가 붙은 어린 양고기 등살을 그대로 빵 반죽에 싸서 구웠다.

우선 반죽 자체를 맛있게 먹을 수 있게 하기 위해 강력분 밀가루에 병아리콩가루와 올리브오일 등을 넣어 맛이 풍부한 반죽을 만들고, 이탈리아 전통 빵인 포카치아에 가까운 바삭한 식감을 낸다. 양고기에는 파테 브리제와 쮀이타주를 곁들이는 일이 많지만, 향이 강한 고기이기 때문에 그에 못지않은 풍미가 강한 빵 반죽이 적합하다고 생각한다.

또한 고기와의 잘 어우러진 일체감을 표현하기 위해서는 각각 익히는 정도를 맞추는 것이 중요하다. 반죽은 밀가루 냄새가 나지 않고 고소하게 구워진 상태. 한편 어린 양고기는 그대로 먹을 때는 로제로 마무리하지만 여기서는 고소한 빵 반죽의 식감에 맞게 어느 정도 익혀두었다. 먼저 프라이팬에 지방과 고기 표면을 잘 구워 고소함을 낸 뒤, 빵 반죽으로 싸서 중심부까지 익혔다. 이때 반죽이 탈까 우려해 저온에서 가열하면 고기가 익지 않고 반죽의 바삭한 식감을 낼 수 없다. 240℃로 높게 온도를 설정한 오븐에서 10분간 가열한 뒤 따뜻한 곳에서 휴지시켜 남은 열로 중심부까지 익힌다. 최종적으로 고기는 미디엄 상태로 익혀 씹는 맛이 있게 마무리하고, 빵은 바삭하고 고소하게 구웠다.

빵에 싼 어린 양고기 구이

풍미가 강한 오스트레일리아산 어린 양고기를 반죽에 싸서 구워 먹음직스러움을 더했다. 여기에 어린 양고기 육즙에 마늘 퓌레를 넣어 졸인 소스와 바질과 마늘의 풍미가 나는 소스 오 피스투sauce au pistou를 조합하고 세미 드라이 토마토를 곁들여 남프랑스를 연상시키는 요리를 만들었다.

양고기 소스

냄비에 어린 양고기 육즙과 껍질째 로스트해서 거른 마늘 퓌레를 넣고 양이 절반이 될 때까지 졸인다. 소금으로 간을 맞춘다.

마무리

❶ 빵에 싼 어린 양고기 구이를 뼈 1개 분량으로 잘라 접시의 중앙에 담는다. 단면에 소금을 뿌린다.

❷ ①의 접시 여백에 어린 양고기 소스와 소스 오 피스투*를 흘려놓는다. 슈크린**을 곁들이고 세미 드라이 토마토를 장식한다.

❸ ②의 슈크린에 비네그레트 소스를 끼얹고 바질 잎을 장식한다.

* 바질과 마늘을 갈아, 엑스트라 버진 올리브오일과 섞은 것.
** 프랑스가 원산지인 로메인 상추의 일종.

1 양고기를 밑 손질한다

일본산에 비해 풍미가 강한 어린 양고기(오스트레일리아산) 등살을 사용한다. 뼈 3개 정도 크기(약 190g)로 자른 뒤, 비계의 두께가 5~6mm가 되게 잘라낸다.

2

뼈 주위의 힘줄과 지방은 잘 익지 않고 먹었을 때 입안에 남기 때문에 깨끗이 제거한다. 고소함을 내면서도 녹아내리기 쉽게 하기 위해 지방에 격자 모양으로 칼집을 넣는다.

3 표면을 고소하게 굽는다

뼈 부분을 깨끗이 마무리하기 위해 알루미늄 포일로 싸고 지방 부분에만 소금을 뿌린다. 프라이팬에 식용유를 두르고 지방을 아래로 향하게 넣어 중불~강불로 노릇노릇하게 굽는다.

4

지방이 녹아내려 고소한 향이 나면 약불로 바꾸고 고기 전체에 기름을 부으면서 고르게 익힌다. 프라이팬에서 고기를 꺼낸다.

5 고기를 휴지시킨다

표면만 바삭하고 고소한 구운 빛깔이 나고, 중심부는 차가운 상태다. 고기 표면이 따뜻하면 반죽이 흘러내리기 때문에 잘 식힌 뒤 다음 과정을 진행한다.

6 올리브 페이스트를 바른다

식힌 고기의 등뼈 끝에 붙은 갈비뼈를 가위로 잘라낸다. 고기의 전면에 소금을 뿌리고, 칼라마타 올리브 페이스트를 발라 풍미를 낸다.

POINT **고기를 제대로 익혀 존재감을 높인다**

양고기를 로스트할 때는 보통 로제 상태로 마무리하는 경우가 많지만 여기서는 좀 더 익혔다.
최종적으로는 미디엄 정도까지 익혀 씹는 맛을 강조했다. 빵과 함께 먹어도 고기의 존재감이 전해지도록 마무리한다.

7 빵 반죽으로 싼다

강력분을 베이스로 병아리콩가루와 올리브오일 등을 넣은 빵 반죽(하단 참조)을 밀대로 3mm 두께가 되게 민다. 어린 양고기의 지방이 위로 향하게 놓는다.

8

빵 반죽으로 고기를 씌우듯이 감싼다. 고기와 반죽 사이에 공기가 들어가면 고르지 않게 구워질 수 있으므로 스크래퍼를 사용하여 밀착시키면서 싼다.

9

강력분을 전체적으로 뿌린 뒤 냉장고에 5분간 넣어둔다. 굽기 직전에 냉장고에서 꺼내 빵 반죽이 가볍게 부풀면서 구워지도록 칼집을 넣는다.

10 오븐에 굽는다

240℃ 오븐에 넣고 6분간 구운 뒤 뒤집어 다시 4분간 가열한다. 빵 반죽이 부풀어 오르고 전체가 노릇노릇한 빛깔이 될 때까지 굽는다.

11 휴지시킨다

오븐에서 꺼내 따뜻한 장소로 옮긴다. 가와이 겐지 셰프는 "이때 남은 열로 고기의 중심온도가 55℃, 미디엄 정도가 될 때까지 제대로 익혀야 한다"고 말한다.

12 완성

고기의 온도를 균일하게 하기 위해 중간에 뒤집어준다. 10분간 휴지시킨 뒤 알루미늄 포일을 벗겨내고 칼로 뼈 1개분으로 잘라 곁들이는 채소와 함께 접시에 담아낸다.

빵 반죽은 강력분 200g, 병아리콩가루 50g, 그래뉴당 30g, 소금 3.5g, 드라이 이스트 7.5g, 달걀 25g, 생크림 12g(유지방 35%), 올리브오일 15g, 물 100g을 합쳐 푸드 프로세서에 돌리고 상온에서 45분간 발효시킨 뒤 냉장고에 넣어둔다. 강력분에 25% 분량의 병아리콩가루를 더하면, 깊이가 있고 볼륨감 있는 맛을 낼 수 있다.

Q24
단시간에 고기에 향이 배게 구우려면?

담당 _ 니이야마 시게지(라이카 세이란쿄)

A
얇게 썬 고기를 알루미늄 포일로 싸서 고온의 기름으로 가열한다

익기 쉽게 얇게 썬 고기를 양념에 버무려 부재료와 함께 알루미늄 포일에 싸서 170℃ 전후로 가열한 기름에 넣는다.
기름 위로 떠오른 윗면에도 끊임없이 국자로 기름을 끼얹는다.
고온의 열이 고기 전체에 간접적으로 전달되어 2분 정도면 고기 속까지 익는다.

다량의 기름 속에서 재료를 익히는 것을 중국에서는 '자炸'라고 한다. 식재료를 그대로 튀겨 기름 향과 바삭한 식감을 내는 경우가 대부분이지만, 여기서는 단시간에 고기에 향을 입히는 방법으로 식재료를 알루미늄 포일에 싸서 기름이 간접적으로 전달하는 고온의 열로 익히는 기법을 소개한다. 이렇게 하면 알루미늄 포일 속의 고기에는 함께 싼 식재료의 향이 배고, 양념이 스며들면서 익는다. 또한 기름은 물보다 온도를 올릴 수 있기 때문에 중탕으로 같은 조리를 했을 때보다 고온을 이용해 단시간에 가열할 수 있다. 오븐의 열이나 수증기와는 달리 기름은 눈에 보이고 국자 등을 사용하여 자유자재로 조절할 수도 있어 전방위로 가열하면서 강약 조절을 할 수 있다.

단시간에 익히기 위해서는 힘줄이나 껍질이 없고 지방이 적으며 얇게 썰어도 고기의 맛을 잃지 않는 부위를 선택하는 것이 좋다. 여기서는 돼지 안심살을 사용했다. 이 고기에 양념장의 맛을 흡수시키고 부재료로는 양념의 맛과 육즙을 잘 흡수하는 버섯을 첨가했다. 수분이 있는 버섯이면 고기가 퍼석해지거나 양념장이 눌어붙는 일도 없어 좋다. 여기에 향이나 풍미, 유지분을 부여하는 요소로 트뤼프와 버터를 사용해 고급스런 느낌으로 마무리하는 동시에, 서양 요리 등 다른 장르에서도 응용할 수 있게 했다.

식재료를 알루미늄 포일로 싸서 이음매를 봉한 뒤 기름 속에서 2분간 국자로 기름을 끼얹으면서 균일하게 익힌다. 이렇게 마무리하면 트뤼프 향이 피어오르고 고기를 씹으면 입안에 육즙이 퍼져나가는 동시에 트뤼프 향이 코를 통해 빠져나간다. 또한 양념과 육즙을 흡수한 버섯과 함께 그 풍부한 풍미를 맛볼 수 있다.

트뤼프의 풍미가 느껴지는 아사노 포크와 버섯 쌈구이

뜨거운 채로 접시에 담아 손님에게 내놓는다. 그 자리에서 알루미늄 포일을 열면 트뤼프의 향이 퍼진다. 파 기름이나 버터 등 기름의 감칠맛과 굴 소스의 맛이 어우러진 양념이 부드러운 돼지고기 안심과 버섯에 감 돈다. 상쾌한 향과 매운맛이 나는 청고추로 악센트를 준다.

마무리

아사노 포크와 버섯 쌈구이를 알루미늄 포일째 접시에 담아 손님 자리에 내놓는다. 손님 앞에서 알 루미늄 포일의 가장자리를 잡고 단번에 열어 뿜어 나오는 향을 느낄 수 있게 한다.

1 고기를 자른다

돼지고기(도치기현산 아사노 포크) 안심의 힘줄과 여분의 지방을 제거한 뒤, 1cm 두께로 썬다. 이 외에도 닭고기나 소고기 등 비교적 부드러운 육질, 특히 힘줄과 지방이 적은 부위가 적합하다.

2 부재료를 자른다

새송이버섯을 고기와 같은 두께로 썬다. 팽이버섯을 절반 길이로 썰어 잘게 떼놓는다. 단시간에 완전히 익히기 위해, 식재료는 얇게 썰거나 채 썬다.

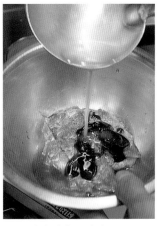

3 고기에 밑간을 한다

그릇에 1의 고기, 진간장, 노주, 굴 소스, 설탕, 후추, 파기름을 넣고 섞는다. 파기름을 넣는 것은 비교적 담백한 안심에 유지분과 풍미를 보충하기 위해서다.

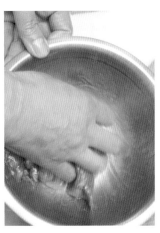

4

손으로 고기를 조물조물 무친다. 잘 무쳤으면 수용성 녹말가루를 넣고 섞는다. 그러면 양념에 점도가 생겨 고기에 잘 붙는다.

5 알루미늄 포일로 식재료를 싼다

알루미늄 포일을 사방 30cm 크기로 자른 뒤, 식재료를 싼다. 가운데에 2의 새송이버섯과 팽이버섯을 놓고 그 위에 4의 고기를 올린다.

6

고루 익도록 고기끼리 겹치지 않게 한다. 얇게 썬 여름 트뤼프와 버터를 소량 얹고 트뤼프오일을 몇 방울 떨어뜨린 뒤, 청고추(굵고 짧으며 별로 맵지 않은 것)를 곁들인다.

POINT 향이 강한 식재료와 육즙을 흡수하는 식재료를 함께 싼다

고기와 함께 싸는 식재료는 트뤼프처럼 풍부한 향을 가진 것이 좋다.
또한 새송이버섯과 팽이버섯처럼 가열 중에 빠져나오는 육즙과 양념을 잘 흡수하는 식재료가 적합하다.
육즙이 바깥으로 유출되지 않도록, 또한 기름이 유입되지 않도록 알루미늄 포일은 단단히 밀봉한다.

7

알루미늄 포일을 반으로 접은 뒤 끝에서 안쪽으로 만두피를 오므리듯이 접는다. 식재료가 움직이지 않도록 알루미늄 포일과 식재료 사이에 틈을 만들지 않고, 또한 식재료가 무너지지 않도록 주의한다.

8 기름으로 익힌다

중화냄비에 콩기름을 약불로 가열한다. 기름은 어떤 종류를 사용하든 상관없다. 150~160℃가 되면 7을 넣는데, 냄비 바닥에 알루미늄 포일이 붙지 않도록 기름의 양을 넉넉하게 넣는다.

9 기름을 끼얹는다

알루미늄 포일은 기름에 뜨기 때문에 밑면만 가열된다. 따라서 균일하게 익히려면 국자로 기름을 떠서 윗면에도 끼얹는다. 그동안에도 약불을 유지한다.

10

끊임없이 기름을 계속 끼얹는다. 기름의 온도는 160~170℃ 정도로 올라간다. 이에 따라 알루미늄 포일 속의 공기가 팽창한다. 싼 것이 부풀어 오르면 식재료가 거의 익었다는 신호다.

11 기름기를 잘 뺀다

알루미늄 포일의 이음매 부분에 기름을 끼얹었을 때 작은 거품이 튀면 가열을 마친다. 튀김망 트레이에 올려놓고 기름을 잘 뺀다.

12 완성

고기가 균일하게 익어 촉촉하고 부드럽다. 고기와 알루미늄 포일이 접한 부분이나 양념에는 조금 탄 자국이 붙어있고, 직접 구운 것처럼 고소하다.

Q25
단시간 가열해 조림을 만들려면?

담당 _ 오쿠다 도루(긴자 고주)

A
고기를 넣어 끓인 조림장의 남은 열로 익힌다

숯불로 가볍게 구운 뒤 남은 열을 식힌 고기를 끓는 조림장에 넣고 다시 끓어오르면 불에서 내려 상온에 1시간 정도 둔다.
이 남은 열기가 고기를 익히는 핵심이다. 고기에 부드럽게 열이 가해져, 맛이 잘 스며든다.

지방의 감칠맛이나 단맛과 어울리는 깔끔한 조림장을 만든다

지방의 감칠맛이나 단맛과의 궁합을 생각해 조림장도 풍부한 단맛과 감칠맛, 향을 갖게 만든다. 그러나 너무 진하면
맛이 무겁기 때문에 사용하는 재료는 미림, 술, 진간장으로 좁혀 잡맛이 없고 응축되지 않은 깔끔한 맛을 낸다.

여기서 소개하는 방법은 고기를 굽는 것 외에도 메인 요리답게 만들 수 없을까 고민하다가 생각해낸 방법이다. '굽기' 이외의 조리법이라면 '조리기'를 즉시 생각할 수 있다. 하지만 일본 요리에서도 가쿠니角煮(재료를 사각으로 잘라서 달게 졸인 요리-옮긴이) 같은 조림은 있지만, 아무래도 '고기다움'이 부족한 경향이 있다. 그래서 나는 진한 양념장에 장시간 졸이는 것이 아니라 고기 자체의 맛을 느낄 수 있게 조림을 만들 수 없을까 생각했다. 그 결과, 졸이는 시간을 극히 짧게 하고 남은 열을 이용해 익히는 방법을 찾아냈다. 구체적으로는 가볍게 구운 고기를 끓는 조림장에 넣고 가열한다. 조림장이 다시 끓으면 냄비를 불에서 내려 상온에 두고 휴지시킨다. 그런 다음 자른 고기에 따뜻한 조림장을 끼얹기만 하면 된다. 구운 고기의 열을 식힌 뒤 조림장에 다시 넣기 때문에 조림장의 온도가 순간 내려가지만, 곧 다시 끓기 때문에 가열하는 시간은 몇 분에 지나지 않는다. 대신 휴지시키

는 시간은 1시간 정도로 길다. 이 사이에 남은 열로 속까지 서서히 익히고 맛도 스며들게 하는 것이다. 고기는 A3~A4 등급 흑모화우 설로인을 사용하는데, 고기 내부까지 지방이 촘촘히 박혀 있기 때문에 이 지방을 통해 붉은 살코기에 효율적으로 열이 전달되는 것이라고 나는 생각한다.

고기는 먼저 숯불에 굽지만 상온에 두지 않고 차가운 상태로 사용함으로써 속까지는 익지 않도록 한다. 숯불에 굽는 목적은 메일라드 반응에 의한 고소함과 숯불 특유의 훈제 향을 고기 표면에 입히기 위해서다. 레어 같은 중심부와 식감 차이가 생기게 하는 것도 중요하다. 목표로 한 것은 '로스트 비프와 같은 조림'이다. 고기는 조림장에 1시간 이상 담가두어도 익는 정도는 달라지지 않지만, 시간이 지남에 따라 간장의 맛이 강해져 술의 향이 사라져버린다. 고기 자체의 맛을 즐길 수 있는 조림이 되도록 신경 쓰는 것이 중요하다.

가모가지와 머스터드를 곁들인 와규 설로인 조림

와규 설로인 조림은 오쿠다 도루 셰프가 고안한 '메인 요리다운 한 접시의 일본 요리'다. 조림장에 졸이는 시간을 최소화함으로써 고소한 표면의 안쪽은 아름다운 로제 색이고, 육즙이 풍부하게 마무리했다. 여기에 소고기의 존재감을 받아들일 수 있는 개성 있는 구운 가모가지를 곁들였다. 고기 위에 올린 머스터드가 요리에 색다름을 부여한다.

곁들이는 채소

❶ 가모가지 꼭지를 떼고 껍질을 벗긴 뒤 얼레빗의 등처럼 윗부분만 동그렇게 썬다. 물에 담근다.

❷ 냄비에 두 번째 육수(다시마와 가츠오부시에 남아있는 감칠맛을 다시 한 번 약불에 올려 끓어낸 것—옮긴이), 소금, 간장, 소량의 진간장을 넣고 가열한다.

❸ ②가 끓으면 ①을 넣고 살짝 끓인다.

❹ ③을 불에서 내려 키친타월로 덮고 얼음물로 급속 냉각한다.

❺ 내놓기 전에 ④를 육즙과 함께 데운다.

마무리

와규 설로인 조림을 7㎜ 두께로 썰고 한입 크기로 자른 가모가지와 함께 그릇에 담는다. 와규 설로인 조림의 조림장을 부어넣고 맨 위에 머스터드를 올린다.

1 소고기 지방을 제거하고 자른다

흑모화우 설로인은 적은 양이라도 맛있게 먹었다는 느낌이 든다. 설로인 중에서도 마블링이 촘촘하게 들어있어 부드럽지만, A5 등급만큼 지방이 강하지 않은 A3 또는 A4 등급 고기를 사용한다.

2

주위의 지방을 제거하고 육질이 균일한 가운데 부분을 5~6cm 폭으로 잘라낸다. 고기가 익는 상태에 그러데이션이 생기도록 고기의 두께는 3cm 정도로 두툼하게 자른다.

3 차가운 고기를 숯불에 굽는다

지방이 많은 고기는 상온에 두면 너무 빨리 익기 때문에 차가운 상태에서 사용한다. 소금은 뿌리지 않고 고기 두께의 절반 위치에 쇠꼬치를 3개 꽂아 고온의 숯불로 굽는다.

4

숯불에 향한 면에 고소한 구운 빛깔이 나면 뒤집어주고, 네 면을 차례대로 굽는다. 이 과정은 고기를 익힌다기보다는 표면에 숯불로 훈제 향과 고소함을 내기 위한 것이다.

5 기름기를 닦는다

쇠꼬치를 뺀다. 지방이 많은 고기이기 때문에 구운 뒤에는 표면에 기름이 흘러나와 있다. 키친타월에 싸서 닦아 번들거리지 않도록 한다.

6 조림장을 만들어 끓인다

냄비에 미림과 술을 넣고 가열함으로써 알코올 성분을 완전히 날린다. 식었을 때 진간장을 넣는다. 미림, 술, 진간장의 비율은 2:1:1로 한다.

POINT **지나치게 느끼하지 않은 지방과 부드러움을 갖춘 고기를 사용한다**

일반 조림과 달리 단시간에 연하고 육즙이 가득한 조림을 만들려면 마블링이 있어 부드러운 흑모화우 설로인을 사용한다.
그러나 구이와 달리 조리 중에는 그다지 기름이 빠져나가지 않으므로 기름기가 덜한 A3~A4 등급 고기를 선택한다.

7

6을 끓여 풍부한 단맛과 감칠맛, 향, 그리고 알맞은 짠맛이 나는 조림장을 만든다. 간장은 열을 가하면 풍미가 달라지기 쉽기 때문에 가열 시간을 최대한 단축하기 위해 마지막에 넣었다.

8 고기를 넣어 다시 끓인다

조림장이 끓으면, 열을 식힌 고기를 넣는다. 차가운 고기가 들어가면 냄비의 온도는 일시적으로 내려가지만 다시 끓어오른다. 조림장은 고기가 잠길 듯 말 듯한 양을 사용한다.

9 남은 열로 익힌다

끓으면 냄비를 불에서 내린 뒤 상온의 장소에서 1시간 정도 휴지시키며 남은 열로 익힌다. 휴지시키는 동안 고기의 표면이 건조하지 않도록 키친타월로 덮어둔다.

10 고기를 뒤집는다

끓인 조림장의 열로 고기에 부드럽게 열이 가해지는 동시에 서서히 조림장의 맛이 밴다. 주위의 온도가 높으면 너무 빨리 열이 가해지므로 주의한다. 맛이 고루 배도록 중간에 뒤집어준다.

11 고기를 자른다

조림장이 상온까지 식으면 고기를 꺼내 자른다. 썹기 쉽고, 한편 찜과는 다른 식감을 즐길 수 있도록 7mm 두께로 썬다. 속은 레어와 같은 색감이다.

12 조림장에 육수를 넣는다

냄비에 남은 조림장을 거른 뒤, 같은 양의 두 번째 육수를 넣고 살짝 끓인다. 상온의 고기에 뜨거운 국물을 끼얹어 살짝 데우면 살살 녹는 지방의 감칠맛과 단맛을 표현할 수 있다.

Q26
깔끔한 감칠맛이 나는 찜을 만들려면?

담당 _ 이소가이 다카시(크레센트)

A

거품과 기름을 철저히 걷어내고 육즙을 잘 거른다

양념장은 끓여 거품을 걷어내고 졸이기 전에도 다시 거품과 기름을 제거한다. 졸인 뒤 육즙은 걸러 소스로 쓰지만,
부직포에 다시 걸러줌으로써 보다 매끄럽고 보다 깔끔한 맛으로 마무리한다.

양념장에 4일간 재운 고기를 차분히 구워 슈크를 만든다

고기를 향미 채소와 함께 레드와인에 4일간 재워서 향과 감칠맛, 신맛을 충분히 스며들게 한 뒤, 차분히 굽는다.
여분의 지방을 떨어뜨리는 동시에, 냄비에 눌어붙은 슈크를 만들고 그 냄비에 양념장 등을 넣어 끓여 강한 감칠맛을 낸다.

찜 요리는 처음부터 끝까지 하나의 냄비로 조리함으로써 식재료의 맛과 향을 놓치지 않고 응축할 수 있는 점이 매력이다. 여기서는 프랑스 정통 찜 요리인 '소고기 레드와인 찜'을 만들었다. 이 요리는 레드와인에 재운 고기와 채소를 냄비에 볶다가 그 슈크와 함께 졸여 깊이 있는 맛으로 마무리하는 것이 기본이지만, 자칫하면 소박한 느낌을 줄 수도 있다. 그래서 나는 각 과정에서 거품과 기름을 철저히 제거하고 졸인 뒤 국물을 잘 걸러내 깔끔한 감칠맛과 부드러운 맛을 표현했다.

고기는 섬유질이 부드러워질 때까지 끓이면 퍼석해지기 쉽다. 그러므로 고기 자체의 맛을 살려 마무리하는 것이 중요하다. 식재료를 구리냄비에 넣고 170~180℃ 오븐에서 가열하는데, 고기의 감칠맛이 유출되지 않도록 국물은 고기가 잠길 정도의 양만 넣는다. 덮개와 냄비 뚜껑으로 이중 밀봉하여 수분의 증발을 막으면서 냄비 안에 조용한 대류를 만들어 미조테mijoter(약불로 천천히 오래 끓이는 일) 느낌으로 가열한다. 오븐의 본체 내부는 닫힌 공간이므로 열이 가득 차 모든 방향에서 균일하게 익는다. 냄비 바닥에 눌어붙을 염려도 적고, 가스레인지보다 온화한 불로 고기를 부드럽게 익힐 수 있다.

또한 고기는 흑모화우 암소의 히모니쿠ヒモ肉를 사용했다. 안심의 일부인 이 고기는 힘줄이 많고 지방과 젤라틴 성분이 적당히 들어있어, 찜용에 적합하다. 고기를 향미 채소와 함께 레드와인에 재우는데, 하루나 이틀 재워서는 풍미의 변화를 별로 느낄 수 없다. 여기서는 4일간 재워 강력한 맛을 끌어냈다. 와인은 상쾌한 향이 나는 가메종을 사용했다. 신맛이 강한 만큼, 국물은 향미 채소를 많이 넣고 마무리할 때 크렘 드 카시스(으깬 블랙커런트에 도수 높은 증류주를 붓고 설탕을 더해 만든 술-옮긴이)와 설탕으로 단맛을 더함으로써 신맛을 억제해 맛의 균형을 잡았다.

뵈프 부르기뇽

4일간 재워둔 소고기 안심은 중심부까지 레드와인이 스며들어 깊은 색과 맛이 난다. 그 표면을 감칠맛이 응축된 깔끔한 맛의 소스로 덮는다. 감자 그라탱을 곁들이며, 소스를 찍어 먹을 수 있도록 조림 바로 옆에 둔다. 그리고 찐 미니 양상추를 곁들여 가볍게 씹는 맛을 연출한다.

감자 그라탱

❶ 감자 껍질을 벗겨 1.5㎝ 두께로 썬 뒤 가운데를 얕게 깎는다.

❷ 냄비에 우유, 생크림, 으깬 마늘, 육두구, 소금을 넣고 ①의 감자와 깎은 부분을 추가한 뒤 15분간 끓인다.

❸ ②에서 감자를 꺼낸다. 액체를 졸여 걸쭉한 소스를 만든다.

❹ 감자에 ③의 소스를 끼얹고 살라만더에 넣어 표면에 구운 빛깔을 낸다.

양상추 찜

❶ 냄비에 버터를 두르고 적당히 자른 햄을 넣는다. 향이 나기 시작하면 햄을 꺼낸다(마무리용으로 따로 둔다).

❷ ①에 빗 모양으로 자른 미니 양파와 잘게 썬 당근을 넣는다. 절반으로 자른 미니 양상추(아베니르*)를 추가하고, 소금(프랑스 게랑드산)을 뿌린다. 치킨부용을 넣고 뚜껑을 덮어 가열한다.

❸ ②에 버터를 넣고 소금으로 간을 맞춘다. 다진 딜을 뿌린다.

마무리

❶ 접시에 감자 그라탱을 놓는다. 뵈프 부르기뇽 고기를 담고 소스를 끼얹는다. 그 위에 금박을 장식하고 검은 후추를 빻아 뿌린다.

❷ ①에 양상추 찜을 곁들이고 따로 둔 생햄을 올려놓는다.

* 로메인 상추와 샐러드용 양상추의 교배종.

1 고기를 자른다

소고기(흑모화우 A5 등급 암소) 안심의 가운데에 붙은 가늘고 긴 부위(사진 오른쪽)를 사용한다. 안심 주위의 지방을 제거한 뒤, 4~5cm 두께(약 70g)로 썬다.

2 양념장에 재운다

밀폐용기에 고기를 넣고 향미 채소와 부케 가르니를 얹는다. 레드와인(가메종)을 잠길 듯 말 듯하게 붓고 뚜껑을 덮어 4일간 재운다. 고기 속까지 양념장이 스며들게 한다.

3 구운 빛깔을 낸다

2의 고기 표면에 있는 물기를 가볍게 닦고 소금과 후추를 뿌린다. 포도씨오일을 두른 구리냄비에 넣어 표면에 고소한 빛깔이 날 때까지 굽는다. 고기를 뒤집어주면서 전면에 짙은 구운 빛깔을 낸다.

4

충분히 구워 여분의 지방이 빠져나가게 하고 고기의 구운 풍미로 육즙 맛에 깊이를 낸다. 냄비 바닥에는 감칠맛이 나는 슈크가 눌어붙는다. 산화된 기름을 버리고 이 냄비에 재료를 끓인다.

5 양념장에 재운 채소를 볶는다

고기를 꺼낸 2를 양념장, 채소, 부케 가르니로 나누고, 양념장은 끓인 뒤 거품을 걷어낸다. 4의 냄비에 버터를 넣어 채소를 볶고 뚜껑을 덮어 가열한다.

6 모두 섞어 끓인다

냄비에 토마토 페이스트, 강력분, 양념장 소량을 넣고 슈크를 데글라세한다. 고기를 냄비에 다시 넣고, 나머지 양념장과 퐁 드 보를 넣어 끓인다. 끓으면 거품을 걷어낸다.

POINT **구리냄비, 오븐, 이중 뚜껑을 사용하여 모든 방향에서 온화하게 가열한다**

열전도가 좋은 구리냄비를 오븐에 넣고 가열하여 냄비 안에 모든 방향에서 열을 보낸다.
그런 다음 육즙은 고기가 잠길 듯 말 듯한 양으로 줄이고 덮개와 냄비 뚜껑을 덮는다.
수분 증발을 억제하면서 냄비 안에서 조용한 대류를 만들어 온화하게 익히면 고기가 연해진다.

7 오븐에 넣고 가열한다

가열 중에 고기의 표면이 마르지 않도록 육즙은 고기가 잠길 정도의 양으로 한다. 종이(여기서는 버터 포장지를 사용)로 덮고 다시 뚜껑을 덮어 170~180℃ 오븐에 넣고 끓인다.

8

고기에 꼬치가 쑥 들어갈 때까지 가열한다. 시간은 45분 정도 걸린다. 바로 고기를 꺼내면 표면이 마르기 때문에 30분간 기다린 뒤 꺼낸다. 육즙은 걸러 데우고 거품과 기름은 제거한다.

9 소스를 만든다

작은 냄비에 육즙을 고기 분량의 80%까지 졸여 끼얹기 좋게 만든다. 크렘 드 카시스와 그래뉴당으로 단맛을 내고 소금을 뿌린다. 부직포에 걸러 보다 부드럽게 만든다.

10 진공팩에 재운다

1인분의 고기 약 70g과 고기의 80% 분량의 소스를 진공팩에 넣고 3일간 냉장고에 넣어둔다. 재운 고기는 맛이 좋지만 1주일 내에 다 사용하는 것이 좋다.

11 따뜻하게 마무리한다

진공팩째 85℃에서 중탕으로 따뜻하게 데운 뒤 소스를 냄비에 넣고 옥수수전분으로 만든 뵈르 마니에(밀가루와 버터를 섞은 것)로 걸쭉하게 만든다. 고기를 넣고 소스를 끼얹으면서 따뜻하게 데운다.

12 완성된 고기의 상태

흐물거릴 정도로 부드럽지는 않지만 육즙 가득한 고기의 감칠맛을 유지한 상태다. 섬유질이 다소 풀린 것 같은 식감 속에 젤라틴 질감이 뒤섞인다.

육즙을 깔끔하게 마무리하기 위해 표면에 떠 있는 거품과 기름을 제거한다.
또한 조금이라도 타면 쓴맛이 나기 때문에 가열하는 동안 냄비 바닥을 잘 살펴본다.

Q27
붉은 살코기를 퍼석해지지 않게 익히려면?

담당 _ 나카무라 야스하루(비스트로 데자미)

A

고기를 재워서 맛이 배게 함으로써 익히는 시간을 단축한다

사슴고기를 향미 채소, 베이컨과 함께 레드와인에 하룻밤 재운다.
냄새를 제거하고 동시에 고기에 맛이 배게 함으로써 끓이는 시간을 단축시킨다.

고기의 탄력이 남아있을 정도로 익힌다

붉은 살코기는 부드러워질 때까지 끓이면 퍽퍽해지기 때문에 여기서는 씹는 맛이 남아있을 정도로 마무리했다.
쇠꼬치를 꽂을 때 조금 안 들어가는 부분이 느껴지는 정도가 익히는 기준이다.

찜이나 조림이라고 하면 일반적으로 고기가 부드러워질 때까지 익히는 것을 연상하는 사람이 있을지 모르지만, 소고기나 오리고기 같은 붉은 살코기를 장시간 익히면 섬유질이 풀려 퍼석해지고 맛도 빠져버린다. 나는 붉은 살코기 특유의 강한 고기 맛을 느끼려면 익히는 시간은 2시간 정도로 한정하고 어느 정도 씹는 맛이 남아있게 마무리하는 것이 좋다고 생각한다.

여기서는 에조사슴 갈비를 사용하여 레드와인 찜을 만들었다. 고기는 삶으면 수축하는 것을 염두에 두고 마무리했을 때의 크기보다 약간 큼직한 4cm 폭으로 잘라낸다. 이때 고기의 단맛과 감칠맛을 살리고 촉촉한 식감으로 마무리하기 위해 지방을 적당히 남겨두는 것이 좋다.

이어서 향미 채소, 베이컨 등과 함께 레드와인에 하룻밤 재워 냄새를 제거하면서 향과 감칠맛을 보충하고 더 고소한 맛을 내기 위해 고기를 리솔레한다. 그러나 양념장에 재운 만큼 타기 쉽고, 탄 것은 국물에 녹으면 씁쓸한 맛이 나므로 주의해야 한다.

익힐 때는 냄비에 끓여서 거른 양념장과 부용 드 볼라유, 퐁 드 보 등을 합친 국물을 약간 넉넉하게 넣고 고기를 넣는다. 뚜껑을 덮을 때는 알루미늄 포일을 맞물리게 해서 밀폐 정도를 높여 수분의 증발을 막는 것이 좋다. 냄비 안에 고기와 채소, 국물의 감칠맛을 가두어 응축시키면 고기를 퍼석하지 않고 촉촉하게 마무리할 수 있다.

이 상태로 180℃ 오븐에서 2시간 익혔으면, 하루 동안 재워 맛이 배게 한다. 주문을 받은 뒤 작은 냄비에 덜어내, 레드와인 식초로 신맛을, 버터로 감칠맛을 더해 풍미 있게 마무리한다.

사슴 갈비 레드와인 찜

에조사슴 갈비의 탄력 있는 식감을 살린 찜이다. 갈비는 향미 채소와 함께 레드와인에 재워 풍미를 높인 뒤
"고기의 식감이 유지되는 한도(나카무라 셰프)"인 2시간 정도 익힌다. 레드와인 식초로 풍미를, 버터로 감칠
맛을 더한 육즙을 듬뿍 끼얹었고, 캐비아 드 오베르진(가지를 캐비아처럼 만든 것)을 채운 가지를 곁들인다.

곁들이는 채소

❶ 가지 꼭지를 따고 길이로 반을 잘라 180℃ 식용유에 튀긴다. 기름기를 빼고 직경 10㎝ 정도의 코
  코트 안쪽에 붙인다.

❷ 감자의 껍질을 벗긴 뒤, 5mm 두께로 얇게 썬다. 소금물에 데친다.

❸ 캐비아 드 오베르진을 만든다. 오븐에서 구워 잘게 썬 가지, 살짝 데쳐 잘게 썬 시금치, 1cm 크기
  로 자른 배(통조림), 잘게 썬 파르메산 치즈, 올리브오일, 검은 후추를 그릇에 넣고 섞는다.

❹ ③을 ①의 코코트에 채운다. ②를 코코트에 뚜껑을 덮듯이 씌운다.

❺ ④를 200℃ 오븐에 넣고 10분간 굽는다.

마무리

❶ 코코트에서 뗀 것들을 감자가 아래로 가게
  해서 접시에 담고 잘게 썬 차이브를 뿌린다.

❷ 사슴 갈비 레드와인 찜을 담고 육즙을 끼
  얹는다. 거칠게 빻은 흰 후추를 뿌린다.

1 고기를 잘라 나눈다

에조사슴(홋카이도산) 갈비(냉동) 2kg을 냉장고에 하루 동안 넣어두고 해동한다. 지방을 적당히 남기면서 여분의 지방 덩어리를 제거한다. 갈비뼈를 따라 4cm 폭으로 잘라 나눈다.

2 고기를 재운다

밀폐용기에 갈비, 양파, 당근, 셀러리, 마늘, 베이컨을 넣고 레드와인을 잠길 듯 말 듯하게 붓고 하룻밤 재운다.

3

2를 소쿠리에 담아 양념장을 걸러낸다. 갈비는 물기를 빼고, 채소류와 베이컨은 따로 둔다. 양념장을 냄비에 넣고 강불에서 끓여 거품을 걷어내고 거른다.

4 고기를 리솔레한다

3의 갈비에 소금과 후추를 뿌리고 강력분을 묻힌다. 프라이팬에 올리브오일을 두르고 흰 연기가 나면 일단 기름을 버리고 새롭게 소량의 기름을 두르고 고기를 넣는다.

5

고기에 고소한 풍미를 내고 흐트러지지 않게 하기 위해 고기의 양면에 진한 구운 색이 날 때까지 리솔레한다. 양념장에 재운 만큼 타기 쉽고, 타면 쓸쓸한 맛이 생기므로 주의한다.

6 찜의 베이스를 만든다

3의 채소류와 베이컨에 올리브오일을 두르고 볶다가 부드러워지면 소금을 뿌린다. 다시 약불로 12분간 가열한 뒤 강력분을 넣고 불을 끈다. 가루가 잘 섞일 때까지 섞는다.

POINT **끓일 때는 냄비를 밀폐하여 수분의 증발을 막는다**

국물의 양은 절반 정도가 될 때까지 졸일 것을 생각해서 냄비 높이의 70~80%까지 넉넉하게 넣는다. 또한 개구부에는 알루미늄 포일을 감아 수분 증발을 막고 뚜껑을 덮어 푹 끓인다.

7

6의 냄비에 양념장을 소량 첨가한 뒤 잘 섞고 나머지 양념장은 두 번에 걸쳐 나누어 넣는다. 따뜻한 퐁 드 보와 부용 드 볼라유를 냄비 높이의 70%까지 붓는다.

8

7을 중불에 올리고 5의 고기를 넣는다. 끓으면 위에 뜬 거품을 제거한다. 토마토 페이스트, 타임, 월계수 잎, 향나무 열매, 크렘 드 카시스를 넣어 잘 섞는다.

9 오븐에 넣고 가열한다

냄비 안쪽에 붙은 육즙을 깨끗이 뗀 뒤 냄비 개구부를 알루미늄 포일로 덮어 밀폐도를 높인다. 뚜껑을 덮고 180℃로 가열한 오븐에 넣어 2시간 익힌다.

10 고기와 육즙을 분리한다

고기에 쇠꼬치를 꽂을 때 잘 들어가지 않는 부분이 남아있을 정도가 되면 오븐에서 냄비를 꺼낸다. 그대로 상온에서 식혀 고기와 육즙을 나눈다.

11 맛이 배게 한다

육즙을 걸러서 냄비에 넣고 중불로 끓인 뒤 표면에 떠오른 거품과 기름을 걷어낸다(사진). 트레이에 고기를 놓고 끓인 육즙을 부은 뒤 냉장고에 하루 이상 재워 맛이 배게 한다.

12 마무리

냄비에 레드와인 식초를 넣고 끓여 졸인 뒤 11의 육즙을 넣는다. 갈비를 넣고 걸쭉해질 때까지 중불로 끓인다. 소금과 후추를 뿌리고 소량의 버터로 몽테한다.

Q28
모든 식재료가 잘 어우러진 찜을 만들려면?

담당 _ 야마자키 나츠키(엘 비스테카로 데이 마냐쵸니)

A

향미 채소, 향신료, 카카오 등 다양한 재료로 복잡한 풍미를 연출한다

천천히 가열한 향미 채소를 비롯해 홀토마토, 셀러리, 계피, 초콜릿, 건포도 등을 넣어 깊은 맛과 복잡한 맛을 표현한다.
육즙 베이스에 화이트와인을 사용하는 것도 이 요리의 특징이다. 이렇게 하면 복잡한 풍미가 있으면서도 무겁지 않은 맛을 낼 수 있다.

오븐에서 70%를 익히고, 나머지 30%는 남은 열로 익힌다

부드러우면서도 살살 녹는 듯한 식감이 아니라 고기답게 씹히는 식감을 내기 위해 남은 열을 활용한다.
오븐에 넣고 70%를 익힌 뒤 뚜껑을 닫은 채로 따뜻한 장소에서 1시간 정도 휴지시킨다.
이렇게 하면 천천히 열이 가해지기 때문에 고기가 흐트러지지 않고 부드러우며 국물 또한 졸아들지 않고 고기에 잘 스며든다.

소꼬리는 조리하는 데 많은 시간이 걸리고 뼈에 비해 살이 적어 메뉴에 올리기 쉽지 않은 음식이다. 그러나 풍부한 젤라틴 성분과 굵은 뼈에서 나오는 골수의 감칠맛은 다른 부위에서는 맛볼 수 없는 매력이다. 내가 요리 수업을 받은 로마에는 소꼬리에 향신료 등을 넣고 끓인 전통 요리가 있다. 여기서는 이것을 토대로 손님에게 강한 인상을 줄 수 있는 찜 요리 만드는 법을 소개한다.

찜의 최대 매력은 하나의 냄비에 다양한 재료를 넣고 끓임으로써 생겨나는 깊은 맛이라고 생각한다. 그렇기 때문에 맛 조절은 소금을 포함하여 가열하기 전에 하는 것이 좋다. 소꼬리와 육즙의 베이스가 되는 화이트와인 외에 네 종류의 채소와 세 종류의 향신료, 초콜릿, 건포도, 잣을 사용하여 복잡한 맛을 내는데 가열 중에 타기 쉬운 초콜릿 외에는 끓이기 전에 넣는다.

찜 요리에서는 가열 중 타는 것을 막는 일과 끓이기 전의 정성스런 밑 손질이 필수다. 냄비 안에 불쾌한 맛이 있으면 그것이 마무리에 반영되기 때문이다. 그러면 어떻게 태우지 않고 장시간 끓인 듯 맛이 잘 어우러지며 거기다 고기를 부드럽고 먹음직스런 상태로 만들 수 있을까? 내가 생각해낸 것은 오븐과 남은 열로 익히는 방법이다. 오븐에 넣고 70%를 익힌 뒤 남은 열로 고기의 부드러움과 맛의 깊이를 더하는 것이다. 찜은 냉장 보관했다가 따뜻하게 데워 제공하는 것을 전제로 80~90%만 익혀두고, 남은 10%는 내놓기 전에 따뜻하게 데울 때 익힌다. 모든 가열은 직화도 가능하다. 하지만 오븐을 사용하면 온도 관리가 쉬운 데다 냄비 바닥만 강한 열이 닿는 것이 아니기 때문에 고루 익힐 수 있어 더 좋다고 생각한다.

로마풍 소꼬리 찜

천천히 가열하여 감칠맛과 단맛을 응축시킨 향미 채소와 홀토마토, 화이트와인을 베이스로 대량의 셀러리, 향신료, 초콜릿, 건포도 등을 넣은 로마식 소꼬리 찜을 완성했다. 복잡한 맛과 먹음직스러워 보이는 모습이 소꼬리 찜의 매력이다.

마무리

따뜻하게 데운 로마풍 소꼬리 찜을 접시에 담는다.

1 소꼬리를 살짝 삶는다

소꼬리 지방을 표면을 얇게 덮을 정도로 깎은 뒤 30분간 소금물에 삶아 냄새와 여분의 지방을 뺀다. 기름기가 많을 때는 다음의 굽는 과정에서도 기름기를 줄여 느끼함을 막는다.

2 표면을 굽는다

소꼬리의 물기를 닦고 소금과 후추를 뿌린 뒤, 식용유를 두른 프라이팬에 굽는다. 고소하게 구워지면 프라이팬의 기름을 버리고 꼬리의 표면에 얇게 밀가루(박력분)를 뿌려 다시 굽는다. 이 가루가 루ʳᵒᵘˣ가 된다.

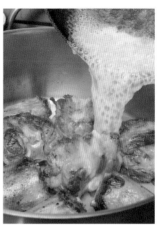

3 냄비에 식재료를 넣는다

소꼬리를 냄비에 옮긴다. 프라이팬에 화이트와인을 붓고 바닥을 긁어 냄비에 붓는다. 꼬리가 절반 정도 잠길 만큼 화이트와인을 넣는다. 화이트와인은 맛이 달콤하지 않고 쌉쌀한 것을 사용한다.

4 소프리토를 넣는다

냄비에 소프리토를 넣고 가열한다. 채소의 향과 단맛을 응축한 이 소프리토가 찜의 맛을 좌우한다.

5 맛을 정한다

셀러리, 홀토마토, 월계수 잎, 클로브, 계피가루, 소금을 넣고 잠길 듯 말 듯하게 물을 붓는다. 한소끔 끓인 뒤에 졸이는 것을 생각해서 맛을 결정한다.

6 오븐에 넣고 끓인다

뚜껑을 덮고 250℃ 오븐에 넣어 2시간 동안 가열한다. 중간에 냄비 안의 재료를 섞으면서 수분량을 확인하고 부족하면 물을 더 부어 타지 않도록 주의한다.

 **풍미가 강한 소프리토가 맛을 좌우한다**

이 찜은 천천히 채소의 단맛을 이끌어낸 소프리토가 중요한 역할을 한다.
소프리토는 냄비에 양파, 당근, 잘게 썬 셀러리(가지 부분), 소금, 올리브오일, 물을 넣고 끓여서 만든다.
따뜻해지면 뚜껑을 덮은 뒤 230℃ 오븐에 넣고 30~40분간 가열하여 완성한다.

7

2시간 끓인 고기는 뼈가 붙은 곳에 칼을 넣으면 뼈가 잘 빠지는 상태가 된다. 여기서 너무 부드럽게 하면 나중에 고기가 흐트러진다.

8 초콜릿 등을 넣는다

냄비를 오븐에서 꺼내고 다시 풍미와 식감을 풍부하게 하기 위해 카카오 함량이 65~75%인 초콜릿, 물에 불린 건포도, 잣을 넣어 섞는다.

9 남은 열로 천천히 익힌다

뚜껑을 덮고 가스레인지의 가장자리 등 따뜻한 곳에 1시간 정도 둔다. 냄비도 속의 내용물도 뜨거운 상태다. 그 남은 열이 가해지는 동시에 전체에 맛이 밴다.

10 한 접시 분량을 따로 데운다

꼬리는 젤라틴 성분이 많아 냉장하면 젤리 상태로 굳기 때문에 육즙째 한 접시 분량씩 봉지에 넣어 보관하면 취급하기 쉽다. 내놓기 전에는 소량의 물과 함께 냄비에 가열한다.

11

끓으면 뚜껑을 덮고 250℃ 오븐에 넣어 20~30분간 따뜻하게 데운다. 재료가 들어있는 육즙은 상당히 농도가 높다. 물을 넣긴 했지만 타지 않도록 주의한다.

12 완성

고기는 흐트러지지 않고 칼을 넣으면 잘 들어갈 정도로 마무리되었다. 꼬리의 가는 부분은 따로 두고 파스타 소스 등에 사용한다.

소꼬리는 뼈가 단단하고 균일한 크기로 자르기 어렵기 때문에 8~10㎝ 길이로 자른 것을 구입해 사용한다. 이번에 구입한 것은 2kg(약 2개분)이다. 야마자키 나츠키 셰프는 "흑모화우는 지방이 강하기 때문에 그렇지 않은 품종의 소꼬리가 적합하다"고 조언한다.

셰프 소개

미쿠니 기요미 三國淸三

1954년 홋카이도에서 태어났다. 제국호텔 (도쿄 우치사이와이초) 등을 거쳐 스위스 주재 일본대사관의 셰프가 되었다. 프레디 지라데의 가르침을 받은 뒤, 호텔 레스토랑 '메종 트루아그로', '알랭 샤펠' 등에서 요리를 연구하며 실력을 쌓았다. 1985년 '오텔 드 미쿠니'를 개업했다.

오텔 드 미쿠니 HÔTEL DE MIKUNI

주소 _ 東京都新宿区若葉1-18
전화 _ 03-3351-3810
https://oui-mikuni.co.jp
〈12쪽〉

니이야마 시게지 新山重治

1957년 아오모리현에서 태어났다. 캐피탈 도큐 호텔(도쿄 나가타초. 현재 더 캐피탈 호텔 도큐) 등에서 요리 수업을 받았다. 다치카와 리센트 파크 호텔 '로란' 등의 조리장으로 일한 뒤, 2004년 신주쿠교엔 앞에 '라이카', 2009년 가이엔 앞에 '라이카 세이란쿄'를 열었다.

라이카 세이란쿄 礼華 青蘭居

주소 _ 東京都港区南青山2-27-18
　　　 パサージュ青山1階
전화 _ 03-5786-9399
http://www.rai-ka.com/seirankyo
〈135쪽, 238쪽〉

이소가이 다카시 磯谷 卓

1963년 니가타현에서 태어났다. 지역 호텔 등에서 요리를 배운 뒤, 1986년에 프랑스로 건너갔다. '크로크다일(알자스)', '트루아그로(루아르)' 등에 근무했으며, 스위스 '지라데'에서 5년간 요리를 연구하며 실력을 쌓았다. 1997년에 일본에 돌아와 '크레센트' 조리장이 되었다.

크레센트 THE CRESCENT

주소 _ 東京都港区芝公園1-8-20
전화 _ 03-3436-3211
http://www.restaurantcrescent.com
〈21쪽, 246쪽〉

나카무라 야스하루中村保晴

1963년 이바라키현에서 태어났다. 로얄 파크 호텔(도쿄 스이텐구마에) 등을 거친 뒤, 프랑스에 건너가 파리의 '앙피클레스', '아피시우스' 등에서 요리 수업을 받았다. 귀국후 '오스트랄' 셰프를 거쳐 2002년에 '오구드 주르'의 셰프가 되었다. 2013년 4월에 독립했다.

비스트로 데자미 Bistro des Amis

주소 _ 東京都練馬区上石神井2-29-1
    ヨシモトハイツ1階
전화 _ 03-6904-7278
〈154쪽, 250쪽〉

하마자키 류이치濱崎龍一

1963년 가고시마현에서 태어났다. 도내에 있는 '바스타파스타'를 거쳐 이탈리아에 건너갔다. '다르 페스카토레(만토바)' 등에서 요리 수업을 받은 뒤 귀국했다. '리스토란테 야마자키(도쿄 노기자카)'에서 셰프로 일한 뒤, 2001년 말에 독립했다.

리스토란테 하마자키RISTORANTE HAMASAKI

주소 _ 東京都港区南青山4-11-13
전화 _ 03-5772-8520
http://ristorantehamasaki.com
〈16쪽〉

고지마 케이小島 景

1964년 도쿄에서 태어났다. 1988년 프랑스에 건너가 '알랭 샤펠(미오네)' 등에서 요리 수업을 받은 뒤, '루이 케인즈(모나코)'에서 프랭크 세루티 셰프 아래에서 부조리장으로 일했다. 2008년 귀국하여 '브누아(도쿄 오모테산도)' 셰프를 거쳐 2010년 '베이지 알란 듀카스 도쿄점' 셰프가 되었다.

베이지 알란 듀카스 도쿄BEIGE ALAIN DUCASSE TOKYO

주소 _ 東京都中央区銀座3-5-3
    シャネル銀座ビル10階
전화 _ 03-5159-5500
http://www.beige-tokyo.com
〈41쪽〉

하시모토 나오키橋本直樹

1964년 시즈오카현에서 태어났다. 프랑스 요리를 배운 뒤 이탈리아 요리의 길로 들어섰다. 1995년 '코코 고로조(도쿄 혼고)', 1998년 '라 크로체(도쿄 묘가다니)'를 개업했다. 2007년에 '리스토란테 피오렌차(현 이탈리아 요리 피오렌차)'를 열었다.

이탈리아 요리 피오렌차 Fiorenza

주소 _ 東京都中央区京橋3-3-11
전화 _ 03-6425-7208
http://www.carpediem1995.com/fiorenza
〈75쪽〉

오카모토 히데키岡本英樹

1965년 훗카이도에서 태어났다. '쉐 이노(도쿄 교바시)'를 거쳐 프랑스에 건너가 '메종 트루아그로'에서 4년간 요리 수업을 받았다. 귀국한 뒤 후쿠오카의 '하카타 젠 닛쿠 호텔' 조리장 등을 거쳐 2004년 '드 로안느(도쿄 에비스)' 셰프가 되었다. 2012년 8월에 독립했다.

르메르시만 오카모토 Remerciements OKAMOTO

주소 _ 東京都港区南青山3-6-7 b-town1階
전화 _ 03-6804-6703
http://chefokamoto.com
〈36쪽, 98쪽〉

고바야시 구니미츠小林邦光

1965년 도쿄에서 태어났다. 조리사학교 졸업 후, 호텔 근무 등을 거쳐 '로아라붓슈(도쿄 시부야)'에서 4년간 요리 수업을 받았다. 그 후 리조트 지역의 호텔 근무를 거쳐 도쿄 니시닛포리 비스트로 조리장으로 일했다. 1993년에 히라이에서 독립했다.

레스토랑 고바야시restaurant kobayashi

주소 _ 東京都江戸川区平井5-9-4
전화 _ 03-3619-3910
http://hard-play-hard-rk.com
〈182쪽, 222쪽〉

요코자키 사토시 橫崎 哲

1965년 오사카에서 태어났다. 권투 선수를 하다 30세의 나이에 요리사의 길로 들어섰다. 도쿄 니시아자부에 있던 '라페도르' 등에서 요리 수업을 받은 뒤, 롯폰기 '비스트로 마루즈'의 조리장으로 4년간 일했다. 2004년에 독립해 개업했다.

오구르망 Aux Gourmands

주소 _ 東京都港区麻布台3-4-14
　　　 麻布台マンション103
전화 _ 03-5114-0195
http://aux-gourmands.com
〈26쪽, 162쪽〉

기시모토 나오토 岸本直人

1966년 도쿄에서 태어났다. 도쿄 시부야의 '라 로쉘'을 거쳐 1994년에 프랑스로 건너가 '레스페랑스(브루고뉴)' 등에서 요리 수업을 받았다. 1996년에 귀국해, 도쿄 긴자의 '오스토라루'의 셰프를 거쳐 2006년에 지금의 레스토랑을 열면서 셰프가 되었다.

람베리 나오토 기시모토 L'EMBELLIR Naoto Kishimoto

주소 _ 東京都港区南青山5-2-11 R2-A棟 地下1階
전화 _ 03-6427-3209
http://www.lembellir.com
〈56쪽, 230쪽〉

다카라 야스유키 高良康之

1967년 도쿄에서 태어났다. 1989년에 프랑스로 건너가 2년간 요리를 연구하며 실력을 쌓았다. 귀국 후 '르 마에스트로 폴 보큐즈 도쿄' 부조리장을 거쳐 '난부테이(도쿄 히비야)'와 '브라스리 레캉(도쿄 우에노)'에서 조리장으로 일하다 2007년 '긴자 레캉' 셰프가 되었다.

긴자 레캉 銀座 L'ecrin

주소 _ 東京都中央区銀座4-5-5 ミキモトビル地下1階
전화 _ 03-3561-9706
http://www.lecringinza.co.jp/lecrin
〈50쪽, 174쪽〉

이즈카 류타 飯塚隆太

1968년 니가타현에서 태어났다. 호텔 등에서 근무한 뒤, '샤토 레스토랑 타이유반 로부숑(도쿄 에비스, 현재는 명칭 변경)'에서 일했다. 1997년에 프랑스로 건너가 2년간 요리 수업을 받은 뒤, 2005년 '라트리에 드 조엘 로부숑(도쿄 롯폰기)' 셰프가 되었다. 2011년에 독립했다.

레스토랑 류즈 RESTAURANT Ryuzu

주소 _ 東京都港区六本木4-2-35
　　　 アーバンスタイル六本木地下1階
전화 _ 03-5770-4236
http://restaurant-ryuzu.com
〈61쪽, 110쪽〉

오쿠다 도루 奥田 透

1969년 시즈오카현에서 태어났다. 고등학교를 졸업한 뒤 시즈오카와 교토, 도쿠시마에서 요리 수업을 받고, 1999년 시즈오카로 돌아와 일식요리점 '슌카슈도 하나미코지'를 개업했다. 2003년에는 '긴자 고주', 2011년에는 '긴자 오쿠다'(긴자 고주는 2012년에 긴자 나미키도오리로 이전), 2013년에는 프랑스 파리에 'OKUDA'를 열었다.

긴자 고주 銀座 小十

주소 _ 東京都中央区銀座5-4-8 カリオカビル4階
전화 _ 03-6215-9544
http://www.kojyu.jp
〈78쪽, 242쪽〉

와타나베 마사유키 渡邊雅之

1969년 치바현에서 태어났다. 도쿄도 이탈리아 요리점을 거쳐 이탈리아로 건너가 토스카나주에서 2년간 요리 수업을 받았다. 귀국한 뒤 2002년, 도쿄 아오야마에 '바카로사'를 열었다. 2013년 바카로사를 아카사카로 옮기고 셰프가 되었다.

바카로사 VACCA ROSSA

주소 _ 東京都港区赤坂6-4-11 ドミエメロード1階
전화 _ 03-6435-5670
http://vaccarossa.com
〈83쪽, 88쪽〉

미나미 시게키 南 茂樹

1970년 교토에서 태어났다. 고등학교를 졸업한 뒤, 캐나다로 1년간 워킹홀리데이를 떠났다. 귀국한 뒤, 간사이 중국 요리점에서 요리 수업을 받고 '치미 치쿠로산보(도쿄 기치조지)'에서 3년 반 동안 요리를 연구하며 실력을 쌓았다. 대만에서 몇 달간 연수하고 2002년에 독립했다.

이완스이 一碗水

주소 _ 大阪市中央区安土町1-4-5
　　　　大阪屋本町ビル1階
전화 _ 06-6263-5190
〈140쪽, 206쪽〉

소무라 쵸지 曽村讓司

1971년 도쿄에서 태어났다. 호텔 오쿠라(도쿄 도라노몬)에서 일하다 유럽으로 건너갔다. 벨기에 주재 일본대사관에서 근무한 뒤 '이스턴&오리엔탈 익스프레스'의 셰프로서 오리엔트 요리를 담당했다. 2006년 도쿄 에비스에서 독립하여 2012년에 현재 위치로 이전했다.

아타고르 A ta gueule

주소 _ 東京都江東区木場3-19-8
전화 _ 03-5809-9799
http://www.atagueule.com
〈103쪽〉

호리에 준이치로 堀江純一郎

1971년 도쿄에서 태어났다. 1996년 이탈리아로 건너가 토스카나주와 피에몬테주에서 9년간 요리 수업을 받고, '피스테루나(피에몬테)'의 조리장으로 일했다. 귀국한 뒤 도쿄 니시아자부에 '라 그라디스카'를 개업했다. 2009년에 활동 거점을 나라로 옮겨 현 레스토랑을 개업했다.

리스토란테 이 룬가 Ristorante i-lunga

주소 _ 奈良市春日野町16
전화 _ 0742-93-8300
http://i-lunga.jp
〈190쪽〉

아리마 구니아키 有馬邦明

1972년 오사카에서 태어났다. 이탈리아 음식점에서 요리 수업을 받은 뒤 1996년에 이탈리아로 건너갔다. 롬바르디아와 토스카나에서 2년간 요리 수업을 받았다. 귀국한 뒤, 치바현과 도내의 레스토랑에서 셰프로 일하다 2002년에 독립했다. 2007년에는 복어 조리사 면허를 취득했다.

팟소 아 팟소 Passo a Passo

주소 _ 東京都江東区深川2-6-1 アワーズビル1階
전화 _ 03-5245-8645
〈121쪽, 186쪽〉

야스오 히데아키 安尾秀明

1972년 오카야마현에서 태어났다. 츠지조리사전문학교를 졸업한 뒤 동 전문학교 교사로 9년간 근무하다 프랑스에 건너가 동 전문학교 프랑스 캠퍼스에서 1년 반 근무했다. 은퇴 후 '레스토랑 타이스(효고 아시야)' 등에서 조리장으로 일하다 2006년 6월에 독립했다.

콘비비아리테 Convivialite

주소 _ 大阪市西区新町1-17-17
전화 _ 06-6532-4880
http://www.convivialite.info
〈146쪽, 226쪽〉

가와이 겐지 河井健司

1973년 도쿄에서 태어났다. '레스토랑 사마슈(도쿄 다마가와)'에서 요리 수업을 받은 뒤, 28세에 프랑스로 건너갔다. 파리의 '루카스 카르통'에서 알랭 상드랭에게 가르침을 받았다. 귀국한 뒤, '오 시자부루(도쿄 롯폰기)' 조리장으로 일하다 2010년 독립했다.

앙드세쥬르 UN DE CES JOURS

주소 _ 東京都大田区田園調布1-11-10
전화 _ 03-3722-9494
http://www.undecesjours.com
〈198쪽, 234쪽〉

아라이 노보루荒井 昇

1974년 도쿄에서 태어났다. 조리사학교
를 졸업한 뒤, 도내 프랑스 요리점에서 요
리 수업을 받았다. 1998년 프랑스로 건너
가 론에 있는 '르 클로 데 심'에서 1년 동안
요리를 배웠다. 귀국한 뒤 양과자점에서 일
하다 2000년 아사쿠사에서 독립 개업했다.
2009년 현재 장소로 이전했다.

오마주^{HOMMAGE}

주소 _ 東京都台東区浅草4-10-5
전화 _ 03-3874-1552
http://www.hommage-arai.com
〈31쪽, 115쪽〉

기시다 슈조岸田周三

1974년 아이치현에서 태어났다. 시마관광
호텔(미에 시마), '카에무(도쿄 에비스. 현재는
긴자로 이전)'를 거쳐 프랑스에 건너갔다. '아
스트랑스(파리)' 등에서 요리 수업을 받고
2006년에 '칸테산스' 셰프가 되었다. 2011년
오너 셰프로 독립했다. 2013년에 시나가
와 고텐야마로 이전했다.

칸테산스^{Quintessence}

주소 _ 東京都品川区北品川6-7-29
　　　ガーデンシティ品川御殿山1階
전화 _ 03-6277-0485
http://www.quintessence.jp
〈46쪽〉

야마자키 나츠키山崎夏紀

1974년 치바현에서 태어났다. 조리사학교를
졸업한 뒤 호텔에 근무했다. 마치바의 레스
토랑을 거쳐 27세부터 3년간 요시카와 토
시아키 셰프에게 가르침을 받았다. 2007년
이탈리아로 건너가 6년간 로마에서 셰프로
일했다. 귀국한 뒤 이탈리 재팬 총 조리장
등을 거쳐 2015년 5월에 독립했다.

엘 비스테카로 데이 마냐쵸니^{Er bisteccaro dei magnaccioni}

주소 _ 東京都中央区銀座3-9-5 伊勢牛ビル地下1階
전화 _ 03-6264-0457
http://bisteccaro.tokyo
〈170쪽, 254쪽〉

기타무라 마사히로北村征博

1975년 교토에서 태어났다. '라 비스보챠
(도쿄 히로오)' 등을 거쳐 이탈리아에 건너
갔다. 트렌티노알토아디제주 등 북부에서
3년간 요리 수업을 받았다. 귀국한 뒤 '베
아토'에서 3년간, '트라토리아 브리코라(도
쿄 신주쿠 산초메)'에서 5년간 셰프로 일하다
2012년에 독립했다.

다 오르모^{da olmo}

주소 _ 東京都港区虎ノ門5-3-9
　　　ゼルコーバ5-101
전화 _ 03-6432-4073
http://www.da-olmo.com
〈130쪽, 210쪽〉

사카모토 켄坂本 健

1975년 교토에서 태어났다. 대학을 졸업한
뒤 교토 시치조에 있는 '일 파파라르도'에
서 일했다. 일 파파라르도 셰프였던 사사지
마 야스히로 셰프가 2002년에 '일 기오토
네(교토 야사카)'를 열면서 동시에 스태프가
되어 2005년부터 9년간 조리장으로 일하
다 2014년에 독립했다.

첸치^{cenci}

주소 _ 京都市左京区聖護院円頓美町44-7
전화 _ 075-708-5307
http://cenci-kyoto.com
〈126쪽, 158쪽〉

다카야마 이사미高山いさ己

1975년 도쿄에서 태어났다. 2000년과 2002년
에 이탈리아로 가서 요리 수업을 받았다. 귀
국한 뒤 도쿄 미나미아오야마에 있는 '일 파
치오콘' 셰프를 하다, 2007년 도쿄 우시고메
카구라자카에 '카르네야 안티카 오스테리아'
를 개업했다. 2015년 시즈오카현의 정육회사
'사노만'과 공동으로 현 레스토랑을 개업했다.

카르네야 사노만스^{CARNEYA SANOMAN'S}

주소 _ 東京都港区西麻布3-17-25
전화 _ 03-6447-4829
http://carneya-sanomans.com
〈166쪽, 194쪽〉

데지마 준야手島純也

1975년 야마나시현에서 태어났다. 지역 레스토랑에서 요리 수업을 받고 2002년에 프랑스로 건너갔다. 파리의 '스텔라 마리스' 등에서 5년간 일했다. 2007년 귀국해 시바 파크 호텔 '레스토랑 다테르 요시노 시바(도쿄 시바)' 조리장이 되었고, 같은 해 9월 와카야마로 옮겨 현 레스토랑 조리장으로 일하고 있다.

오텔 드 요시노HOTEL DE YOSHINO

주소 _ 和歌山市手平2-1-2 和歌山ビッグ愛12階
전화 _ 073-422-0001
http://www.hoteldeyoshino.com
〈178쪽, 218쪽〉

후루야 소이치古屋壯一

1975년 도쿄에서 태어났다. '알라딘(도쿄 히로오)', '몬모란시(도쿄 하치오지)' 등에서 일하다 2002년에 프랑스로 건너갔다. '오텔 드 라 투르(코래즈)' 등에서 경험을 쌓았다. 귀국한 뒤, '비스트로 드 라 시테(도쿄 니시아자부)'의 셰프로 일하다 2009년 11월에 독립했다.

르칸케REQUINQUER

주소 _ 東京都港区白金台5-17-11
전화 _ 03-5422-8099
http://requinquer.jp
〈106쪽, 214쪽〉

나카하라 후미타카中原文隆

1977년 시가현에서 태어났다. 조리사학교를 졸업한 뒤, 로얄 오크 호텔(시가 오츠)을 거쳐 교토 고쇼니시에 있는 교토 브라이튼 호텔 '비자비'에서 일하면서 다키모토 마사히로 셰프의 지도를 받았다. 2008년에 프랑스로 건너가 1년간 요리 경험을 쌓았다. 귀국한 뒤 2012년에 독립했다.

레느 데 프레 Reine des près

주소 _ 京都市上京区中町通丸太町下ル
　　　　駒之町537-1
전화 _ 075-223-2337
http://reine-des-pres.com
〈66쪽, 202쪽〉

스기모토 게이조杉本敬三

1979년 교토에서 태어났다. 8세 때부터 음식점에 주방 견학을 다녔고, 고교 시절에 프랑스 요리사를 꿈꾸었다. 조리사학교를 졸업한 뒤 19세에 프랑스로 건너갔다. 알자스 등 네 지역 6곳의 레스토랑에서 일했으며 23세에 셰프가 되었다. 2011년 봄에 귀국하여 2012년 3월 독립 개업했다.

레스토랑 라 피네스 Restaurant La FinS

주소 _ 東京都港区新橋4-9-1
　　　　新橋プラザビル地下1階
전화 _ 03-6721-5484
http://www.la-fins.com
〈93쪽, 150쪽〉

셰프 50명이 사용하는 고기 브랜드 대공개

모든 것은 식재료 선택에서 시작된다

프랑스·이탈리아·중국 요리 셰프 50명이 음식점에서 사용하는 소·돼지·닭·양고기의 브랜드를 공개했다.
(『월간 전문요리』 2017년 7월호에서 발췌)

[A. 홋카이도]
- 도카치 허브 비프
- 교배종
- 숙성 단각우(기타도카치 농장)
- 하코다테 오누마 소

[B. 이와테]
- 이와테 단각화우
- 저지종

[C. 미야기]
- 한방화우

[D. 야마가타]
- 야마가타 소
- 흑모화종 A3

[E. 이바라키]
- 히타치 소

[F. 도치기]
- 아시카가 마르 소

[G. 군마]
- 저지종(고우즈 목장)
- 숙성 아카기 소

[H. 시즈오카]
- 사노만 드라이 에이징 비프

[I. 시가]
- 기노시타 소

[J. 교토]
- 나카세이 숙성우
- 가메오카 소
- 50일 숙성우
- 홀스타인종 숙성우(노무라 목장)

[K. 오사카]
- 나니와 흑우
- 노세 흑송아지

[L. 효고]
- 다지마 소
- 아와지 소
- 고베 다카미 소
- 고베 비프
- 고베 와인 비프

[M. 나라]
- 마호로바 적우
- 야마토하이바라 소

[N. 돗토리]
- 돗토리 와규 올레인 55
- 돗토리 경산우
- 하나후사 소(장기 사육 소)
- 홀스타인종

[O. 가가와]
- 올리브 비프

[P. 고치]
- 도사적우

[Q. 사가]
- 사가 소

[R. 구마모토]
- 구마모토 적우

[S. 오이타]
- 초지화우

[T. 미야자키]
- 오자키 소
- 흑모화종

[U. 가고시마]
- 가고시마 흑우
- 사츠마 흑우

[프랑스]
- 바자 소

[오스트레일리아]
- 앵거스 소
- 단각우

[스코틀랜드]
- 앵거스 소

각 음식점에서 사용하는 소고기 목록

지역	브랜드	음식점
홋카이도	도카치 허브 비프	스부리무
홋카이도	도카치 허브 비프	돈브라보
홋카이도	도카치 허브 비프	람베리 나오토 기시모토
홋카이도	도카치 허브 비프	레스토랑 푀
홋카이도	교배종	나베노이즘
홋카이도	숙성 단각우(기타도카치 농장)	순구르망
홋카이도	하코다테 오누마 소	콘비비오
이와테	이와테 단각화우	순구르망
이와테	이와테 단각화우	팟소 아 팟소
이와테	이와테 단각화우	마르디그라
이와테	이와테 단각화우	몬도
이와테	저지종	팟소 아 팟소
미야기	한방화우	오마주
미야기	한방화우	미타마치 모모노키
야마가타	야마가타 소	신시아
야마가타	야마가타 소	폰테 델 피아토
야마가타	야마가타 소	라이카 세이란쿄
야마가타	흑모화종 A3	스부리무
이바라키	히타치 소	돈브라보
도치기	아시카가 마르 소	미나미아오야마 에센스
군마	저지종(고우즈 목장)	휘오키
군마	숙성 아카기 소	라오시센 퍄오샨
시즈오카	사노만 드라이 에이징 비프	일 푸레조
시즈오카	사노만 드라이 에이징 비프	람베리 나오토 기시모토
시가	기노시타 소	아자부초코 고후쿠엔
시가	기노시타 소	마르디그라
교토	나카세이 숙성우	첸치
교토	나카세이 숙성우	몬도
교토	나카세이 숙성우	람베리 나오토 기시모토
교토	가메오카 소	리스토란테 키메라
교토	50일 숙성우	디파란스
교토	홀스타인종 숙성우(노무라 목장)	첸치
오사카	나니와 흑우	오르타나티브
오사카	나니와 흑우	Chi-Fu
오사카	나니와 흑우	디파란스
오사카	노세 흑송아지	폰테베키오
효고	다지마 소	칸테산스
효고	다지마 소	팟소 아 팟소
효고	다지마 소	라 페트 히라마츠
효고	아와지 소	오스테리아 오 지라솔레
효고	고베 다카미 소	고베 기타노 호텔
효고	고베 비프	고베 기타노 호텔
효고	고베 와인 비프	라 페트 히라마츠

지역	브랜드	음식점
나라	마호로바 적우	리스토란테 나카모토
나라	야마토하이바라 소	리스토란테 나카모토
돗토리	돗토리 와규 올레인 55	아니에루도루
돗토리	돗토리 와규 올레인 55	첸치
돗토리	돗토리 경산우	마르디그라
돗토리	하나후사 소(장기 사육 소)	디파란스
돗토리	홀스타인종	오스테리아 오 지라솔레
가가와	올리브 비프	아자부초코 고후쿠엔
가가와	올리브 비프	폰테베키오
고치	도사적우	토라토리아 비코로레 요코하마
사가	사가 소	순구르망
사가	사가 소	라 투에루
구마모토	구마모토 적우	폰테베키오
구마모토	구마모토 적우	마르디그라
구마모토	구마모토 적우	만사루봐
구마모토	구마모토 적우	레스토랑 라 피네스
구마모토	구마모토 적우	로쿠타브 하야토 고바야시
오이타	초지화우	인칸토
미야자키	오자키 소	마르디그라
미야자키	흑모화종	콘비비아리테
가고시마	가고시마 흑우	리스토란테 하마자키
가고시마	사츠마 흑우	아돗쿠
규슈	흑모화종	이완스이
규슈	와규	아돗쿠
규슈	와규	라 페트 히라마츠
일본	흑모화종 A4	마담 도키
일본	흑모화종	라체르바
일본	경산우	인칸토
일본	교배종	레스푸리 미타니 아 게타리
일본	국산우	이완스이
일본	국산우	추고쿠 슌사이 차마엔
프랑스	바자 소	후루야 어거스트롬
오스트레일리아	앵거스 소	라 페트 히라마츠
오스트레일리아	단각우	인칸토
오스트레일리아		라이카 세이란쿄
오스트레일리아		레스토랑 푀
스코틀랜드	앵거스 소	이 벤티체리

〔A. 홋카이도〕
- 아마무부타 Maiale Ebetsu
- 에조돼지
- 도로부타
- 내추럴 포크(야부다 농장)

〔B. 아오모리〕
- 하세가와 숙성 돼지

〔C. 이와테〕
- 핫킨 돼지
- 이와나카 돼지
- 난부고겐 돼지
- 허브 포크

〔D. 미야기〕
- 한방 산겐톤
- 섬돼지 KAZUGORO

〔E. 야마가타〕
- 히라타 목장 금화돼지

〔F. 이바라키〕
- 우메야마 포크
- 이시가미 포크

〔G. 도치기〕
- 아사노 포크

〔H. 군마〕
- 와톤 모치부타
- 구치도케 가토 포크

〔I. 도쿄〕
- TOKYO X

〔J. 가나가와〕
- 야마토 돼지
- 야마유리 포크

〔K. 니가타〕
- 츠난 포크
- 에치고 모치부타

〔L. 나가노〕
- 치요 겐톤
- 신슈 포크

〔M. 시즈오카〕
- 후지겐톤

〔N. 미에〕
- 마츠자카 돼지
- 이가 돼지
- 마츠자카 포크

〔O. 시가〕
- 구라오 포크

〔P. 교토〕
- 교토 단바 고원 포크
- 나카세이 숙성 돼지

〔Q. 효고〕
- 아와지 포크(이노부타)
- 고베 포크
- 미타 포크
- 바나나 파인 포크

〔R. 나라〕
- 고우 포크
- 아바쿠 돼지
- 야마토 포크

〔S. 돗토리〕
- 도토리코 돼지

〔T. 사가〕
- 효소 포크

〔U. 구마모토〕
- 다이치노 메구미 포크

〔V. 미야자키〕
- 기리시마 산록돼지
- 기리시마 순수돼지
- 구와즈루 흑돼지(가라이모돈)
- 니치난 모치부타
- 미나미노 섬돼지

〔W. 가고시마〕
- 롯파쿠 흑돈
- 아마미 섬돼지
- 가고시마 흑돼지 구로노다쿠미
- 흑돼지
- 순수 새들백(후쿠도메 목장)
- 차미톤

〔X. 오키나와〕
- 나키진 아구
- 아구
- 섬돼지

〔프랑스〕
- 킨토아
- 누아르 드 비고르

〔이탈리아〕
- 네로 파르마
- 친타 세네제
- 네브로디

〔스페인〕
- 이베리코
- 갈리시아 프리미엄 포크

〔헝가리〕
- 만갈리차

각 음식점에서 사용하는 돼지고기 목록

지역	브랜드	음식점
홋카이도	야마무부타 Maiale Ebetsu	순구르망
홋카이도	에조돼지	일 푸레조
홋카이도	도로부타	휘오키
홋카이도	내추럴 포크(야부다 농장)	휘오키
아오모리	하세가와 숙성 돼지	팟소 아 팟소
이와테	핫킨 돼지	미나미아오야마 에센스
이와테	핫킨 돼지	라오시센 퍄오샨
이와테	이와나카 돼지	마르디그라
이와테	난부고겐 돼지	오마주
이와테	허브 포크	나베노이즘
미야기	한방 산겐톤	미타마치 모모노키
미야기	섬돼지 KAZUGORO	인칸토
야마가타	히라타 목장 금화돼지	인칸토
야마가타	히라타 목장 금화돼지	토라토리아 비코로레 요코하마
이바라키	우메야마 포크	사젠카
이바라키	우메야마 포크	순구르망
이바라키	우메야마 포크	돈브라보
이바라키	이시가미 포크	오스테리아 오 지라솔레
도치기	아사노 포크	라이카 세이란쿄
군마	와톤 모치부타	미타마치 모모노키
군마	와톤 모치부타	레스푸리 미타니 아 게타리
군마	구치도케 가토 포크	폰테 델 피아토
도쿄	TOKYO X	시엘 드 리옹
가나가와	야마토 돼지	사젠카
가나가와	야마유리 포크	추고쿠 슌사이 차마엔
니가타	츠난 포크	팟소 아 팟소
니가타	츠난 포크	리스토란테 하마자키
니가타	에치고 모치부타	인칸토
나가노	치요 겐톤	아자부초코 고후쿠엔
나가노	치요 겐톤	람베리 나오토 기시모토
나가노	신슈 포크	디파란스
시즈오카	후지겐톤	아자부초코 고후쿠엔
시즈오카	후지겐톤	만사루봐
미에	마츠자카 돼지	오르타나티브
미에	마츠자카 돼지	돈브라보
미에	이가 돼지	이완스이
미에	마츠자카 포크	나베노이즘
시가	구라오 포크	아니에루도루
교토	교토 단바 고원 포크	리스토란테 키메라
교토	나카세이 숙성 돼지	람베리 나오토 기시모토
효고	아와지 포크(이노부타)	일 푸레조
효고	아와지 포크(이노부타)	폰테베키오
효고	고베 포크	이완스이

지역	브랜드	음식점
효고	미타 포크	라 페트 히라마츠
효고	바나나 파인 포크	고베 기타노 호텔
나라	고우 포크	리스토란테 나카모토
나라	아바쿠 돼지	리스토란테 나카모토
나라	야마토 포크	라 페트 히라마츠
돗토리	도토리코 돼지	첸치
사가	효소 포크	로쿠타브 하야토 고바야시
구마모토	다이치노 메구미 포크	레스토랑 푀
미야자키	기리시마 산록돼지	아돗쿠
미야자키	기리시마 순수돼지	마담 도키
미야자키	구와즈루 흑돼지(가라이모돈)	로쿠타브 하야토 고바야시
미야자키	니치난 모치부타	이완스이
미야자키	미나미노 섬돼지	아자부초코 고후쿠엔
가고시마	롯파쿠 흑돈	Chi-Fu
가고시마	롯파쿠 흑돈	후루야 어거스트롬
가고시마	아마미 섬돼지	마르디그라
가고시마	가고시마 흑돼지 구로노다쿠미	스부리무
가고시마	흑돼지	디파란스
가고시마	순수 새들백(후쿠도메 목장)	콘비비오
가고시마	차미톤	라체루바
오키나와	나키진 아구	순구르망
오키나와	나키진 아구	신시아
오키나와	나키진 아구	첸치
오키나와	나키진 아구	마르디그라
오키나와	아구	라체루바
오키나와	섬돼지	라이카 세이란쿄
프랑스	킨토아	후루야 어거스트롬
프랑스	킨토아	레스토랑 라 피네스
프랑스	누아르 드 비고르	아니에루도루
이탈리아	네로 파르마	이 벤티체리
이탈리아	네로 파르마	인칸토
이탈리아	친타 세네제	라체루바
이탈리아	네브로디	인칸토
스페인	이베리코	디파란스
스페인	이베리코	마르디그라
스페인	이베리코	만사루봐
스페인	이베리코	라이카 세이란쿄
스페인	이베리코	라 투에루
스페인	이베리코	리스토란테 키메라
스페인	갈리시아 프리미엄 포크	콘비비아리테
스페인	갈리시아 프리미엄 포크	후루야 어거스트롬
스페인	갈리시아 프리미엄 포크	몬도
헝가리	만갈리차	몬도

〔A. 아오모리〕
- 아오모리 샤모 록

〔B. 이와테〕
- 아베도리
- 난부도리
- 미치노쿠 세이류 아지와이도리

〔C. 아키타〕
- 히나이 토종닭

〔D. 후쿠시마〕
- 가와마타 샤모

〔E. 이바라키〕
- 붉은 라벨 스랑스 품종
- 밀크 치킨

〔F. 도쿄〕
- 가오리도리
- 도쿄 샤모

〔G. 야마나시〕
- 겐미도리

〔H. 시즈오카〕
- 스루가 샤모
- 비미도리

〔I. 아이치〕
- 나고야 코친

〔J. 미에〕
- 구마노 토종닭

〔K. 시가〕
- 오미 샤모

〔L. 교토〕
- 토종닭 단바 검정닭
- 나나타니 토종닭
- 이나카도리(시골닭)
- 오쿠단바도리
- 단바아지와이도리

〔M. 효고〕
- 다지마노아지도리
- 다지마도리
- 단바 검정닭

〔N. 나라〕
- 야마토니쿠도리
- 야마토 검정닭

〔O. 와카야마〕
- 기슈아카도리
- 기슈도리

〔P. 돗토리〕
- 다이센도리
- 다이센가이나도리
- 돗토리 도리피요

〔Q. 에히메〕
- 아이코 토종닭

〔R. 고치〕
- 도사하치킨 토종닭

〔S. 사가〕
- 미츠세도리

〔T. 구마모토〕
- 아마쿠사 다이오

〔U. 오이타〕
- 오이타도리

〔V. 미야자키〕
- 히나타도리
- 미야자키 토종닭

〔W. 가고시마〕
- 검정 사츠마도리
- 사츠마 토종닭
- 사츠마 와카샤모

각 음식점에서 사용하는 닭고기 목록

지역	브랜드	음식점
아오모리	아오모리 샤모 록	일 푸레조
아오모리	아오모리 샤모 록	오마주
이와테	아베도리	미나미아오야마 에센스
이와테	난부도리	사젠카
이와테	미치노쿠 세이류 아지와이도리	라이카 세이란쿄
아키타	히나이 토종닭	콘비비아리테
후쿠시마	가와마타 샤모	인칸토
후쿠시마	가와마타 샤모	콘비비오
후쿠시마	가와마타 샤모	만사루봐
후쿠시마	가와마타 샤모	몬도
후쿠시마	가와마타 샤모	라 투에루

지역	브랜드	음식점
이바라키	붉은 라벨 스랑스 품종	휘오키
이바라키	붉은 라벨 스랑스 품종	리스토란테 하마자키
이바라키	밀크 치킨	마르디그라
도쿄	가오리도리	야자부초코 고후쿠엔
도쿄	가오리도리	추고쿠 슌사이 차마엔
도쿄	도쿄 샤모	레스토랑 라 피네스
야마나시	겐미도리	라이카 세이란쿄
시즈오카	스루가 샤모	라오시센 퍄오샨
시즈오카	비미도리	폰테 델 피아토
아이치	나고야 코친	스부리무
미에	구마노 토종닭	미타마치 모모노키

지역	브랜드	음식점
시가	오미 샤모	신시아
교토	토종닭 단바 검정닭	Chi-Fu
교토	토종닭 단바 검정닭	순구르망
교토	나나타니 토종닭	아돗쿠
교토	나나타니 토종닭	첸치
교토	이나카도리(시골닭)	리스토란테 나카모토
교토	오쿠단바도리	라 페트 히라마츠
교토	단바아지와이도리	콘비비아리테
효고	다지마노아지도리	디파란스
효고	다지마도리	고베 기타노 호텔
효고	단바 검정닭	라체루바
나라	야마토니쿠도리	Chi-Fu
나라	야마토니쿠도리	미타마치 모모노키
나라	야마토니쿠도리	라체루바
나라	야마토 검정닭	이완스이
와카야마	기슈아카도리	라 페트 히라마츠
와카야마	기슈도리	라체루바
돗토리	다이센도리	아자부초코 고후쿠엔
돗토리	다이센도리	순구르망
돗토리	다이센도리	나베노이즘
돗토리	다이센도리	라이카 세이란쿄
돗토리	다이센도리	람베리 나오토 기시모토
돗토리	다이센도리	레스토랑 퓌
돗토리	다이센가이나도리	오스테리아 오 지라솔레
돗토리	돗토리 도리피요	오스테리아 오 지라솔레
에히메	아이코 토종닭	팟소 아 팟소
고치	도사하치킨 토종닭	아니에루도루
고치	도사하치킨 토종닭	토라토리아 비코로레 요코하마
사가	미츠세도리	순구르망
구마모토	아마쿠사 다이오	인칸토
구마모토	아마쿠사 다이오	마르디그라
구마모토	아마쿠사 다이오	미나미아오야마 에센스
오이타	오이타도리	라오시센 파오샨
미야자키	히나타도리	추고쿠 슌사이 차마엔
미야자키	미야자키 토종닭	디파란스
가고시마	검정 사츠마도리	리스토란테 하마자키
가고시마	사츠마 토종닭	이 벤티체리
가고시마	사츠마 와카샤모	마담 도키
미국		시엘 드 리옹

각 음식점에서
사용하는
어린 양고기 산지

헝가리 2명 / 아이슬란드 3명 / 뉴질랜드 11명 / 일본 16명 / 프랑스 14명 / 오스트레일리아 20명

주요 산지와 브랜드

[홋카이도]	차로멘 양 목장	3명
	양 마루고토연구소	3명
	보야 농장	3명

이 외에도…

[홋카이도]   이시다멘 양 목장, 사포크종, 호게트, 와인램

[이와테]   시푸바레 구즈마키 농장

[야마가타]   요네기와면양

| [프랑스] | 로제르 | 9명 |
| | 시스테롱 | 2명 |

이 외에도…

[프랑스]   켈시, 피레네

[오스트레일리아]   솔트 부시 램   6명

269

셰프 50명에게 '고기에 대한 생각'을 묻다

· 프랑스 요리 ·

아돗쿠ad hoc / **다카야마 류조**高山龍浩
집념이 강한 생산자가 늘어 다양한 육류가 안정되게 공급되면 좋겠지만, 현실적으로 인력 부족과 날씨와 기후, 조류 독감 등의 문제가 있어 굉장히 어려워졌다. 일본산으로 맛있고 안전한 요리를 제공하는 것도 우리 요리사들의 의무라고 생각한다. 지금은 오리고기와 에조사슴고기 정도만 생산자로부터 직접 구입하지만 향후 늘려갈 생각이다.

아니에루도루Agnel d'or / **후지타 고세이**藤田晃成
소고기 살코기를 찾고 있다. 여러 번 구입했는데, 맛이 그때마다 달라 단념했다. 숙성된 소고기는 물론 맛있지만, 소스와는 맞지 않는다. 그래서 순수하게 감칠맛이 강한 고기를 찾고 있지만 좀처럼 만날 수가 없다. 지금은 소고기를 주로 전채 요리로 이용하고 있지만 좋은 고기를 찾아 메인에도 사용하고 싶다. 또한 프랑스산 오리를 빨리 쓰고 싶다. 일본산도 좋지만 역시 프랑스산의 강한 맛과는 다르기 때문이다.

오마주hommage / **아라이 노보루**荒井 昇
생산자와 요리사와 요리를 먹는 사람들이 식재료를 통해 더 넓고 깊게 연결되었으면 좋겠다. 이런 식재료가 있었으면 좋겠다거나 이런 식으로 해줬으면 좋겠다는 바람 없이 셰프로서 자신이 만난 식재료와 마주하며 정성껏 요리로 탄생시키고 싶다.

오르타나티브alternative / **사이토 다카유키**斉藤貴之
고기업자만 의지해서는 좋은 상품을 확보하기가 어려워지고 있다. 이제는 생산자와 직접 거래하는 게 메리트가 크다고 생각한다.

칸테산스Quintessence / **기시다 슈조**岸田周三
돼지고기는 특별히 마음에 드는 것이 없어 여러 가지를 시도하는 상태다. 처음에는 좋아도, 세 번째 구매했을 때부터 좋지 않은 것이 들어오는 경우가 너무 많다. 수입이 재개된 프랑스산 어린 양고기 외에도 빨리 수입 규제 완화를 추진해 일본에서도 프랑스산 맛있는 고기를 사용할 수 있었으면 좋겠다. 일본인 셰프나 그 요리 기술은 일종의 자원이며 보물이기 때문에 일본 요리계의 발전을 위해서도 여러 다양한 식재료를 사용할 수 있도록 해주었으면 좋겠다.

고베 기타노 호텔神戸北野ホテル / **야마구치 히로시**山口 浩
소고기나 돼지고기, 닭고기는 효고와 고베를 중심으로 항상 안테나를 켜놓고 생산자나 눈치 빠른 중개인을 통해 브랜드 닭과 토종닭 등을 구입하고 있다. 오리고기는 프랑스 살랑산을 뛰어넘는 오리를 찾을 수 없어 발을 동동 구르는 상태다. 프랑스산 어린 양고기는 로제르산, 시스테롱산 등을 구입하고 있으며, 일본산의 좋은 점과 프랑스산의 좋은 점을 비교하며 함께 사용하고 있다.

콘비비아리테Convivialite / **야스오 히데아키**安尾秀明
일본산이든, 외국산이든 내장 종류가 더 많이 유통되면 좋겠다. 예를 들면 뇌(음식)나 피, 머리 등처럼 말이다. 물론 지역에 따라 조례가 있긴 하지만 말이다. 덧붙여서 소고기는 도호쿠(동북) 지방의 단각우 같은 살코기를 사용하고 싶다. 하지만 콘비비아리테가 있는 관서 지방(특히 고베·오사카)에서는 얼마나 마블링이 들어있는지에 중점을 두기 때문에 비장의 단맛이 상품이라고 생각되는 미야자키현의 흑모화우를 사용하고 있다.

시엘 드 리옹 Ciel de Lyon / **무라카미 다다시**村上理志
살랑산 오리 넓적다리살 수입이 재개되기를 기다리고 있다. 에투페한 살랑산 오리고기는 다른 오리고기로는 대체할 수 없는 맛이기 때문이다. 그리고 닭의 넓적다리살을 1,100엔에 제공하는 점심으로 사용하기 때문에 가격, 크기가 딱 좋고 입하가 안정된 미국산을 사용하고 있다. 뼈가 붙은 그대로 사용하기 때문에 일본산 제품은 크기가 맞지 않는다.

순구르망SHUNGOURMAND / **고이케 슌이치로**小池俊一郎
소와 돼지 내장을 구입할 수 있게 해주면 좋겠다. 오키나와도 돼지 피가 금지되어 블러드 소시지(선지 소시지)나 시베 소스 등에도 사용할 수 없다. 소 피나 사슴 피 등 대신 사용할 수 있는 것을 전용으로 취급해도 좋을 듯하다. 고기는 종류별로 다양한 브랜드를 사용하고 있으며, 특히 소고기는 그때그때의 상황에 맞춰 골라 사용한다. 고향에 납세한다는 기분으로 출신지인 사가 소고기를 사용하기도 한다.

신시아sincere / **이시이 신스케**石井真介
지금은 야마가타 소고기를 사용하고 있지만 앞으로는 생산자 단위로 개인과 자유롭게 거래하고 싶다. 현재, 생선과 채소는 그렇게 하는 경우가 많고 신시아에서도 개인적으로 거래하고 있다. 마음에 들어 사용하고 있는 치바현의 가슈노<ruby>花巣</ruby> 새끼 돼지나 이와테현의 뿔닭 전문농장인 이시구로 농장은 작은 농장이다. 그 밖에도 직접 거래할 수 있는 생산자가 더 늘었으면 좋겠다.

스부리무 Sublime / 카토 준이치加藤順一

일본산 식재료만 사용하고 있다. 하지만 오리고기는 아직 만족스러운 곳을 찾지 못했다. 먹기 좋은 오리고기가 아닌 레스토랑용으로 제대로 된 맛이 나는 오리고기가 있었으면 좋겠다.

디파란스 Difference / 후지모토 요시아키藤本義章

솔직히 자신의 레스토랑에서만 취급하는 온리 원 식재료가 있으면 좋겠지만, 불가능한 이야기다. 아직 국내외의 식재료를 모두 접해본 것은 아니기 때문에 양질의 식재료를 계속해서 찾고 싶다. 고민은 양질의 식재료를 어떻게 손님에게 질 높은 상태로 내놓느냐 하는 점이다. 내 손으로 최상의 요리를 만들고 싶기 때문에 고민한다.

나베노이즘 Nabeno-Ism / 와타나베 유이치로渡辺雄一郎

이전에는, 프랑스산 소리레스sotlylaisse가 있어서 잘 사용했다. 일본산 토종 소리레스를 판매했으면 좋겠다.

후루야 어거스트롬 FURUYA augastronome / 후루야 겐스케古屋賢介

조류 독감의 영향으로 푸아그라를 비롯해 좋은 가금류가 유럽에서 들어오지 못하는 점이 가장 안타깝다. 내가 요리 수업을 받은 벨기에에서는 '쿠쿠 드 마린'이라는 토종닭이 유명한데, 브레스 닭과 견주어 손색이 없는 퀄리티지만 가격은 절반밖에 되지 않는다. 이런 닭고기가 수입되었으면 좋겠다. 그리고 카네톤 블랑caneton blanc이 있는데 육질이 희고 부드러워 아주 맛있다. 개인적으로 뷰르고 오리보다 좋아해, 일본에서도 사용해보고 싶다.

마담 도키 Madame Toki / 다카시마 히사시高嶋 寿

소고기는 신뢰하는 업체에 마블링이 들어간 정도나 육질, 지방의 향 등을 문의하여 산지와 관련 없이 A3 이상 A4 흑모화우를 사용하고 있다. 일본산 소고기 모두가 보통 레스토랑에서 취급할 수 있는 가격이 아니다. 거기다 구하기 힘든 것도 있다. 내장과 머리를 더 많이 사용하고 싶고, 품질이 좋은 일본산 송아지도 있었으면 좋겠다.

마르디그라 Mardi Gras / 와치 도오루和知 徹

이전에 잡지 기획으로 일본 각지의 생고기(고기별로)를 먹어보고 비교할 기회가 있었다. 이후 소고기, 돼지고기, 닭고기 각각 다양한 산지와 생산자의 것을 사용하고 있다. 맛있는 고기가 되는 데는 먹이도 중요하지만 물도 중요하다고 생각한다. 구마모토 아카 소를 사육하는 구마모토현 아소 우부야마 마을 (이 노부유키 씨 농장)은 물맛이 좋아 고기를 먹으면 '맛있는 육수'가 연상된다.

라 투에루 La Tourelle / 야마모토 세이지山本聖司

지금은 불만도 요구도 없다 (웃음). 주어진 환경에서 지혜를 짜내는 것이 일이라고 생각하기 때문이다. 오해를 두려워하지 않고 말한다면, 라 투에루에서는 최고의 식재료에 연연하지 않는다. 꼭 이것이어야 한다는 식재료도 없다. 개인이 경영하는 음식점에서는 경제적인 균형을 깨면서까지 할 수는 없기 때문이다.

라 페트 히라마츠 LA FETE HIRAMATSU / 하세가와 고타로長谷川幸太郎

무각화우(뿔이 없는 일본 소)나 와규와 앵거스의 교배종처럼 아직 생산량이 적긴 하지만 새로운 주력을 만들 수 있었으면 좋겠다. 현재의 육류 산업은 비즈니스 색이 강해, 본래 구해야 할 맛과 동떨어져 있는 감이 없지 않다. 고기가 대부분 그렇지만, 먹이에 따라 맛이 크게 달라진다. 사료 값이 상승해 가격과 품질의 균형이 맞지 않는 것은 아닌지 모르겠다.

람베리 나오토 기시모토 L'EMBELLIR Naoto Kishimoto / 기시모토 나오토岸本直人

매년 이 계절이 되면 스페셜 메뉴를 만들기 위해 업자를 통해 홋카이도산 우유를 마시고 자란 어린 양고기를 한 마리 구입한다. 이를 기대하며 기다리는 손님도 많아 다양한 부위를 맛볼 수 있게 해주고 있다. 또한 송아지고기는 홋카이도 메무로산을 사용하는데, 일본산치고는 품질이 좋다. 메무로산 송아지고기는 부드러운 육질과 밀키한 향이 매력이다.

레스토랑 푀 Restaurant FEU / 마츠모토 히로유키松本浩之

닭고기나 오리고기는 일본산 중에도 좋은 것이 있어 문제가 없다. 하지만 조류 독감의 영향으로 푸아그라가 들어오지 못하는 점은 안타깝다. 푸아그라만은 빨리 수입 금지가 해제되길 바란다. 현재 캐나다산을 사용하고 있는데, 역시 유럽산에 비해 질이 떨어지는 것 같다.

레스토랑 라 피네스 Restaurant La FinS / 스기모토 게이조杉本敬三

진공 포장되지 않은 고기도 유통되면 좋겠다. 진공 상태를 만들면 육질 자체가 크게 변화한다. 공기의 압력이 들어가지 않는 방식으로 수송되면 더 맛있는 고기가 나올 수 있지 않을까 생각한다. 유통이나 기술이 발달한 세상이니만큼 좀 더 맛을 추구한 고기 유통을 생각해주면 좋겠다.

레스푸리 미타니 아 게타리L'esprit MITANI a GUÉTHARY / 미타니 세이고三谷青吾

닭고기는 프랑스산이 들어오지 않기 때문에 지금은 거의 사용하지 않는다. 소고기도 별로 사용하지 않지만, 사용할 때는 마블링이 적당히 들어간 교배종을 사용한다.

로쿠타브 하야토 고바야시L'Octave Hayato KOBAYASHI / **고바야시 하야토**小林隼人

양고기는 오스트레일리아산 솔트 부시 램을 사용한다. 그리고 신선한 고기가 들어오는 기간은 11~1월 정도로 짧지만 아이슬란드산을 사용하고 있다. 둘 다 맛이 있어 좋아하지만, 프랑스산 프레 살레를 빨리 수입해주면 좋겠다.

• 이탈리아 요리 •

이 벤티체리I VENTICELLI / **아사이 다쿠지**浅井卓司

얼마 전과는 상황이 많이 달라져 지금은 고기별로 브랜드 종류가 너무 많아서 오히려 선택하기가 어렵다. 브랜드나 산지를 고집하지 않고 식재료의 상태를 살펴보고 요리를 고려하는 것이 중요하다고 생각한다.

일 푸레조il Pregio / **이와츠보 시게루**岩坪 滋

냉장고 용량 때문에 통이나 절반 등 덩어리로 구입해야 하는 일본산 양고기 등은 취급하기 어렵다. 하지만 음식점 측의 사정이므로 메뉴 구성을 검토하고 있다.

인칸토incanto / **고이케 노리유키**小池教之

돼지고기와 송아지고기는 이탈리아산을 사용하고 있는데, 일본에서 취급하는 이탈리아산 고기가 더 많았으면 좋겠다. 그리고 껍질 있는 돼지도 더 구하기 쉬웠으면 좋겠다. 지금은 오키나와현산 껍질 있는 돼지 넓적다리살을 주로 사용하고 있는데, 취급 지역이 더 늘어나면 좋겠다. 최근에는 돼지고기 자가 숙성에 도전하고 있다. 미야기현에서 기르는 섬돼지 KAZUGORO 등심(뼈가 붙은 것)을 냉장고에 넣어 곰팡이가 생기게 한 다음 중간에 알코올로 닦으면서 1개월 가까이 숙성시키고 있다.

오스테리아 오 지라솔레OSTERIA O'GIRASOLE / **스기하라 가즈요시**杉原一禎

가급적 일본산 식재료를 사용해야겠다는 마음이 커지고 있어서 일본의 생산자 정보가 있었으면 좋겠다. 셰프는 산지에 가서 뭔가 느끼려고 하는 사람들이 많지만, 축산이나 어업 종사자가 레스토랑에 자신이 키운 고기를 먹으러 가는 사람은 별로 없다. 언론 매체에서 생산자와 레스토랑의 다리 역할을 해주면 좋을 것 같다.

콘비비오Convivio / **츠지 다이스케**辻 大輔

얼마 전까지만 해도 디너 코스의 메인에 돼지고기를 사용하기가 어려웠으나, 지금 사용하고 있는 가고시마의 순수 새들백은 1만 엔짜리 디너 코스에서도 자신 있게 손님에게 제공할 수 있다. 그런 닭고기가 늘어나면 좋겠다. 고령화 사회에 걸맞게 가벼운 맛으로 만족할 수 있는 고기가 필요하기 때문이다.

첸치cenci / **사카모토 켄**坂本 健

일본 셰프가 구하는 데 가장 어려움을 겪는 것은 오리고기가 아닐까. 여기저기서 교토의 나나타니ㅂ合 오리고기만 찾는 현상이 벌어지고 있는데 샬랑 오리 같은 오리를 일본에서도 길렀으면 좋겠다.

토라토리아 비코로레 요코하마 Trattoria BiCOLORE Yokohama / **사토 마모루**佐藤 護

예를 들어 소고기는 먹을 때의 식감과 냄새, 마블링 같은 맛의 매력뿐만 아니라 생산지를 방문하여 생산자의 이야기를 듣고 결정하는 경우가 많다. 지금은 고치의 도사적우를 사용하고 있는데, 일본 곳곳에는 아직도 모르는 좋은 고기가 있다고 생각한다. 정보를 수집하고 산지에 직접 가보는 등 좀 더 고기를 알고 고객에게 제공해야겠다.

돈브라보Don Bravo / **다이라 마사카즈**平 雅一

이탈리아 키아나 소고기를 사용하고 싶다. 고기를 찾으러 다니면서 국내 생산자를 만나 느낀 것이지만, 목심살 등 인기 부위는 즉시 팔리지만, 인기 없는 부위는 팔리지 않고 남는다(주문이 치우친다). 셰프로서 생산자를 위해서라도 가능한 다양한 부위를 사용하는 기술을 익혀야겠다.

팟소 아 팟소 Passo a Passo / **아리마 구니아키**有馬邦明

고기를 판매하는 일이 쉽지 않겠지만, 개체에 따라 다른 고기를 최고의 상태에서 살 수 있게 되면 생산자에서 소비자에 이르기까지 반기는 사람이 늘어날 것으로 생각한다. 소중히 기른 고기를 맛있게 먹을 수 있도록 하고 싶다.

휘오키Fiocchi / **호리카와 료**堀川 亮

유럽산 고기 수입이 가능한 그날을 손꼽아 기다린다. 이탈리아 소고기와 송아지고기 등을 다양하게 사용해보고 싶다.

폰테 델 피아토PONTE DEL PIATTO / **다다우치 히데노리**忠内秀哲

이탈리아 키아나 소고기가 수입되면 좋겠다. 그리고 뼈가 붙어있는 프랑스 샬랑 오리 가슴살이 늘었으면 좋겠다. 폰테 델 피아토는 저장 공간이 부족해 소량의 주문밖에 할 수 없기 때문에 사용하고 싶어도 사용할 수 없는 고기가 있다. 이에 대응할 작은 부위도 구입할 수 있었으면 한다. 많이 구입한 경우는 런치와 디너로 배분하는데, 디너는 매월 코스 내용을 바꾸고 있어 새로운 고기를 찾기가 힘들다.

폰테베키오PONTE VECCHIO / **야마네 다이스케**山根大助

돼지고기 등은 외국산 중에 질이 좋은 것도 있지만, 수송 시간이 걸리고 고가인 것은 부정할 수 없다. 그런 점에서 폰테베키오에서 사용하고 있는 아와지시마 포크(이노부타)는 그러한 외국산에 뒤지지 않는다. 질이 좋은데다 맛도 좋고 싸게 구입할 수 있다.

만사루봐MANSALVA **/ 다카하시 쿄헤이**高橋恭平

껍질 있는 새끼 돼지가 더 많이 유통되면 좋겠다. 내가 일한 이탈리아와 스페인에서는 마음껏 먹을 수 있었기 때문에 레시피도 풍부했다. 그만큼 레퍼토리도 늘어난다. 참고로 만사루봐에서는 추천 코스 1개에 메인까지의 접시 수가 6~7개나 되기 때문에 마블링이 들어간 흑모화우는 무거운 느낌을 주는 것을 우려하여 구마모토 적우를 사용한다. 그중에서도 고세이 목장의 홍두깨살을 사용하는데 감칠맛이 강해 소량으로도 만족할 수 있다.

몬도mondo **/ 미야키 야스히코**宮木康彦

셰프나 구매자들의 네트워크 덕분에 도쿄에 유통되지 않은, 수량이 많지 않은 돼지고기나 소고기를 만날 수 있게 됐다. 앞으로 더욱 다양한 고기와 만나고 싶다. '전문 요리사'와도 폭넓게 만날 수 있으면 보다 좋은 식재료 등을 알 수 있는 기회가 많지 않을까.

라체루봐LACERBA **/ 후지타 마사아키**藤田政昭

솔직히 브랜드 소고기의 가격 급등세를 음식점의 가격대로는 따라갈 수가 없다. 그래서 육수용과 찜용, 라구(스튜)용은 산지나 브랜드 등급에 구애받지 않고 일본산 흑모화우만 지정해서 요리 내용이나 원가율 등 그때그때의 상황에 따라 납품을 받고 있다. 송아지고기는 이탈리아산을 사용하고 있다. 홋카이도, 프랑스 등 다양한 산지의 송아지를 사용해보았지만, 이탈리아 송아지고기의 촉촉하고 밀키한 육질은 다른 고기로는 대신하기 어렵다고 생각한다.

리스토란테 키메라RISTRANTE ITALIANO CHIMERA **/ 츠츠이 미츠히코**筒井光彦

지금은 어느 와규나 생산 기술이 높아 맛있기 때문에 소고기는 가까운 교토산을 이용한다. 그중에서도 특히 암소 고기를 주문해 사용한다. 희망 사항이 있다면 가루가모(오리의 일종)와 오나가가모(오리의 일종)를 키워 판매해주었으면 한다.

리스토란테 나카모토ristorante nakamoto **/ 나카모토 아키히로**仲本章宏

고기는 식용 가능한 부분이 많고 질이 좋은 것을 만나기가 쉽지 않다. 일본산 양고기도 구하기 쉽지 않다. 작은 음식점이기 때문에 큰 덩어리로 구입해야 되는 부위 등은 동료의 네트워크를 통해 공유해 나누고 있다. 이렇게 하면 냉동하지 않고 좋은 상태의 고기를 사용할 수 있다.

리스토란테 하마자키 Ristorante Hamasaki **/ 하마자키 류이치**濱崎龍一

15년 가까이 홋카이도 보야 농장의 어린 양고기를 사용하고 있다. 최근에는 16년 만에 수입 금지가 해제되었기 때문에 프랑스 로제르산도 사용한다.

• 중국 요리 •

아자부초코 고후쿠엔麻布長江 香福筵 **/ 다무라 료스케**田村亮介

돼지고기는 역시 껍질 있는 것을 더 쉽게 구할 수 있게 되길 바란다. 또한 홍콩의 룽강 닭고기와 아시아권의 닭고기, 오리고기, 집오리가 수입되었으면 한다. 그리고 소 내장의 유통 시스템이 명확했으면 좋겠다. 자신이 키운 소의 내장을 자신도 구입하기 어렵다는 매우 이상한 상황은 이해가 되지 않는다.

이완스이─碗水 **/ 미나미 시게키**南 茂樹

기본적으로 브랜드나 산지를 고집하지 않는다. 예를 들어 소고기는 규슈산을 주로 사용하는데 거래하는 정육점이 권하는 흑모화우를 사용하고 있으며, 메뉴에 따라 각 부위를 골라 사용한다(내장도 포함). 한 가지 고기에 집착하면 끝이 없다. '지나치면 잘라내고 모자란 것은 더한다'는 식으로 눈앞의 재료를 어떻게 요리할 것인가에 집중한다. 그렇기 때문에 요리의 이미지에 맞는 고기라면 어떤 고기라도 사용한다.

사젠카茶禅華 **/ 가와다 도모야**川田智也

마음에 드는 소고기와 어린 양고기를 찾는 중이다. 소고기는 붉은 살코기 맛이 좋은 것을, 어린 양고기는 품질이 좋은 일본산을 생각하고 있다. 홋카이도산 어린 양고기를 사용하고 싶다.

Chi-Fu / 아즈마 고지東 浩司

오스트레일리아 와규처럼 초장기 사육에 우유, 목초, 곡물 등 점진적으로 먹이를 주고 제대로 운동시킨 일본 소와 그 소의 내장을 취급하고 싶다. 양고기는 오스트레일리아산 솔트 부시 램을 사용하고 있다. 향이 은은해 다양한 고객에게 권할 수 있고 실키한 맛이 좋은 여운을 남긴다는 점 외에도 농장의 사육 환경이나 해체장의 위생 면, 생산이력 관리도 훌륭하다고 생각한다.

추고쿠 슌사이 차마엔中国旬菜 茶馬燕 **/ 나카무라 히데유키**中村秀行

껍질 있는 돼지고기를 취급하는 지역이 늘었으면 좋겠다. 마음에 드는 고기를 만나도 혼슈에서는 껍질 있는 가공이 금지되어 있기 때문에 사용할 수 없다. 또한 중국에서 먹는 고기는 전체적으로 맛있는 것이 많다. 돼지고기는 비계가 쫄깃하고 닭고기는 껍질에 탄력이 있어 토종닭 같은 맛이 난다. 특히 닭고기는 공장에서 가공한 후 유통하는 것이 아니라 산 채로 유통되어 시장에 나온 닭을 구매자가 주문하고 나서 잡기 때문에 신선하다. 일본에서는 위생 문제로 금지되어 있어 어렵지만, 단순히 맛으로 말하면 이쪽이 더 맛있다. 중국인과 프랑스인이 일본의 슈퍼마켓 닭고기 코너에 통닭구이용 영계가 메인으로 놓여 있는 것을 보면 '이 나라의 닭고기는 아직 멀었다'고 생각할 것이다.

미타마치 모모노키御田町 桃の木 **/ 고바야시 다케시**小林武志

소고기와 돼지고기 모두 사료에 한방사료가 배합되어 있는 것을 사용하고 있는데, 모두 지방의 융점이 낮고 맛있다. 또한 닭고기는 두 가지 브랜드를 사용하고 있는데 모두 암컷을 주문한다. 미에현의 구마노지 닭은 맛은 물론이고 껍질이 베이지색으로 깨끗하다. 크기가 일정하고 식도와 기관을 깔끔하게 잘라낸 점도 마음에 든다.

미나미아오야마 에센스南青山エッセンス / 야부자키 도모히로萩崎友宏

고기에 대해 원하는 것은 연간 구입할 수 있는 일본산 오골계를 사용하고 싶다는 점이다. 그리고 껍질 있는 돼지를 취급하는 지역이 더 늘었으면 좋겠고, 일본산 브랜드 고기의 내장까지 지정해서 구입할 수 있게 되면 좋겠다. 미나미아오야마 에센스는 도치기현 아시카가시에 자가 채소밭이 있고, 소고기는 아시카가시의 아시카가 마르 소를 사용하고 있어, 그 퇴비를 밭에 이용하고 있다. 이 소는 같은 아시카가에 있는 코코 팜 와이너리(일본의 주조·식품 제조·수입 판매 회사)의 와인 찌꺼기를 먹고 자라며, 한편 그 퇴비는 와이너리의 포도농장의 비료로 사용된다. 와인이나 자가 채소밭의 채소와 궁합이 좋고 맛있을 뿐만 아니라, 친환경적 순환형 농업의 일환으로도 매력이 있다.

라이카 세이란쿄礼華 青黛居 / 니이야마 시게지新山重治

껍질 있는 돼지 뒷다리와 껍질 있는 돼지고기 등은 일부 지역에서만 취급하는데 다른 지역에서도 취급할 수 있게 해주면 좋겠다. 사용 빈도가 그리 많지는 않지만, 양고기는 램 칩(생후 12개월 미만의 어린 양고기 갈비 등심을 뼈째 자른 고기-옮긴이)과 램 로스 등에 사용하는 일이 있는데, 주로 뉴질랜드와 오스트레일리아산이다. 비용 면 때문에 지금은 냉장이 나와 이전에 비하면 상태가 좋은 고기도 구할 수가 있다. 반면 일본산은 나오는 수량이 너무 적다고 생각한다.

라오시센 퍄오샹老四川 飄香 / 이게타 요시키井桁良樹

껍질 있는 돼지를 취급하는 지역이 늘었으면 좋겠다. 양고기는 홋카이도 사카이 신고 씨(양 마루고토연구소)가 키운 것을 사용하는데 역겨운 냄새가 전혀 없고, 그 섬세한 육질과 냄새가 마음에 든다. 양고기 절반 크기로 구입하기 때문에 내장이 붙어있는 경우도 있어 다양한 요리를 할 수 있는 점도 매력이다.